U0150689

中國古典家具

技藝全書·解析經典

金榮題

国家出版基金项目
NATIONAL PUBLICATION FOUNDATION

“十三五”国家重点图书
2020年度国家出版基金资助项目

总顾问：李 坚 刘泽祥 刘文金
总主编：周京南 朱志悦 杨 飞

中国古典家具技艺全书

（第二批）

解析经典③

坐具Ⅲ（扶手椅、宝座）

第十三卷

（总三十卷）

主 编：周京南 卢海华 董 君

中国林业出版社

图书在版编目（CIP）数据

解析经典．③ / 周京南等总主编．-- 北京 ：中国林业出版社，2021.1
（中国古典家具技艺全书．第二批）

ISBN 978-7-5219-1021-6

Ⅰ．①解… Ⅱ．①周… Ⅲ．①家具—介绍—中国—古代 Ⅳ．① TS666.202

中国版本图书馆 CIP 数据核字（2021）第 023787 号

出 版 人：**刘东黎**

总 策 划：**纪　亮**

责任编辑：**樊　菲**

出　　版：中国林业出版社（100009 北京市西城区刘海胡同 7 号）
印　　刷：北京利丰雅高长城印刷有限公司
发　　行：中国林业出版社
电　　话：010 8314 3610
版　　次：2021 年 1 月第 1 版
印　　次：2021 年 1 月第 1 次
开　　本：889mm × 1194mm，1/16
印　　张：18
字　　数：300 千字
图　　片：约 840 幅
定　　价：360.00 元

《中国古典家具技艺全书》（第二批）
总编撰委员会

总 顾 问：李 坚 刘泽祥 刘文金

总 主 编：周京南 朱志悦 杨 飞

书名题字：杨金荣

《中国古典家具技艺全书——解析经典③》

主 编：周京南 卢海华 董 君

编 委 成 员：方崇荣 蒋劲东 马海军 纪 智 徐荣桃

参与绘图人员：李 鹏 孙胜玉 温 泉 刘伯恺 李宇瀚
李 静 李总华

凡 例

一、本书中的木工匠作术语和家具构件名称主要依照王世襄先生所著《明式家具研究》的附录一《名词术语简释》，结合目前行业内通用的说法，力求让读者能够认同。

二、本书分有多种图题，说明如下：

1. 整体外观为家具的推荐材质外观效果图。
2. 三视结构为家具的三个视角的剖视图。
3. 用材效果为家具的三种主要珍贵用材的展示效果图。
4. 结构爆炸为家具的零部件爆炸图。
5. 结构示意为家具的结构解析和标注图，按照构件的部位或类型分类。
6. 细部效果和细部结构为对应的家具构件效果图和三视图，其中细部结构中部分构件的俯视图或左视图因较为简单，故省略。

三、本书中效果图和CAD图分别编号，以方便读者查找。

四、本书中每件家具的穿销、栽榫、楔钉等另加的榫卯只绘出效果图，并未绘出CAD图，读者在实际使用中，可以根据家具用材和尺寸自行决定此类榫卯的数量和大小。

序 言

李 坚 中国工程院院士

讲到中国的古家具，可谓博大精深，灿若繁星。

从神秘庄严的商周青铜家具，到浪漫拙朴的秦汉大漆家具；从壮硕华美的大唐壶门结构，到精炼简雅的宋代框架结构；从秀丽俊逸的明式风格，到奢华繁复的清式风格，这一漫长而恢宏的演变过程，每一次改良，每一场突破，无不渗透着中国人的文化思想和审美观念，无不凝聚着中国人的汗水与智慧。

家具本是静物，却在中国人的手中活了起来。

木材，是中国古家具的主要材料。通过中国匠人的手，塑出家具的骨骼和形韵，更是其商品价值的重要载体。红木的珍稀世人多少知晓，紫檀、黄花梨、大红酸枝的尊贵和正统更是为人称道，若是再辅以金、骨、玉、瓷、珐琅、螺钿、宝石等珍贵的材料，其华美与金贵无须言表。

纹饰，是中国古家具的主要装饰。纹必有意，意必吉祥，这是中国传统工艺美术的一大特色。纹饰之于家具，不但起到点缀空间、构图美观的作用，还具有强化主题、烘托喜庆的功能。龙凤麒麟、喜鹊仙鹤、八仙八宝、梅兰竹菊，都寓意着美好和幸福，也是刻在中国人骨子里的信念和情结。

造型，是中国古家具的外化表现和功能诉求。流传下来的古家具实物在博物馆里，在藏家手中，在拍卖行里，向世人静静地展现着属于它那个时代的丰姿。即使是从未接触过古家具的人，大概也分得出桌椅几案，柜架床榻，这得益于中国家具的流传有序和中国人制器为用的传统。关于造型的研究更是理论深厚，体系众多，不一而足。

唯有技艺，是成就中国古家具的关键所在，当前并没有被系统地挖掘和梳理，尚处于失传和误传的边缘，显得格外落寞。技艺是连接匠人和器物的桥梁，刀削斧凿，木活生花，是熟练的手法，是自信的底气，也是“手随心驰，心从手思，心手相应”的炉火纯青之境界。但囿于中国传统各行各业间“以师带徒，口传心授”传承方式的局限，家具匠人们的技艺并没有被完整的记录下来，没有翔实的资料，也无标准可依托，这使得中国古典家具技艺在当今社会环境中很难被传播和继承。

此时，由中国林业出版社策划、编辑和出版的《中国古典家具技艺全书》可以说是应运而生，责无旁贷。全套书共三十卷，分三批出版，运用了当前最先进的技术手段，最生动的展现方式，对宋、明、清和现代中式的家具进行了一次系统的、全面的、大体量的收集和整理，通过对家具结构的拆解，家具部件的展示，家具工艺的挖掘，家具制作的考证，为世人揭开了古典家具技艺之美的面纱。图文资料的汇编、尺寸数据的测量、CAD和效果图的绘制以及对相关古籍的研究，以五年的时间铸就此套著作，匠人匠心，在家具和出版两个领域，都光芒四射。全书无疑是一次对古代家具文化的抢救性出版，是对古典家具行业"以师带徒，口传心授"的有益补充和锐意创新，为古典家具技艺的传承、弘扬和发展注入强劲鲜活的动力。

党的十八大以来，国家越发重视技艺，重视匠人，并鼓励"推动中华优秀传统文化创造性转化、创新性发展"，大力弘扬"精益求精的工匠精神"。《中国古典家具技艺全书》正是习近平总书记所强调的"坚定文化自信、把握时代脉搏、聆听时代声音，坚持与时代同步伐、以人民为中心、以精品奉献人民、用明德引领风尚"的具体体现和生动诠释。希望《中国古典家具技艺全书》能在全体作者、编辑和其他工作人员的严格把关下，成为家具文化的精品，成为世代流传的经典，不负重托，不辱使命。

2020年5月

前　言

纪 亮　全书总策划

中国的古典家具，有着悠久的历史。传说上古之时，神农氏发明了床，有虞氏时出现了俎。商周时代，出现了曲几、屏风、衣架。汉魏以前，家具一般都形体较矮，属于低型家具。自南北朝开始，出现了垂足坐，于是凳、靠背椅等高足家具随之出现。隋唐五代时期，垂足坐的休憩方式逐渐普及，高低型家具并存。宋代以后，高型家具及垂足坐才完全代替了席地坐的生活方式。高型家具经过宋、元两朝的普及发展，到明代中期，已取得了很高的艺术成就，中国古典家具艺术进入成熟阶段，形成了被誉为具有高度艺术成就的“明式家具”。清代家具，承明余续，在造型特征上，骨架粗壮结实，方直造型多于明式曲线造型，题材生动且富于变化，装饰性强，整体大方而局部装饰精细入微。近20年来，古典家具发展迅猛，家具风格在明清家具的基础上不断传承和发展，并形成了独具中国特色的现代中式家具，亦有学者称之为“中式风格家具”。

中国的古典家具，经过唐宋的积淀，明清的飞跃，现代的传承，已成为“东方艺术的一颗明珠”。中国古典家具是我国传统造物文化的重要组成和载体，也深深影响着世界近现代的家具设计。国内外研究并出版以古典家具的历史文化、图录资料等内容的著作较多，然而从古典家具技艺的角度出发，挖掘整理的著作少之又少。技艺——是古典家具的精髓，是保护发展我国古典家具的核心所在。为了更好地传承和弘扬我国古典家具文化，全面系统地介绍我国古典家具的制作技艺，提高国家文化软实力，提升民族自信，实现古典家具创造性转化、创新性发展，中国林业出版社聚集行业之力组建《中国古典家具技艺全书》编写工作组。全书以制作技艺为线索，详细介绍了古典家具的结构、造型、制作、解析、鉴赏等内容，全书共30卷，分为榫卯构造、匠心营造、大成若缺、解析经典、美在久成这5个系列陆续出版，并通过数字化手段搭建中国古典家具技艺网和家具技艺APP等。全书力求通过准确的测量、绘制，挖掘、梳理家具技艺，向读者展示中国古典家具的线条美、结构美、造型美、雕刻美、装饰美、材质美。

《解析经典》为本套丛书的第四个系列，共分十卷。本系列以宋明两代绘画中的家具图像和故宫博物院典藏的古典家具实物为研究对象，因无法进行实物测绘，只能借助现代化的技术手段进行场景还原、三维建模、结构模拟等方式进行绘制，并结合专家审读和工匠实践来勘误矫正，最终形成了200余套来自宋、明、清的经典器形的珍贵图录，并按照坐具、承具、卧具、庋具、杂具等类别进行分类，分器形点评、CAD图示、用材效果、结构爆炸、部件示意、细部详解六个层次详细地解析了每件家具。这些丰富而翔实的资料将为我们研究和制作古典家具提供重要的学习和参考资料。本系列丛书中所选器形均为明清家具之经典器物，其中器物的原型几乎均为国之重器，弥足珍贵，故以“解析经典”命名。因家具数量较多、结构复杂，书中难免存在疏漏与错误，望广大读者批评指正，我们也将在再版时陆续修正。

最后，感谢国家新闻出版署将本项目列为“十三五”国家重点图书出版规划，感谢国家出版基金规划管理办公室对本项目的支持，感谢为全书的编撰而付出努力的每位匠人、专家、学者和绘图人员。

纪亮

2020 年 12 月

目　　录

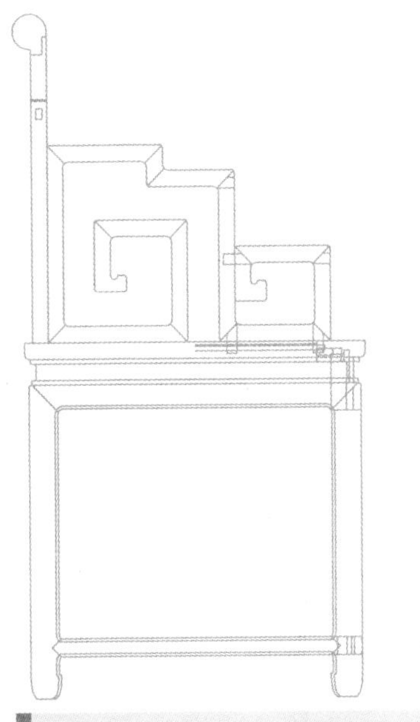

坐具III

扶手椅、宝座

拐子卷云纹扶手椅

材质：黄花梨

年款：清

整体外观（效果图1）

1. 器形点评

此扶手椅搭脑为波纹，线条委婉，富于变化。靠背板以透雕拐子纹手法雕饰垂云纹及拐子纹。靠背板两侧的扶手雕饰云纹。座面光滑平直，下安雕拐子纹洼堂肚牙板。四腿为方材，直下，足端装罗锅管脚枨。

2. CAD 图示

1050
255
35
70
32
35
590
685
1050
110
50
35
70
510

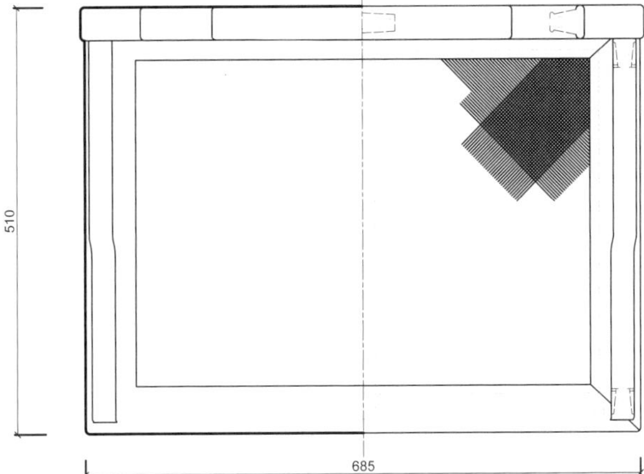

510
685

主视图
左视图
俯视图

三视结构（CAD 图 1）

说明：在家具的测量和绘制过程中存在少量国家标准允许的误差；全书计量单位为毫米（mm）。

3. 用材效果

用材效果（材质：紫檀；效果图 2）

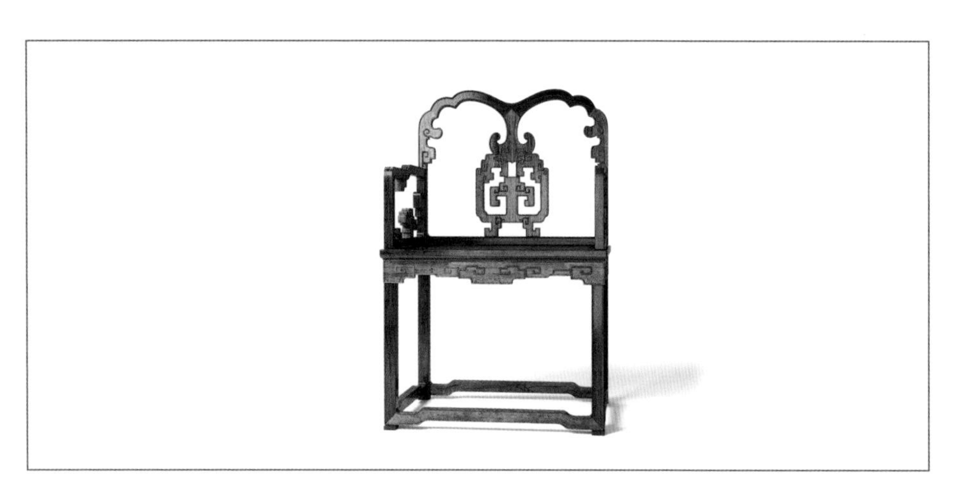

用材效果（材质：黄花梨；效果图 3）

用材效果（材质：红酸枝；效果图 4）

4. 结构爆炸

结构爆炸（效果图 5）

5. 部件示意

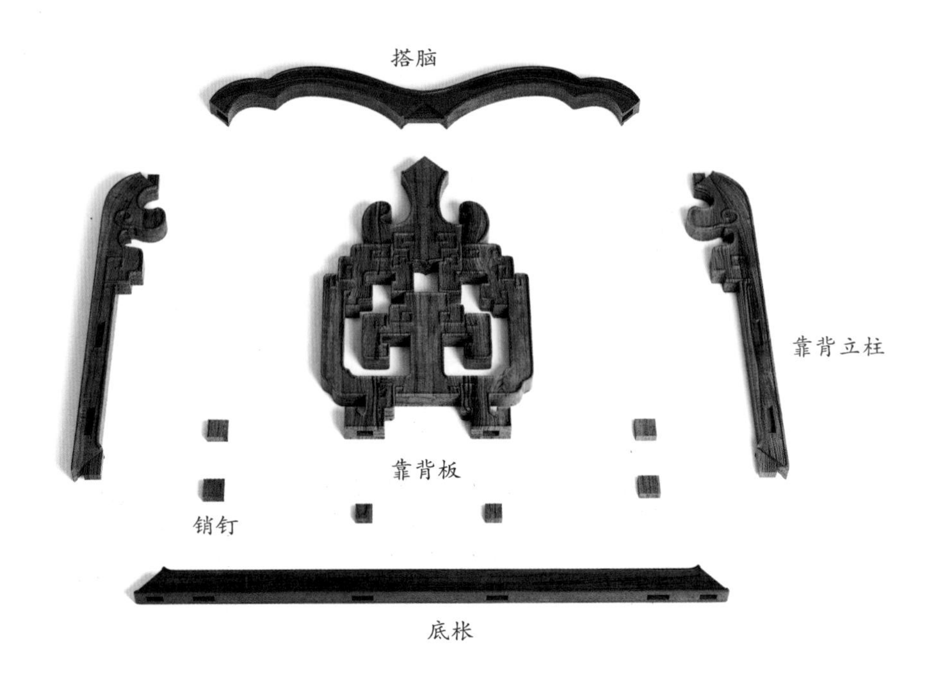

搭脑
靠背立柱
靠背板
销钉
底枨

部件示意—靠背（效果图 6）

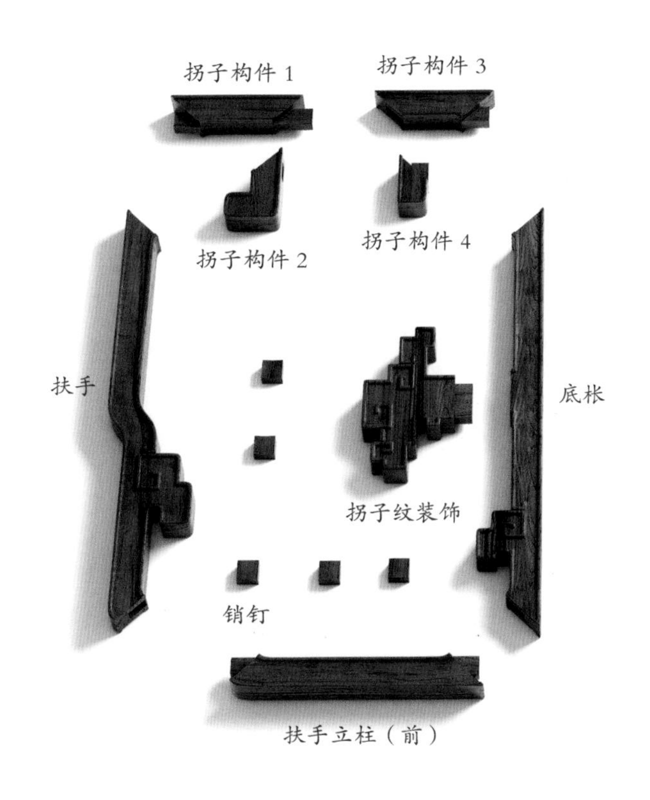
拐子构件 1
拐子构件 3
拐子构件 2
拐子构件 4
扶手
底枨
拐子纹装饰
销钉
扶手立柱（前）

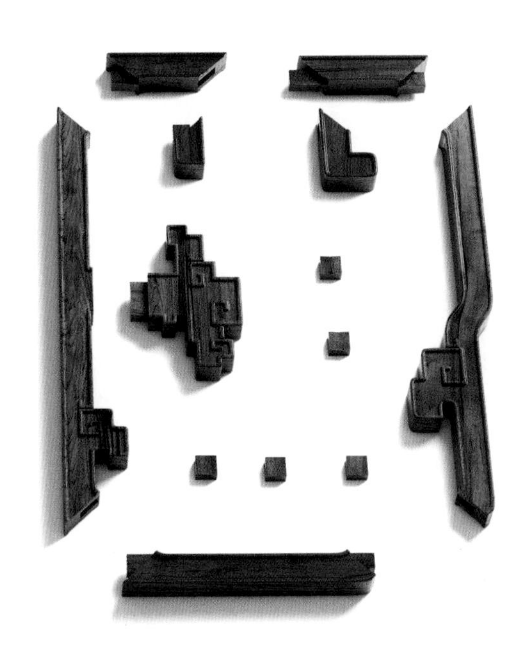

部件示意—扶手（效果图 7）

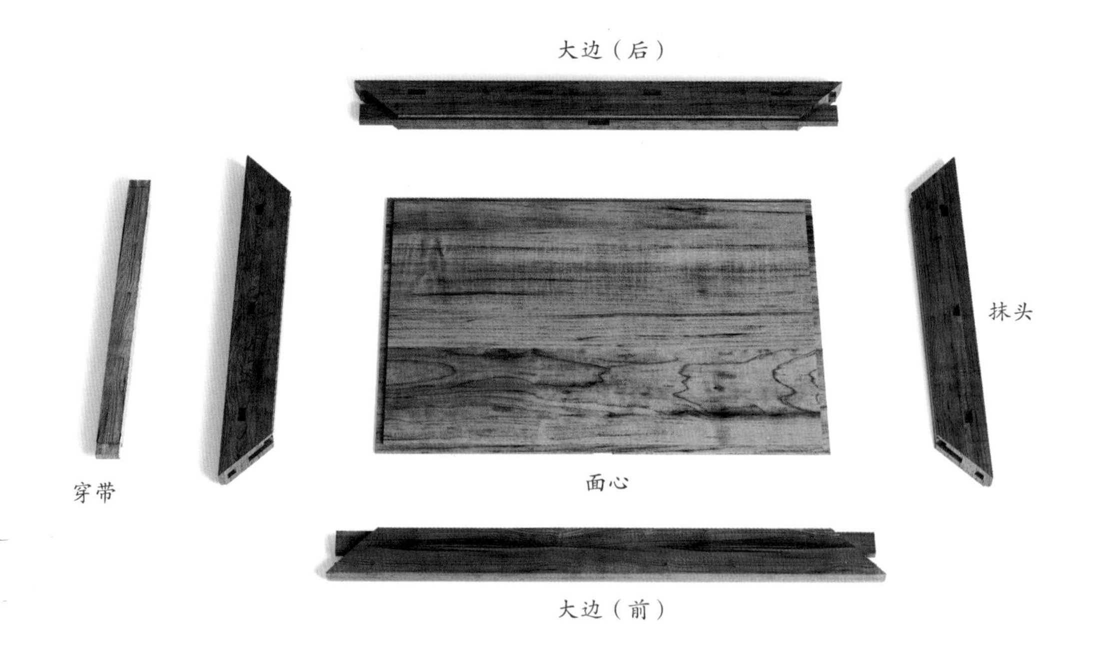
大边（后）
抹头
穿带
面心
大边（前）

部件示意—座面（效果图 8）

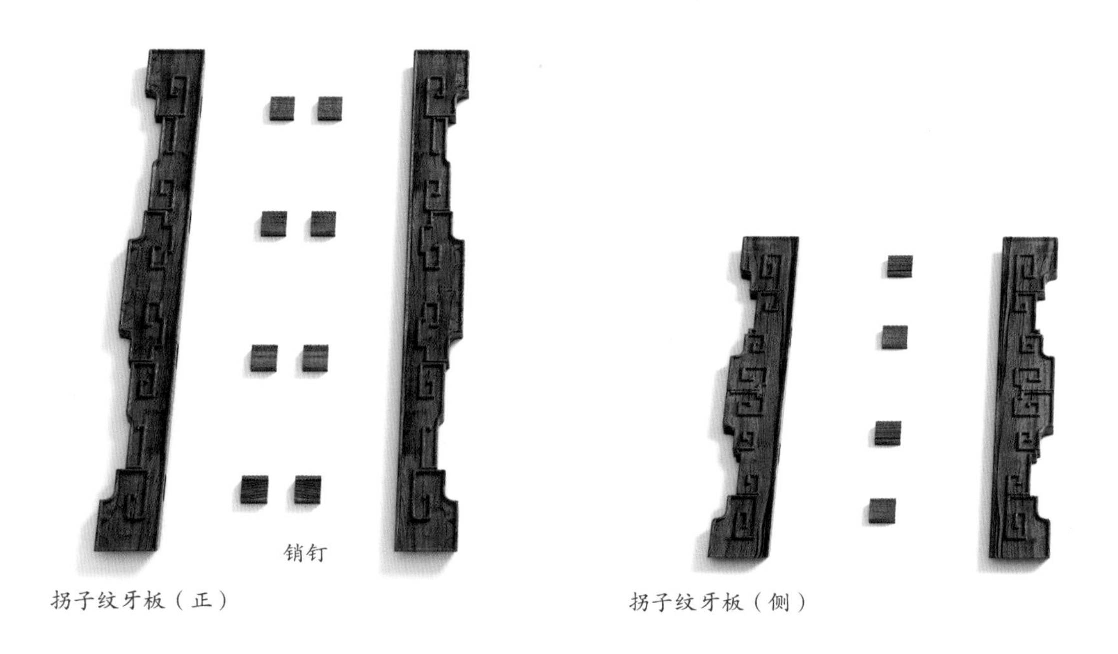
销钉
拐子纹牙板（正）
拐子纹牙板（侧）

部件示意—牙板（效果图 9）

部件示意—腿子（效果图10）

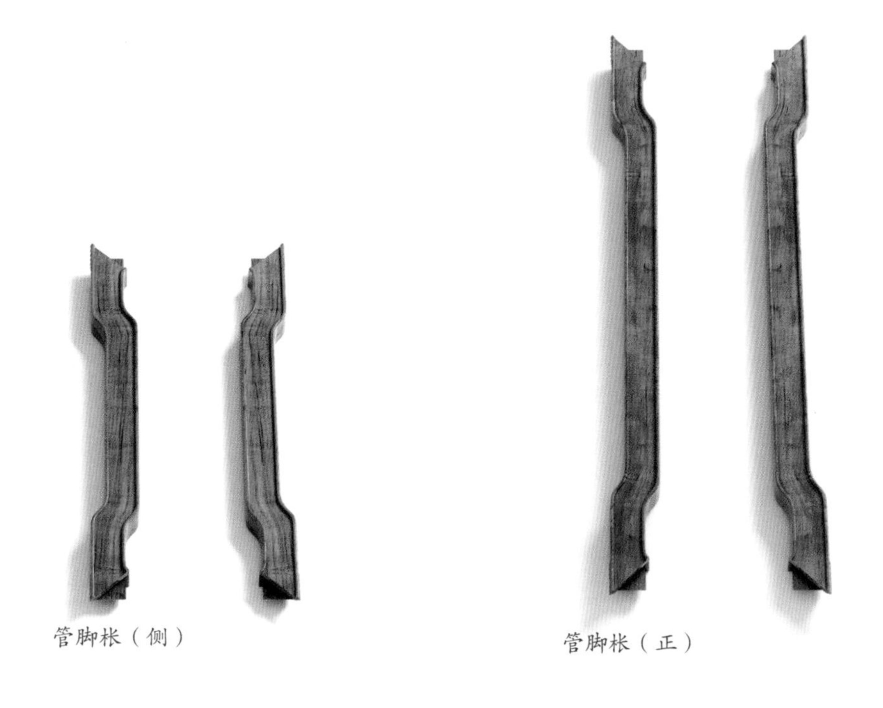
管脚枨（侧）
管脚枨（正）

部件示意—管脚枨（效果图11）

6. 细部详解

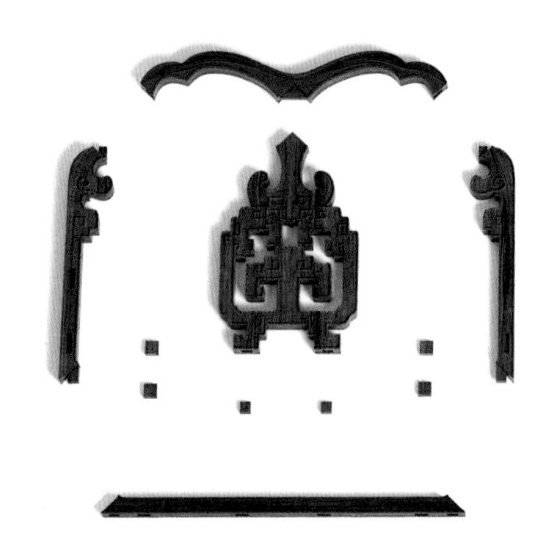

细部效果—靠背（效果图 12）

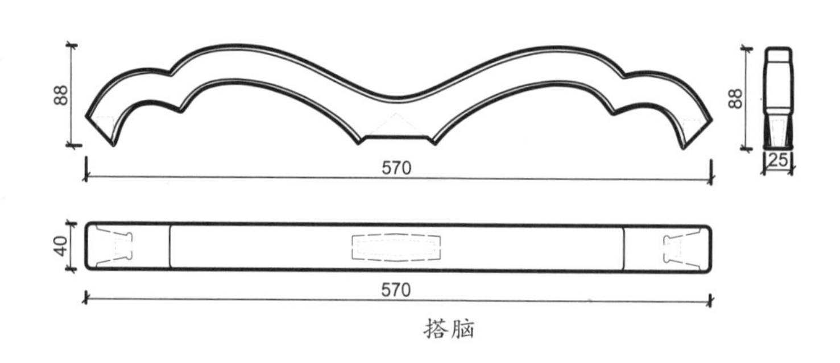
88
570
88
25
40
570
搭脑

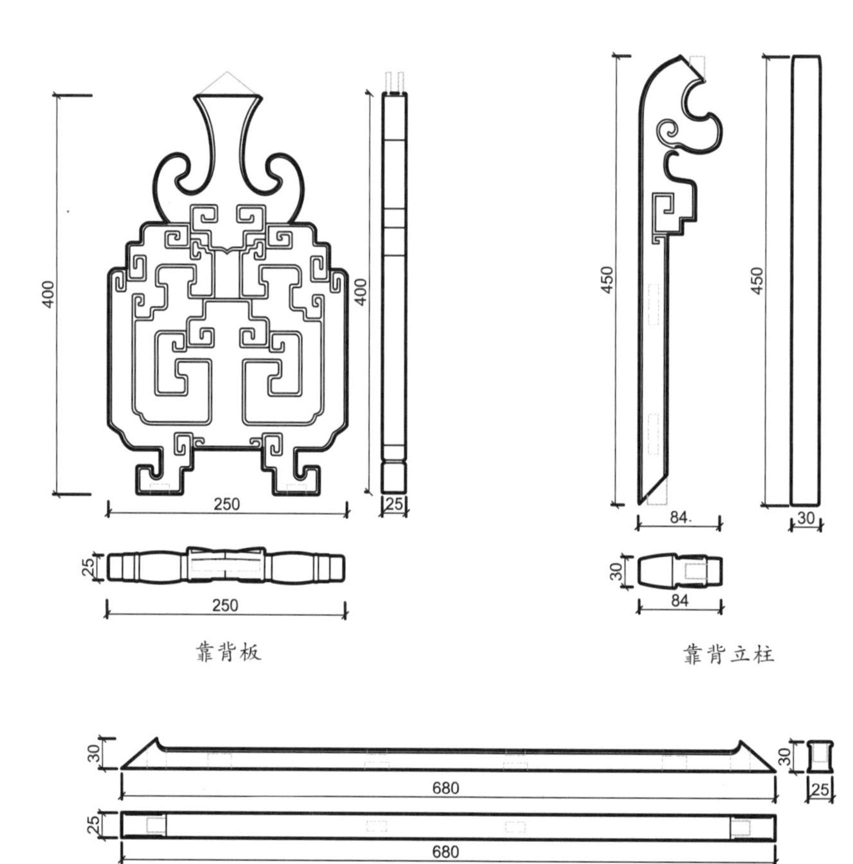
400
250
400
25
25
250
靠背板
450
84
450
30
30
84
靠背立柱
30
680
30
25
25
680
底枨

细部结构—靠背（CAD 图 2 ~图 5）

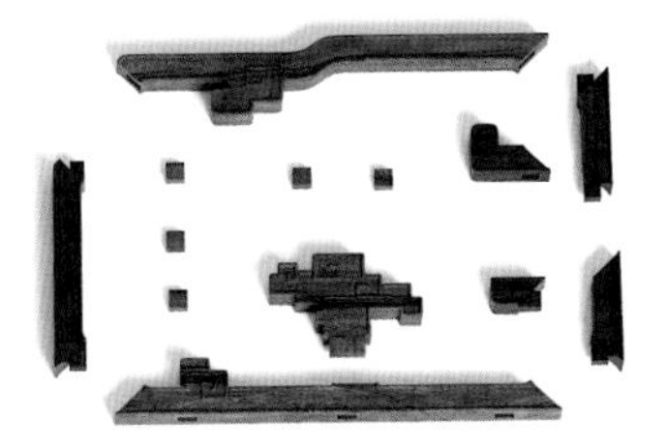

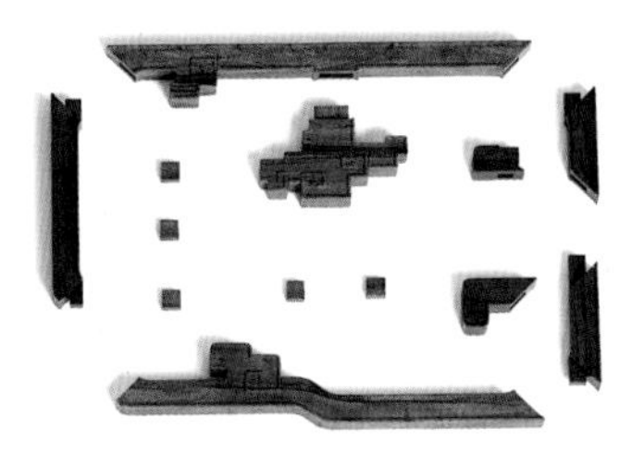

细部效果—扶手（效果图13）

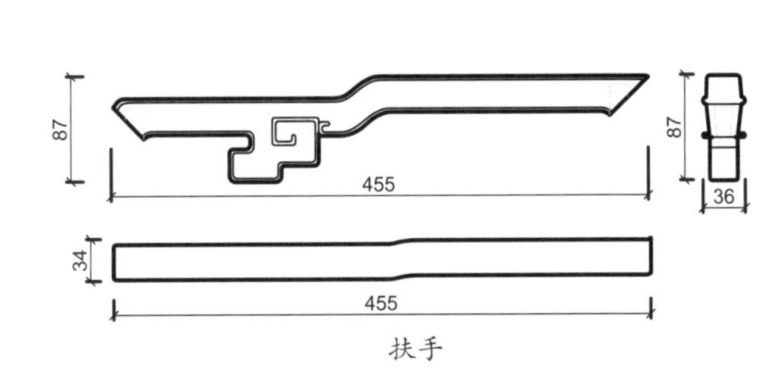
87
455
87
36
34
455

扶手

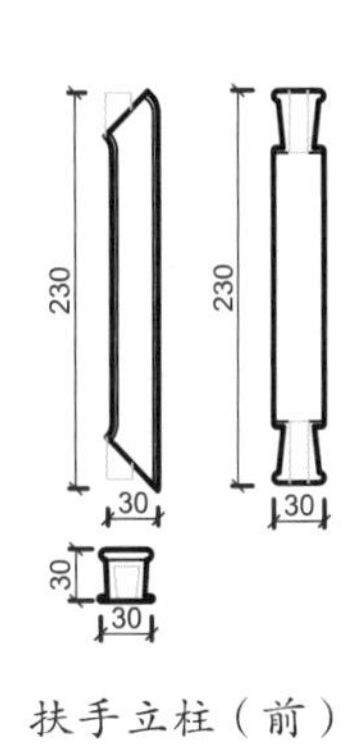
230
230
30
30
30
30

扶手立柱（前）

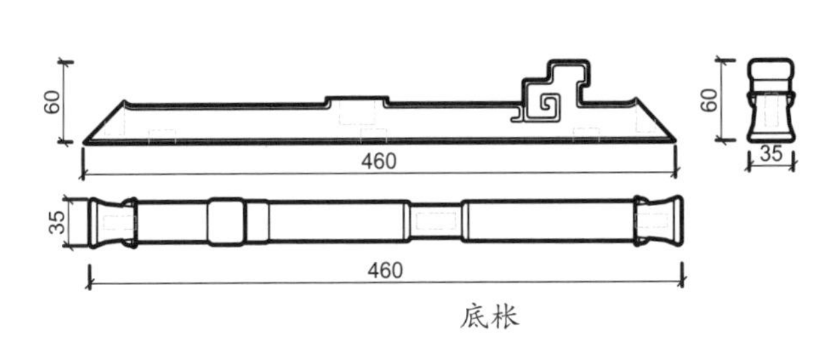
60
460
60
35
35
460

底枨

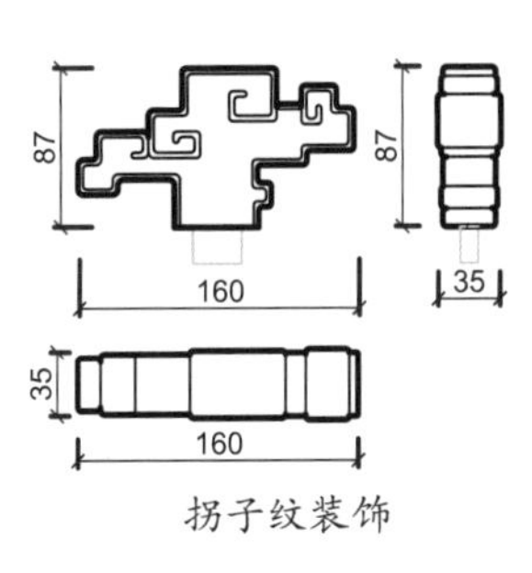
87
160
87
35
35
160

拐子纹装饰

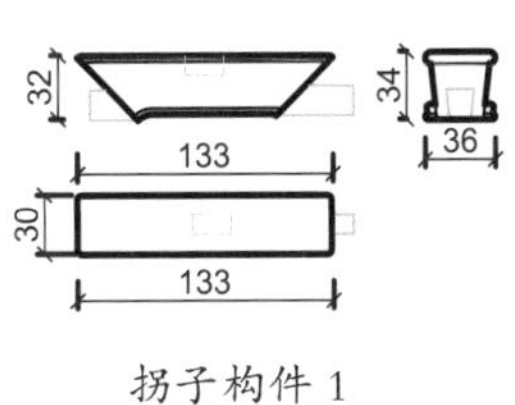
32
133
34
36
30
133

拐子构件 1

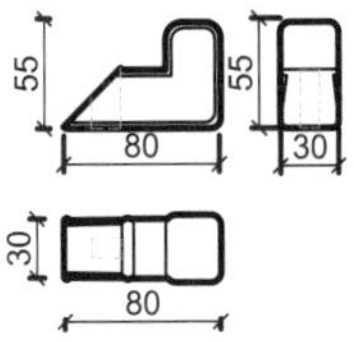

拐子构件 2

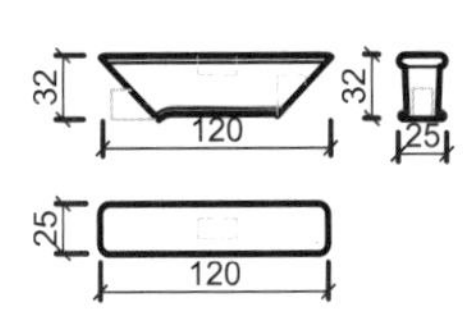
32
120
32
25
25
120

拐子构件 3

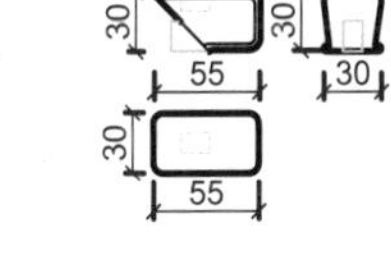
30
55
30
30
30
55

拐子构件 4

细部结构—扶手（CAD 图 6 ~图 13）

细部效果—座面（效果图 14）

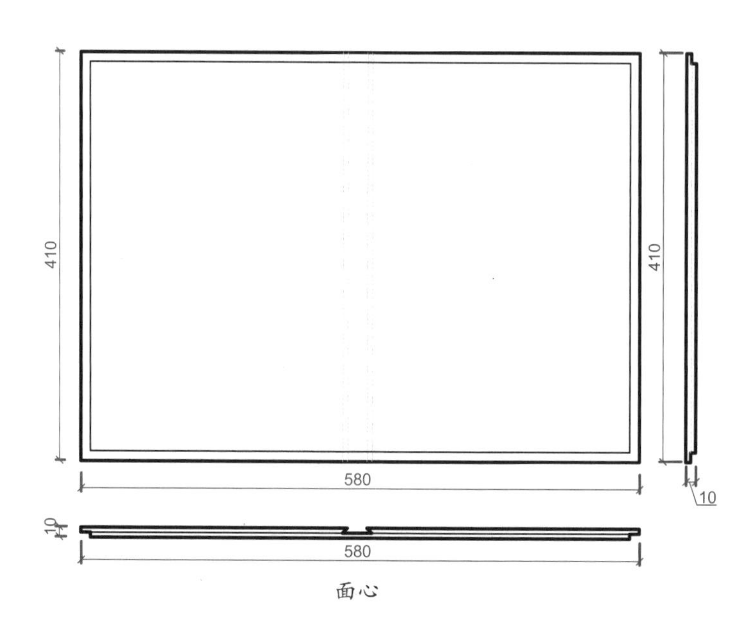
410
410
580
10
10
580

面心

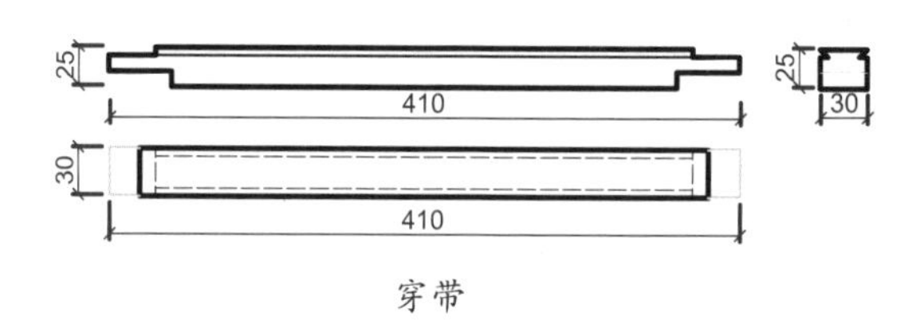
25
410
25
30
30
410

穿带

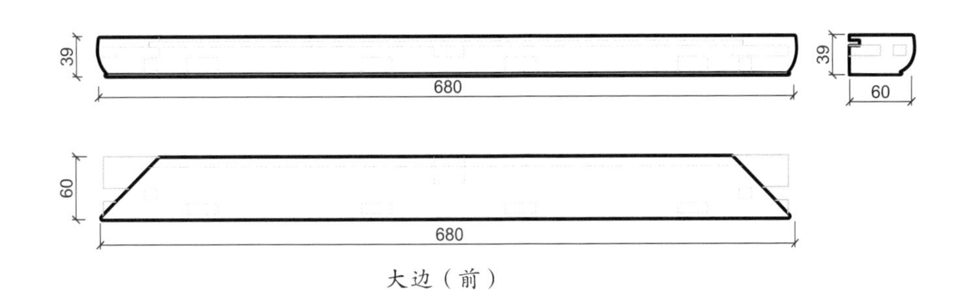
39
680
39
60
60
680

大边（前）

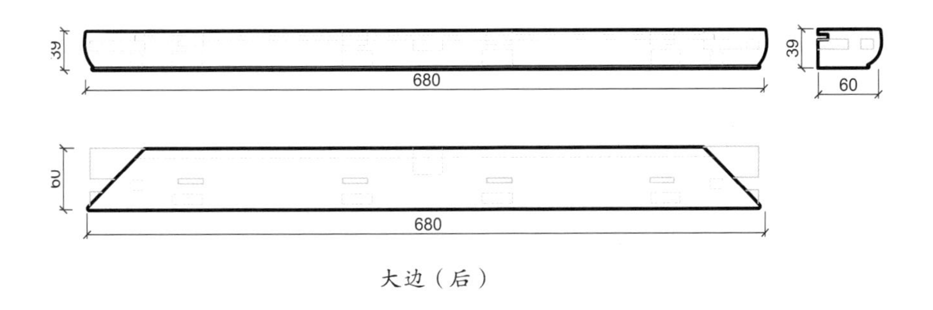
39
680
39
60
680

大边（后）

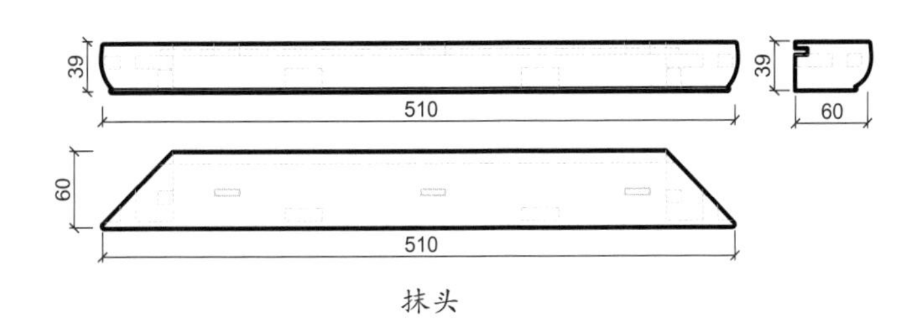
39
510
39
60
60
510

抹头

细部结构—座面（CAD 图 14 ~图 18）

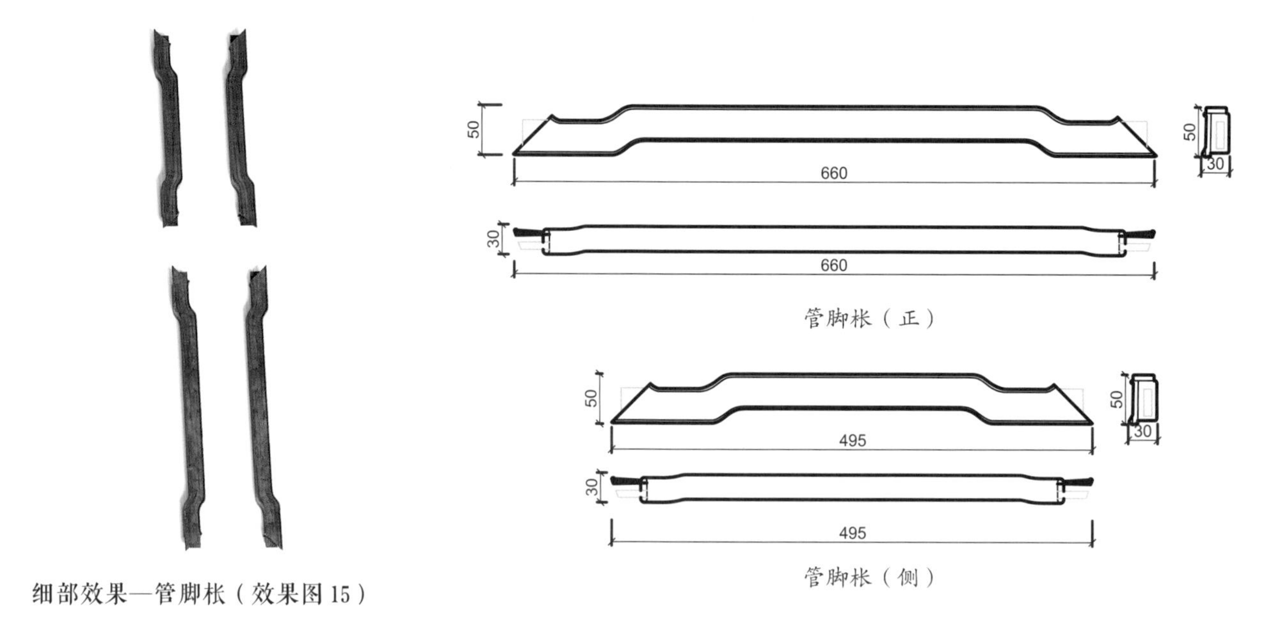
50
660
30
50
30
660
50
495
30
50
30
495

细部效果—管脚枨（效果图 15）

管脚枨（正）

管脚枨（侧）

细部结构—管脚枨（CAD 图 19 ~ 图 20）

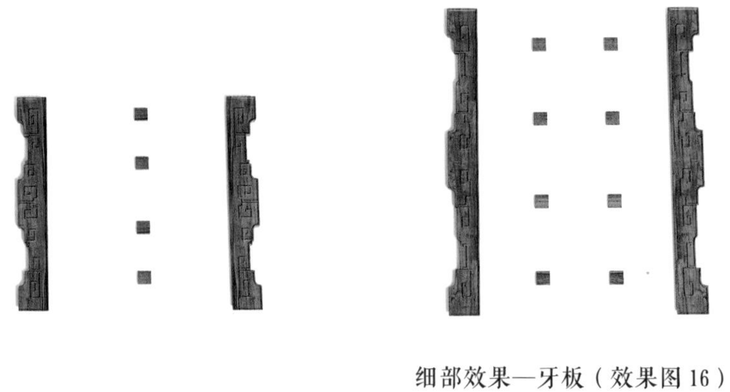

细部效果—牙板（效果图 16）

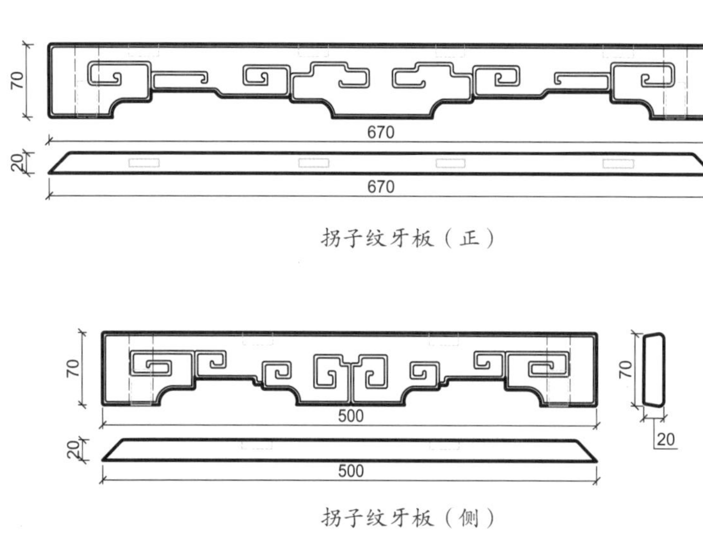
70
670
20
670
70
500
70
20
500
20

拐子纹牙板（正）

拐子纹牙板（侧）

细部结构—牙板（CAD 图 21 ~ 图 22）

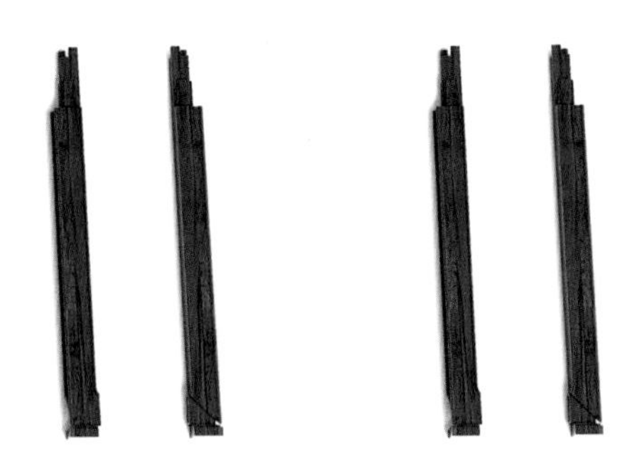

细部效果—腿子（效果图 17）

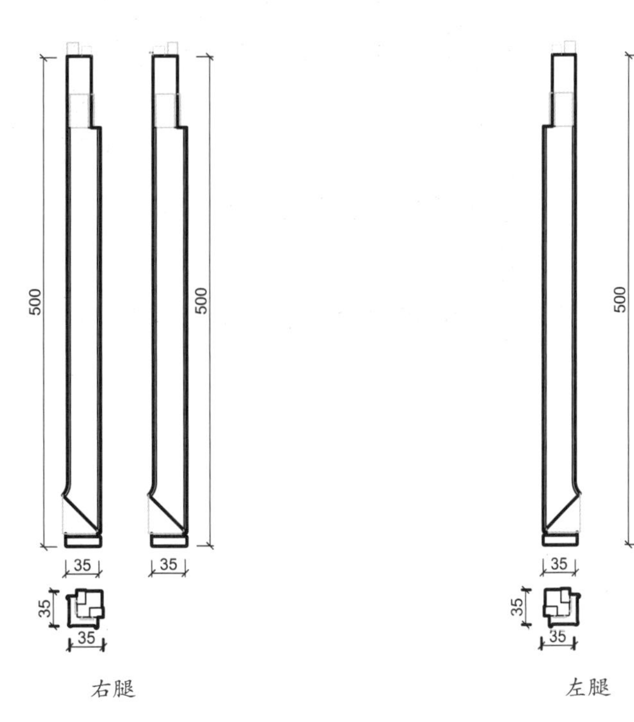

500
500
500
500
35
35
35
35
35
35
35
35
右腿
左腿

细部结构—腿子（CAD 图 23 ~图 24）

卷书式搭脑攒拐子纹扶手椅

材质：红酸枝

年款：清

整体外观（效果图 1）

1. 器形点评

此椅搭脑做成卷书式。靠背板分三段，上段镶素板，中段镶有长方形圈口，下段为勾云纹亮脚。靠背两侧边框及扶手均为攒拐子纹。座面光素无饰，椅盘之下有束腰。四腿为方材，直落到地，至足底形成内翻马蹄足，足下端以管脚枨相连。整体做工精湛传神，卷书式搭脑与勾云纹相映成趣，饶有变化。

2. CAD 图示

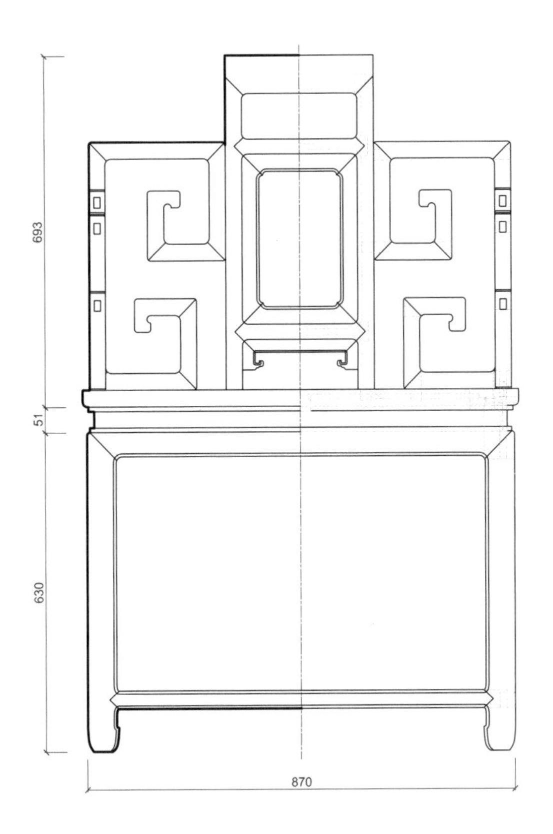

693
51
630
870

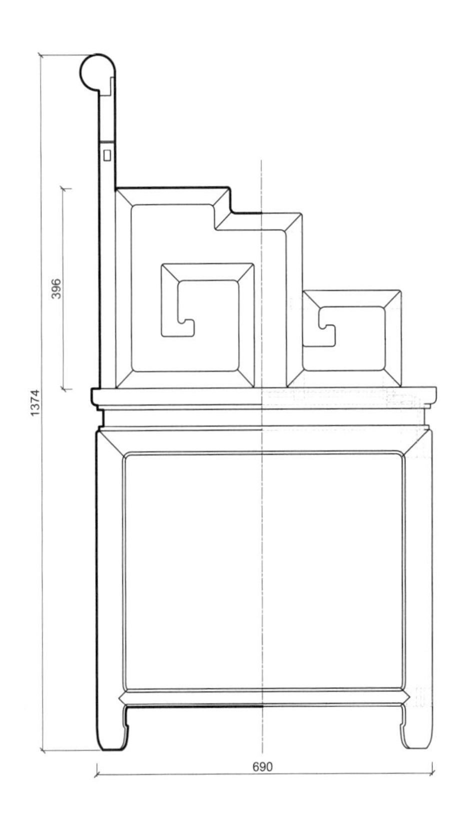

396
1374
690

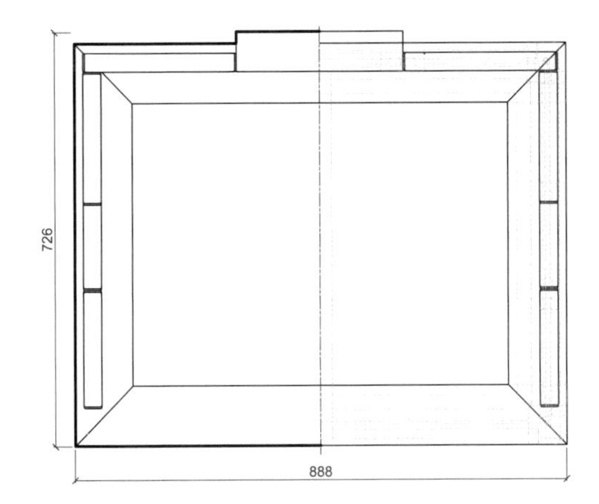

726
888

主视图
左视图
俯视图

三视结构（CAD 图 1）

3. 用材效果

用材效果（材质：紫檀；效果图 2）

用材效果（材质：黄花梨；效果图 3）

用材效果（材质：红酸枝；效果图 4）

4. 结构爆炸

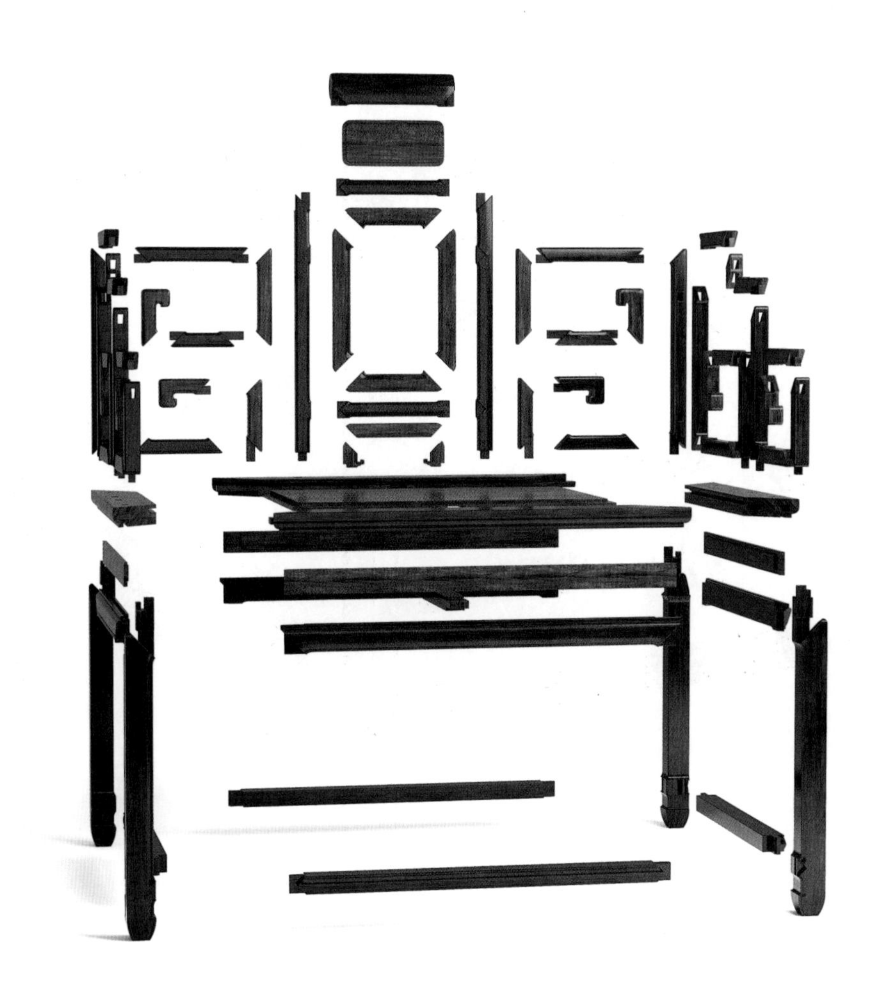

结构爆炸（效果图 5）

5. 部件示意

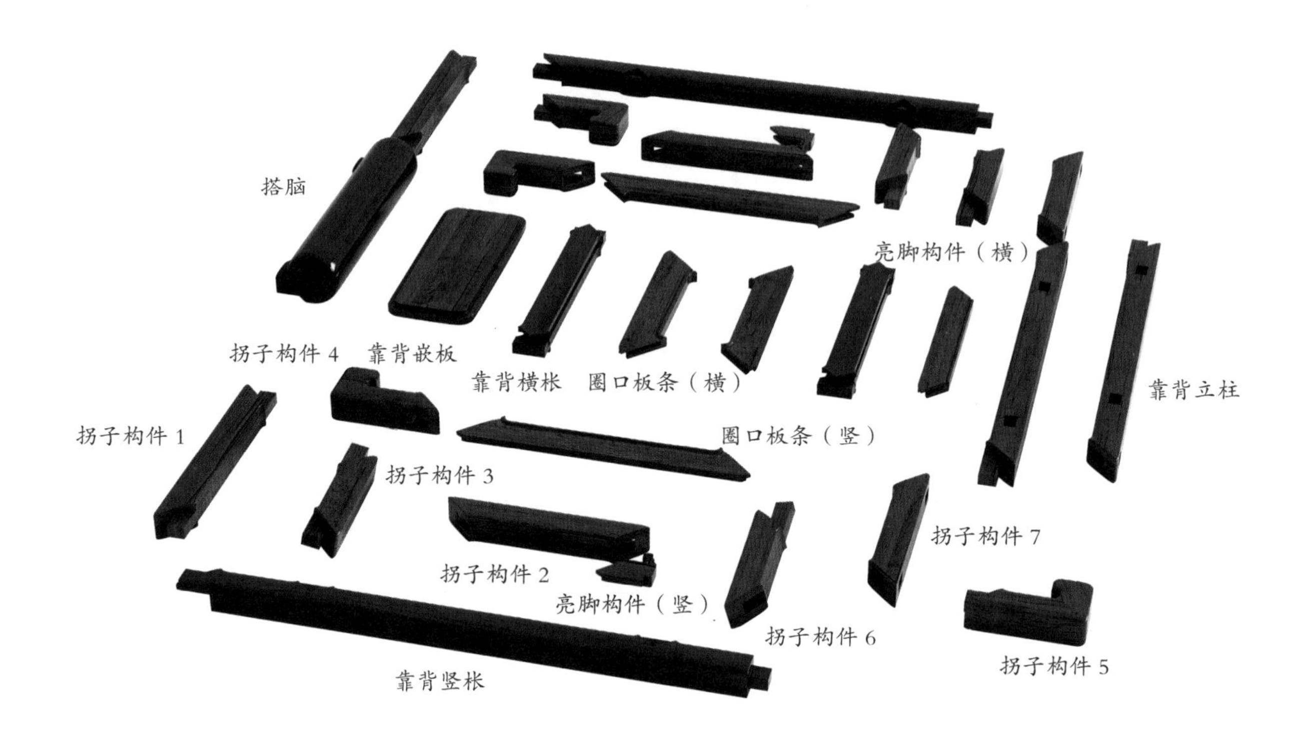

搭脑
亮脚构件（横）
扔子构件 4
靠背嵌板
靠背横枨
圈口板条（横）
靠背立柱
扔子构件 1
圈口板条（竖）
扔子构件 3
扔子构件 7
扔子构件 2
亮脚构件（竖）
扔子构件 6
扔子构件 5
靠背竖枨

部件示意—靠背围子（效果图 6）

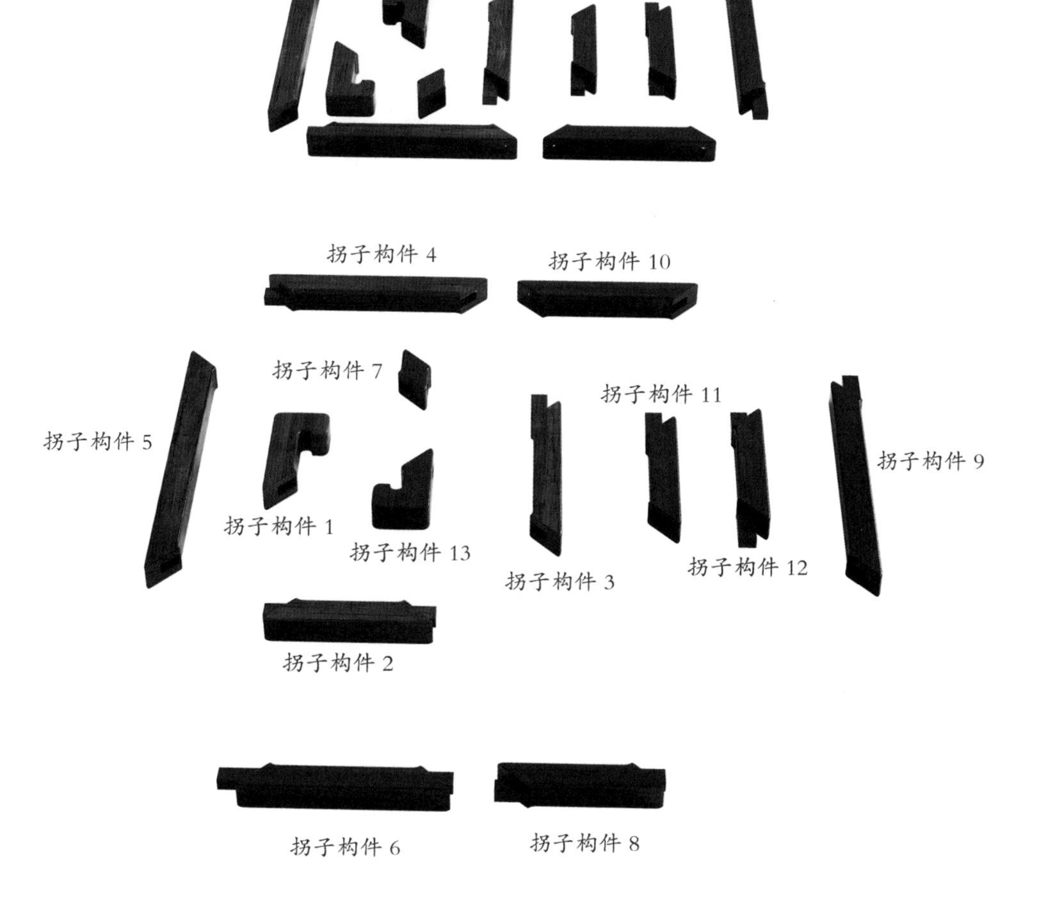
拐子构件 4
拐子构件 10
拐子构件 7
拐子构件 11
拐子构件 5
拐子构件 9
拐子构件 1
拐子构件 13
拐子构件 3
拐子构件 12
拐子构件 2
拐子构件 6
拐子构件 8

部件示意—扶手围子（效果图 7）

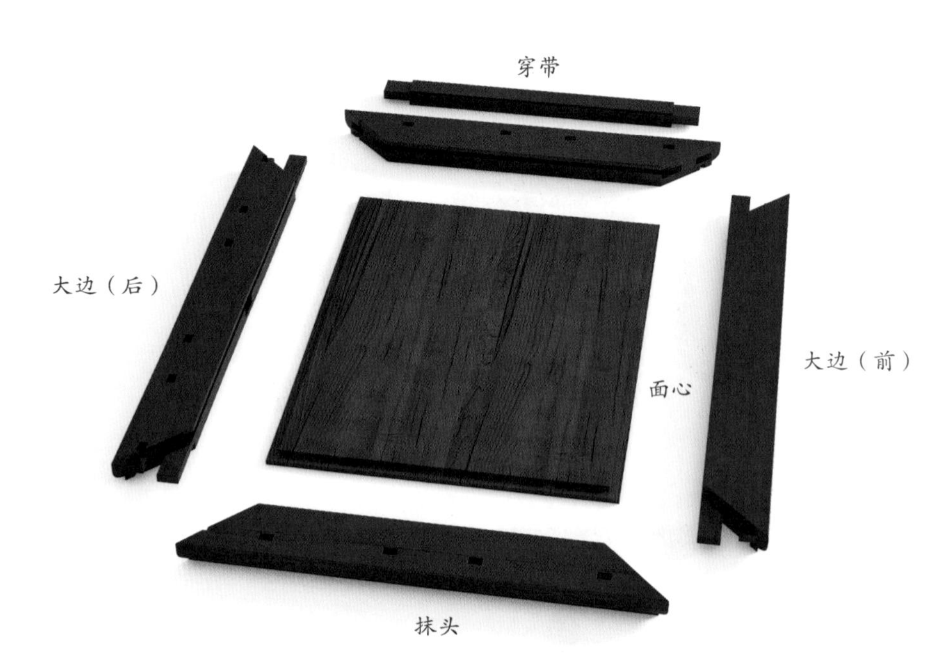
穿带
大边（后）
面心
大边（前）
抹头
部件示意—座面（效果图 8）

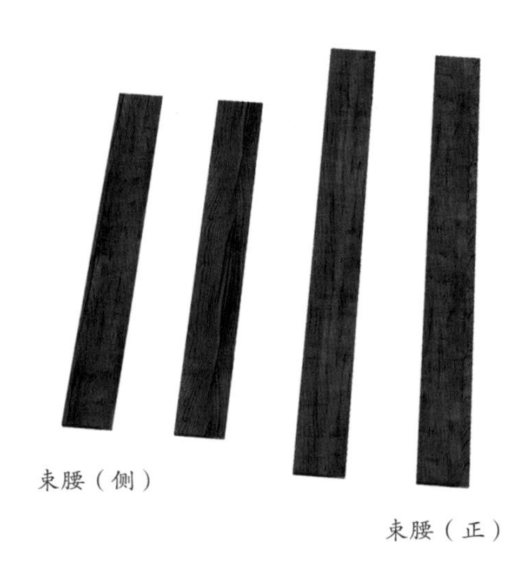
束腰（侧）
束腰（正）
部件示意—束腰（效果图 9）

牙板（正）
牙板（侧）

部件示意—牙板（效果图 10）

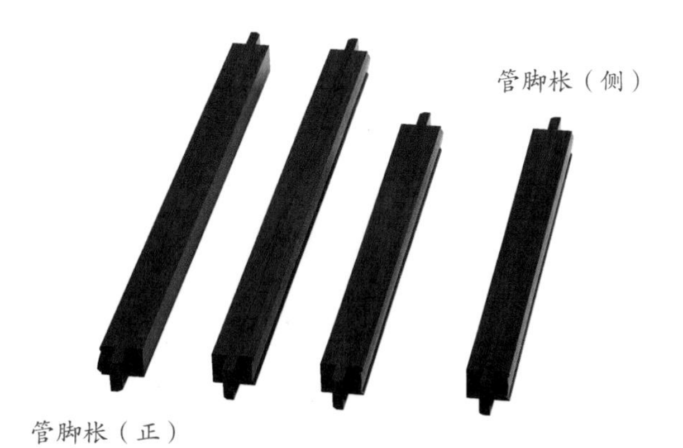
管脚枨（侧）
管脚枨（正）

部件示意—管脚枨（效果图 11）

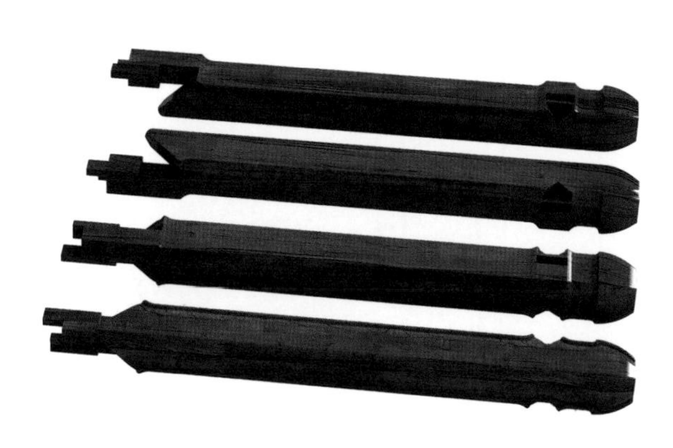

部件示意—腿子（效果图 12）

6. 细部详解

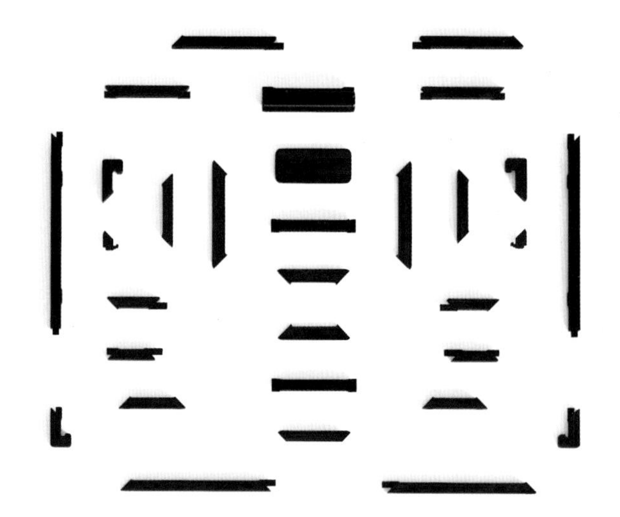

细部效果—靠背围子（效果图 13）

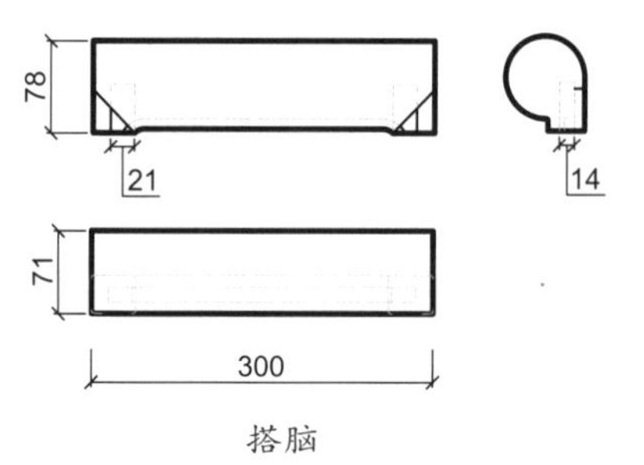

78
21
14
71
300
搭脑

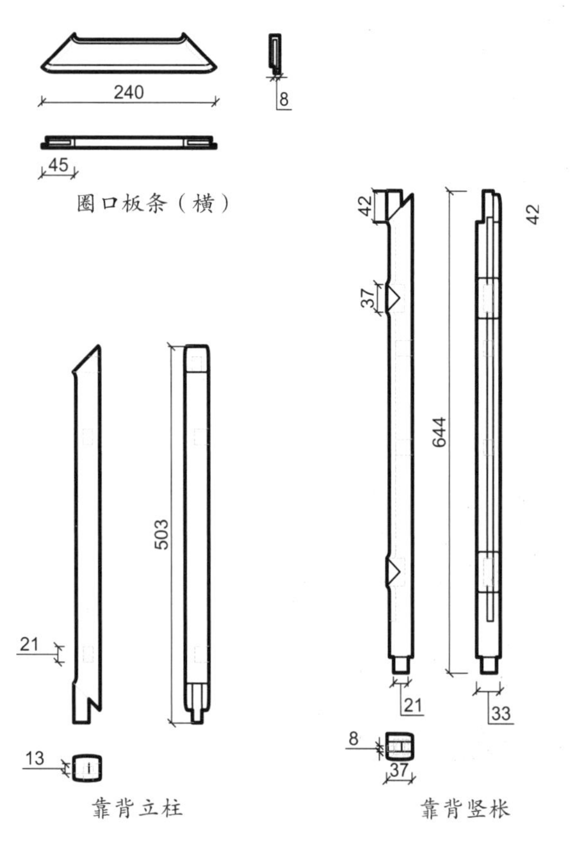

240
8
45
圈口板条（横）
42
37
644
42
21
33
8
37
靠背竖枨
21
503
13
靠背立柱

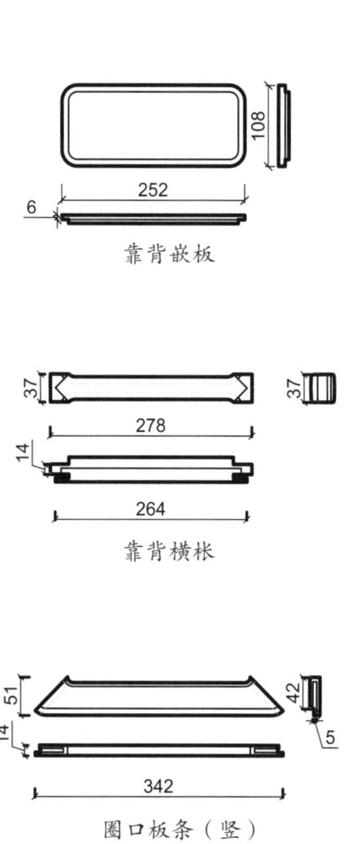

108
252
6
靠背嵌板
37
278
37
14
264
靠背横枨
51
42
5
14
342
圈口板条（竖）

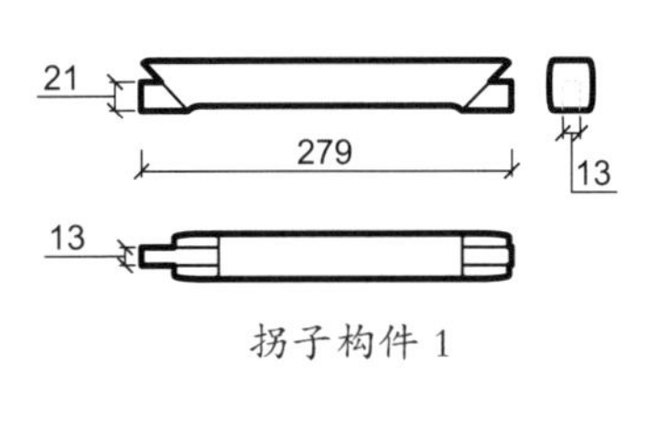
21
279
13
13
拐子构件 1

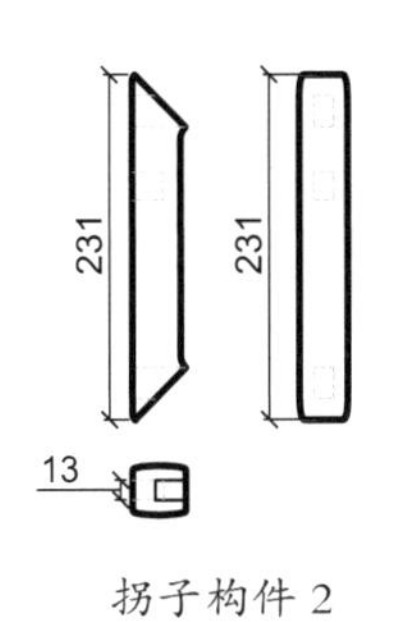
231
231
13
拐子构件 2

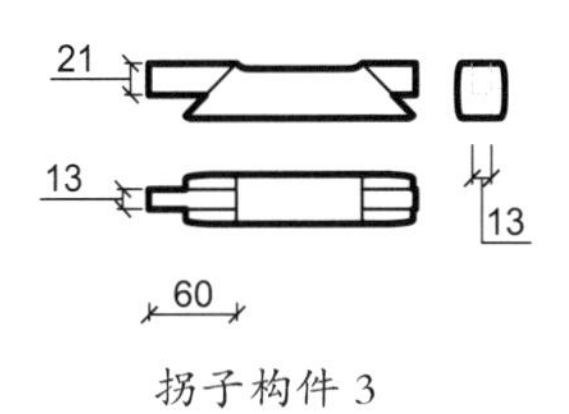
21
13
13
60
拐子构件 3

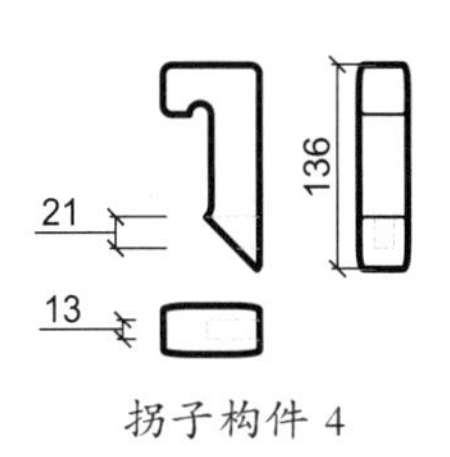
136
21
13
拐子构件 4

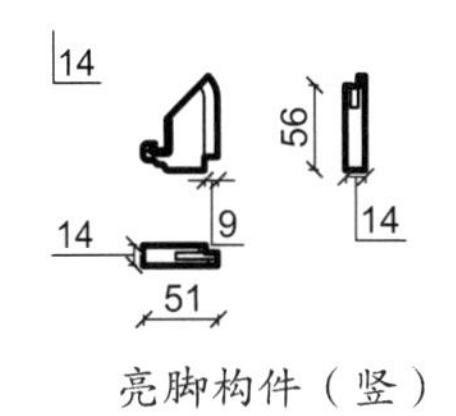
14
56
9
14
14
51
亮脚构件（竖）

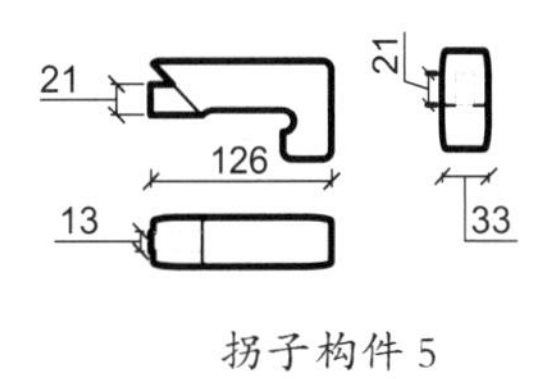
21
21
126
13
33
拐子构件 5

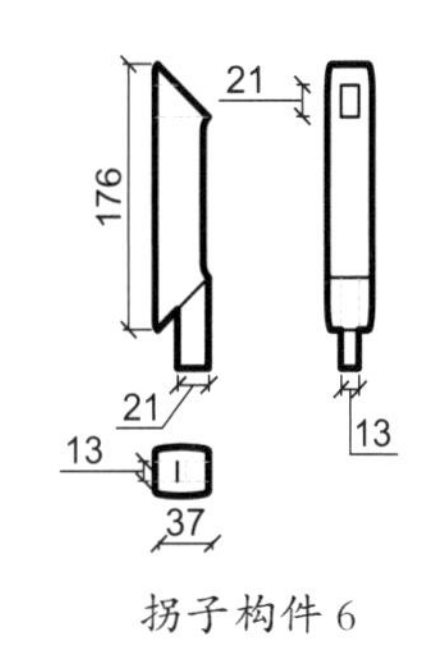
176
21
21
13
13
37
拐子构件 6

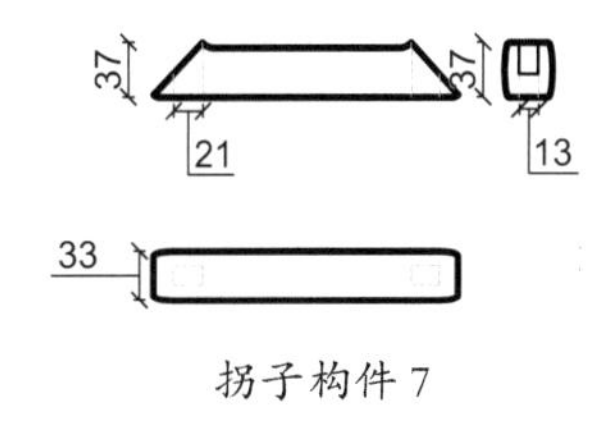
37
37
21
13
33
拐子构件 7

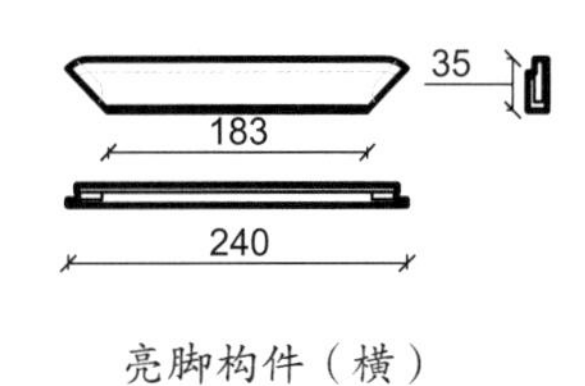
35
183
240
亮脚构件（横）

细部效果—扶手围子（效果图 14）

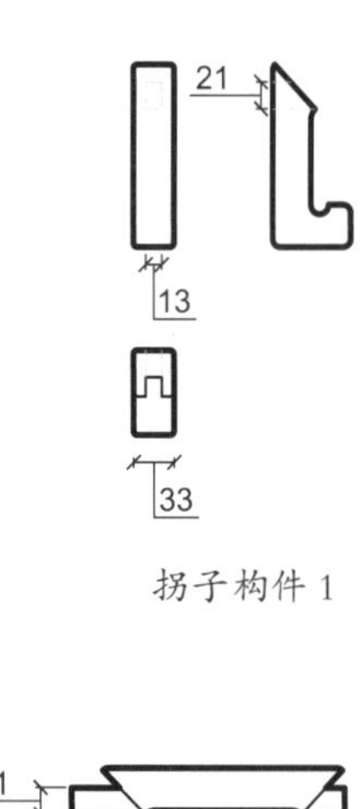
21
13
33

拐子构件 1

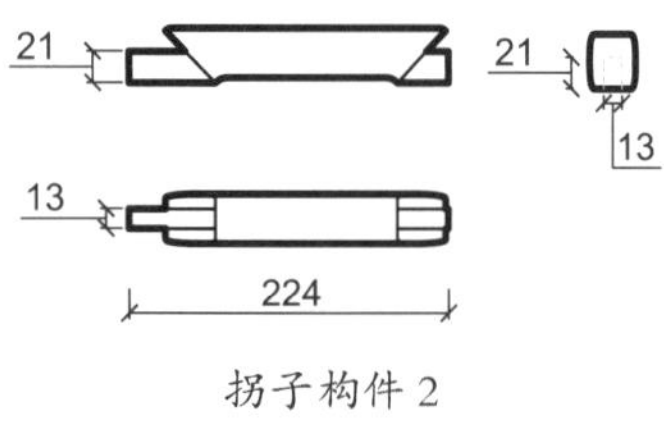
21
21
13
13
224

拐子构件 2

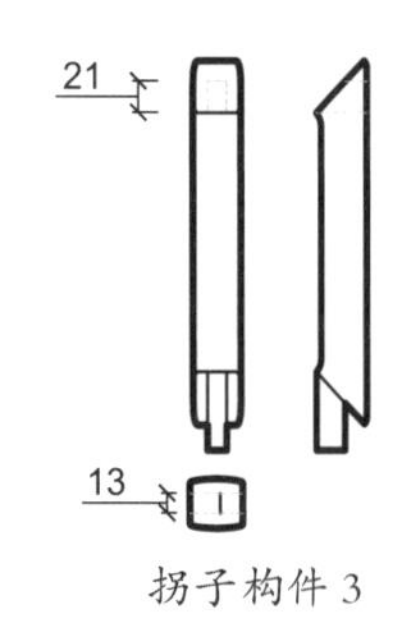
21
13

拐子构件 3

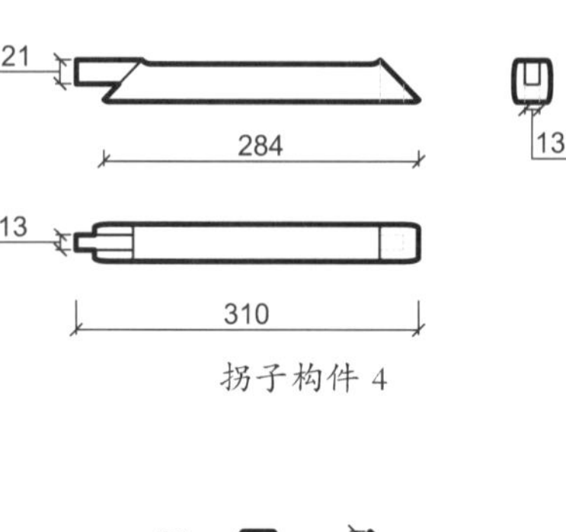
21
13
284
13
310

拐子构件 4

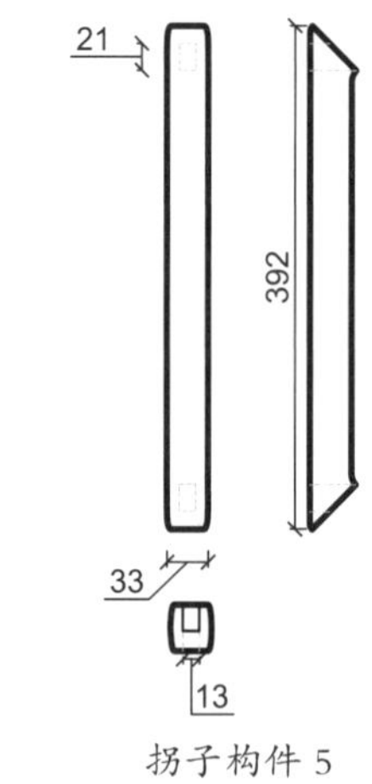
21
392
33
13

拐子构件 5

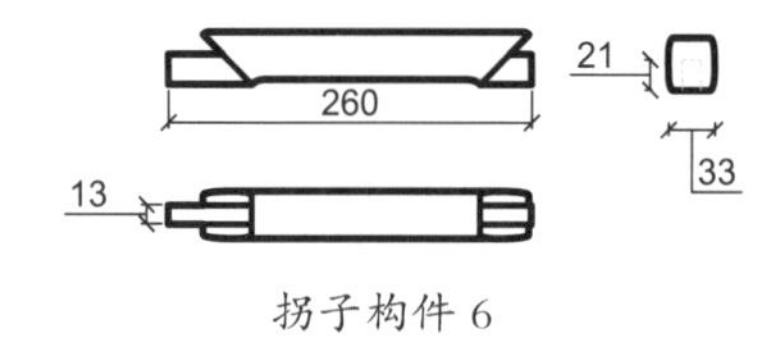
21
260
33
13

拐子构件 6

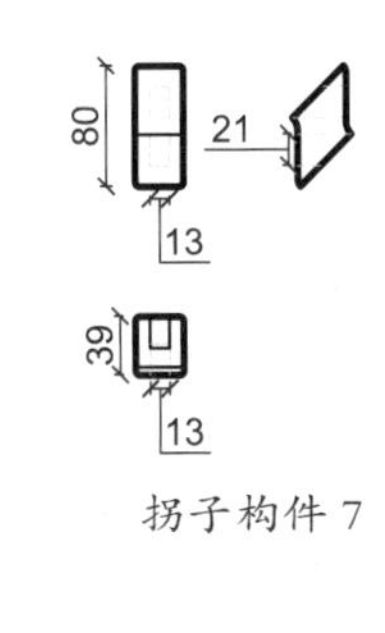
80
21
13
39
13

拐子构件 7

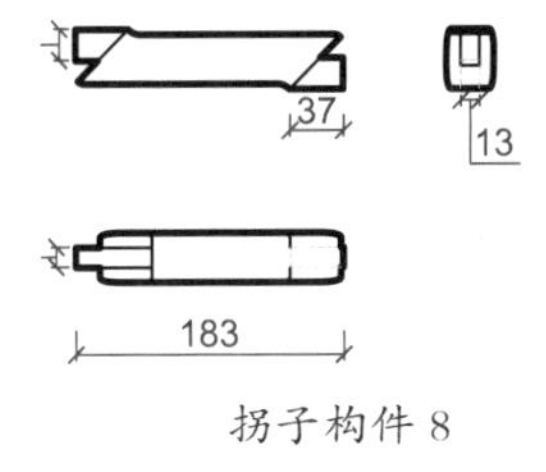
37
13
183

拐子构件 8

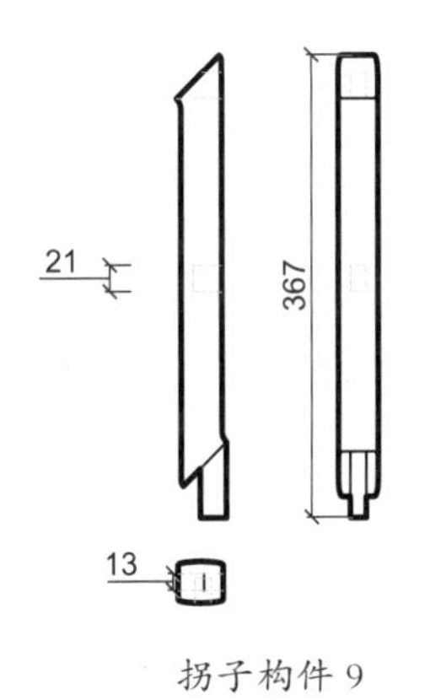
21
367
13

拐子构件 9

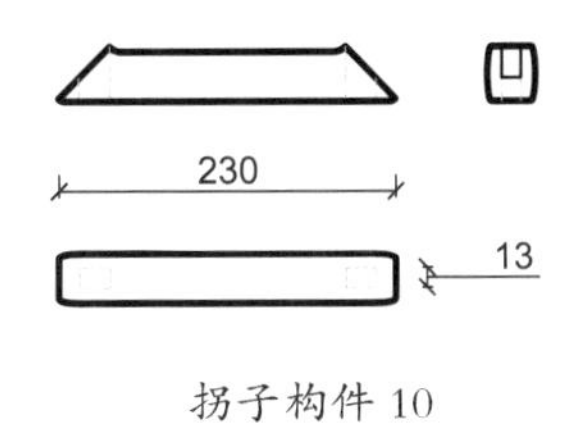
230
13

拐子构件 10

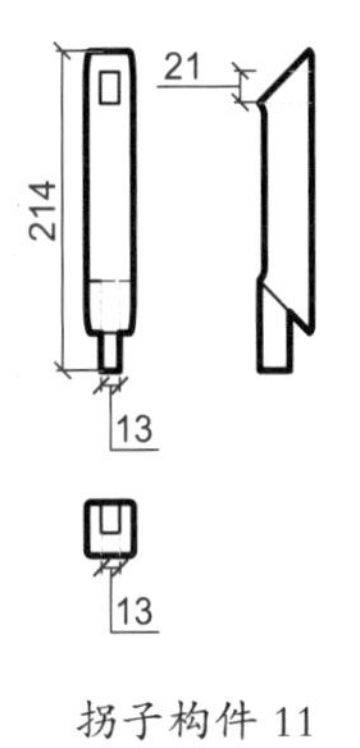
21
214
13
13

拐子构件 11

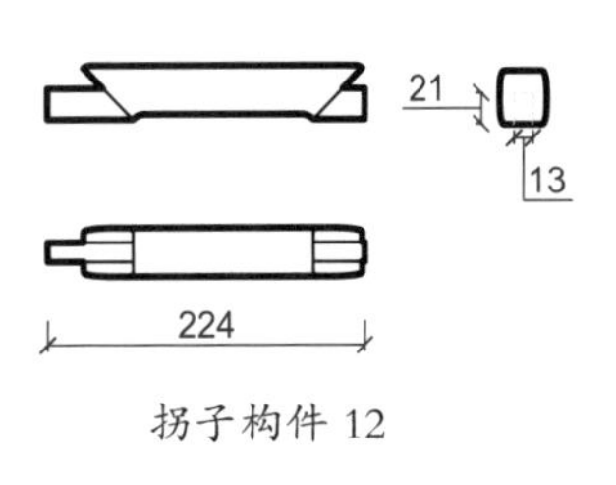
21
13
224

拐子构件 12

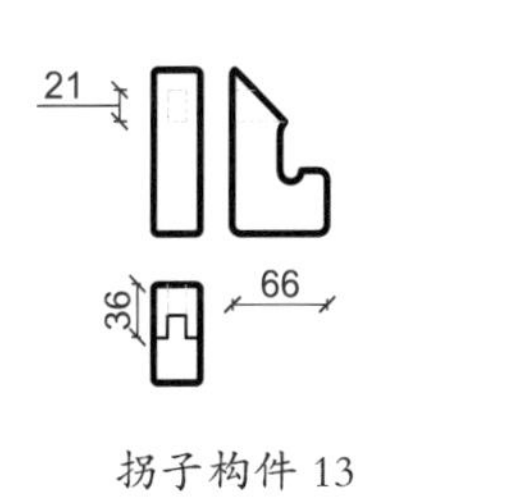
21
36
66

拐子构件 13

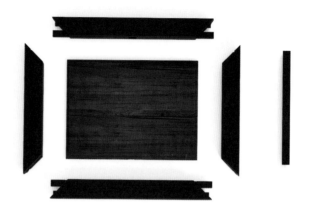

细部效果—座面（效果图 15）

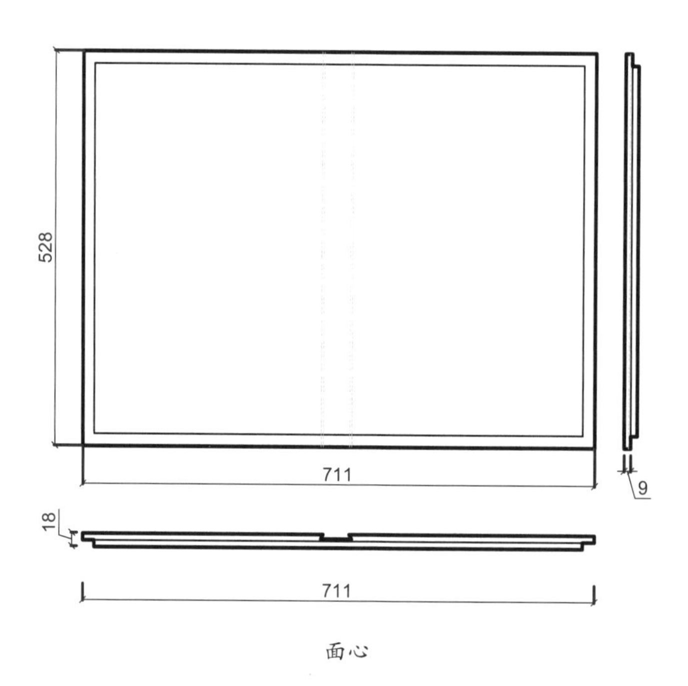
528
711
9
18
711

面心

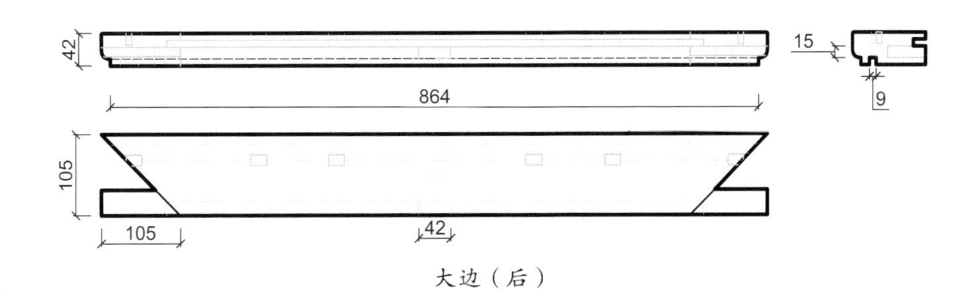
42
15
864
9
105
105
42

大边（后）

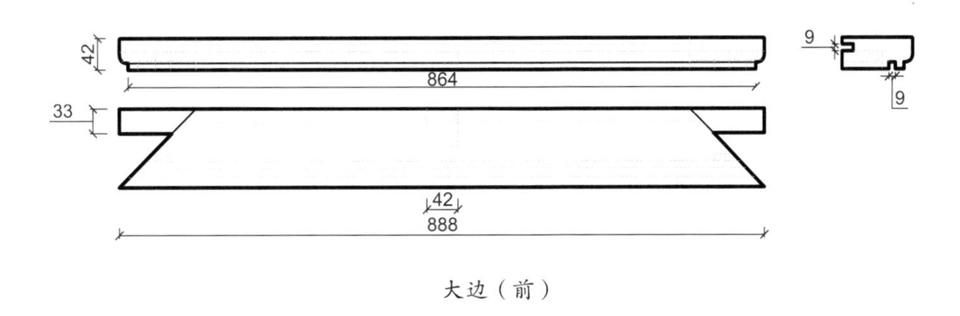
42
9
864
9
33
42
888

大边（前）

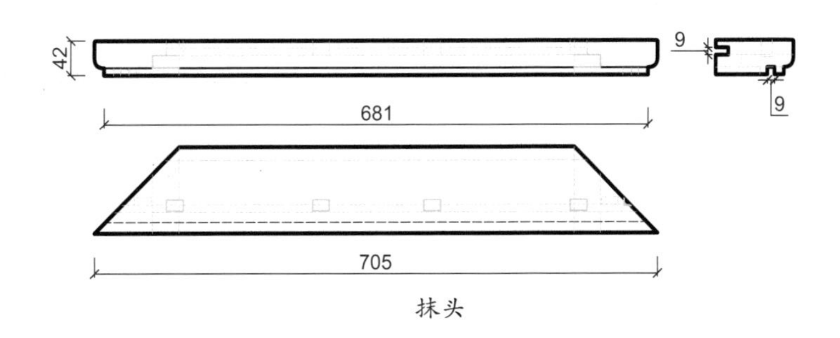
42
9
681
9
705

抹头

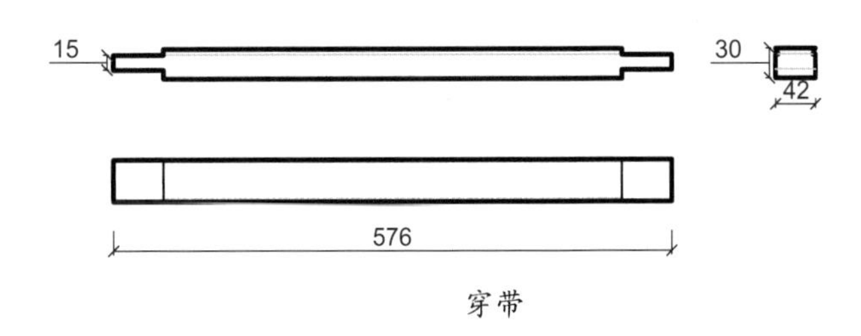
15
30
42
576

穿带

细部结构—座面（CAD图31～图35）

细部效果—束腰（效果图 16）

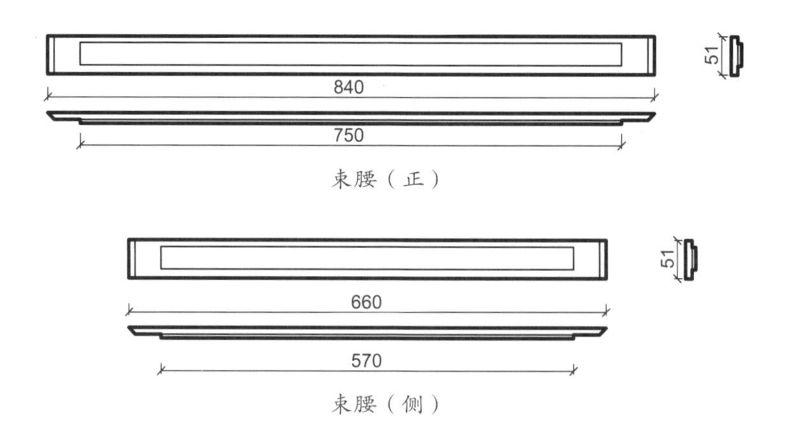
51
840
750
束腰（正）
51
660
570
束腰（侧）

细部结构—束腰（CAD 图 36 ~ 图 37）

细部效果—牙板（效果图 17）

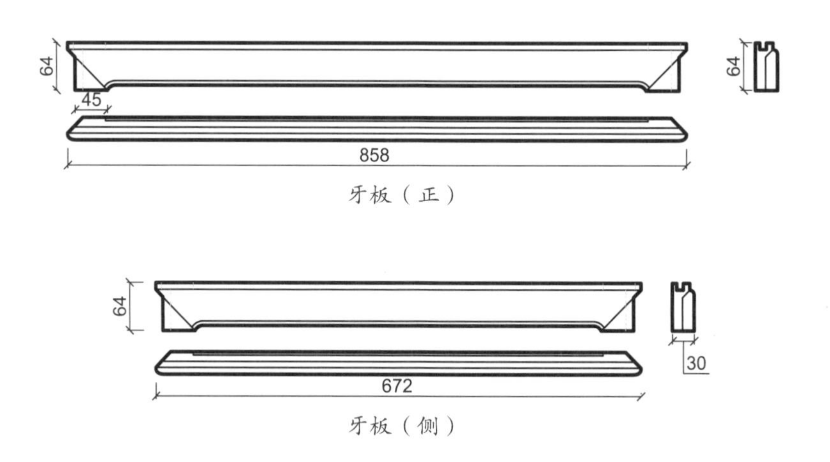
64
64
45
858
牙板（正）
64
30
672
牙板（侧）

细部结构—牙板（CAD 图 38 ~ 图 39）

细部效果—管脚枨（效果图 18）

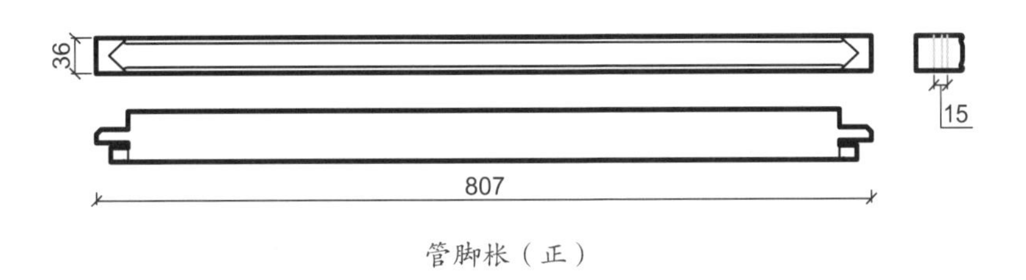
36
15
807

管脚枨（正）

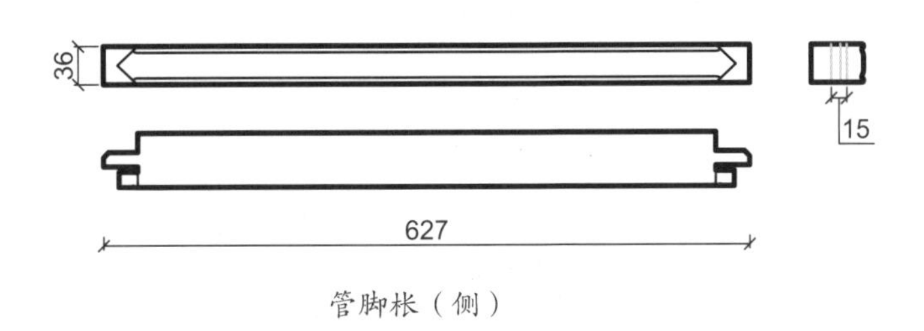
36
15
627

管脚枨（侧）

细部结构—管脚枨（CAD 图 40 ~图 41）

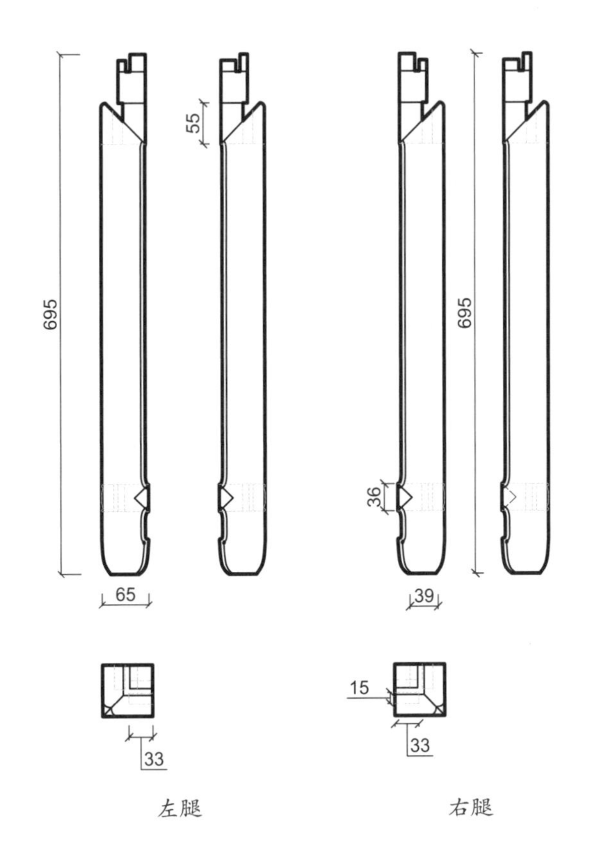
695
55
695
36
65
39
15
33
33
左腿
右腿

细部结构—腿子（CAD 图 42 ~图 43）

细部效果—腿子（效果图 19）

攒拐子纹扶手椅

材质：黄花梨

年款：清

整体外观（效果图 1）

1. 器形点评

此椅搭脑中间高两端低，呈品字形。靠背板分三段装绦环板，每段均雕饰花卉纹，背板边框及两侧扶手处均攒拐子纹。座面光素无饰，下有束腰，洼堂肚牙板。四腿为方材，直落到地，至足端雕成内翻回纹马蹄足。四腿下端以管脚枨相连。此椅采用攒拐子纹手法，装饰丰富，精雕细琢，是一件风格特点明显的清式家具。

2. CAD 图示

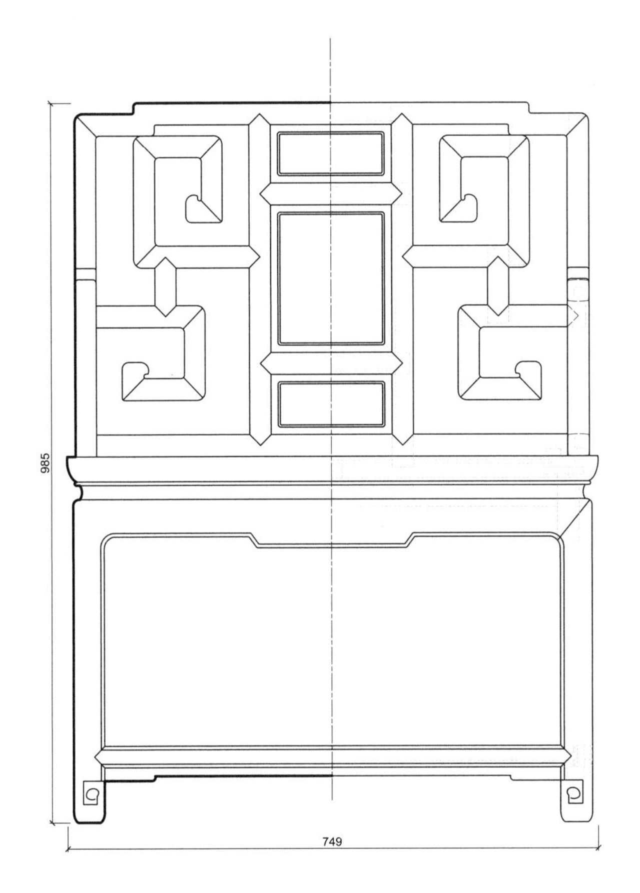
985
749

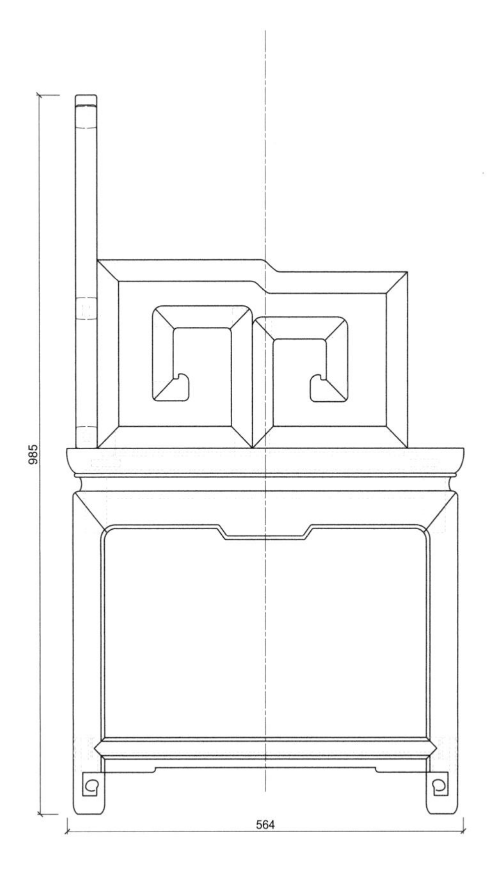
985
564

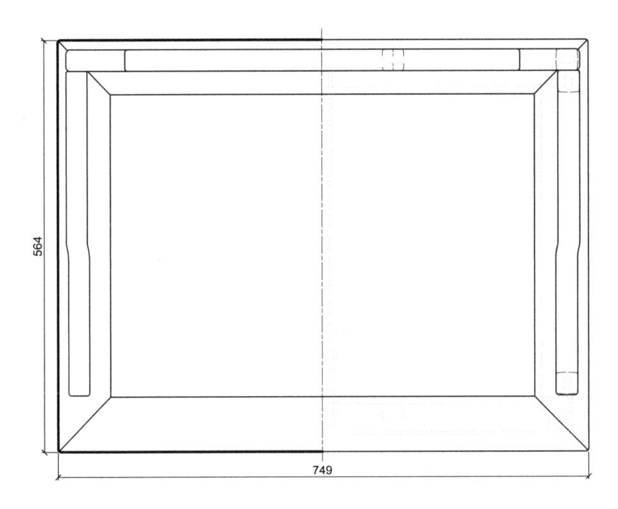
564
749

主视图
左视图
俯视图

三视结构（CAD 图 1）

注：视图中纹饰略去。

3. 用材效果

用材效果（材质：紫檀；效果图 2）

用材效果（材质：黄花梨；效果图 3）

用材效果（材质：红酸枝；效果图 4）

4. 结构爆炸

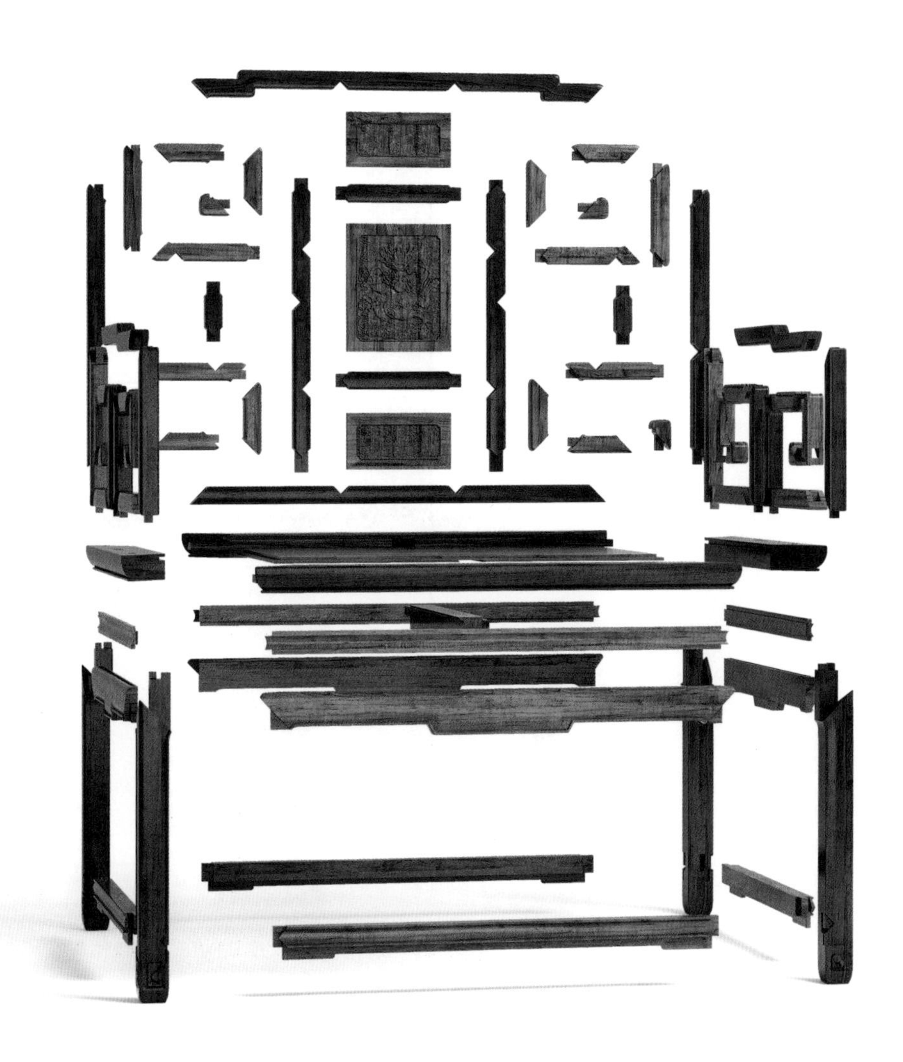

结构爆炸（效果图 5）

5. 部件示意

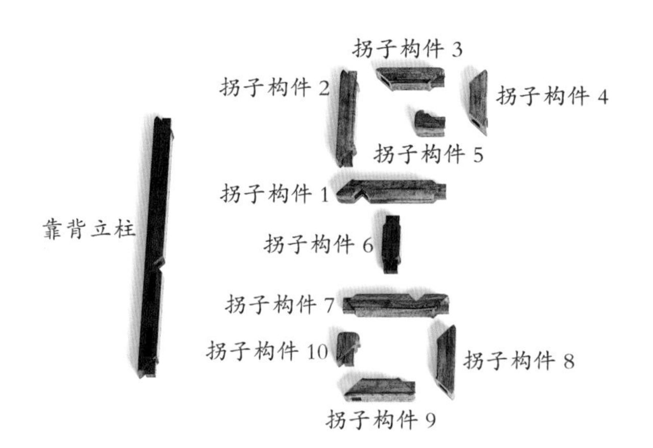

拐子构件 3
拐子构件 2
拐子构件 4
拐子构件 5
拐子构件 1
靠背立柱
拐子构件 6
拐子构件 7
拐子构件 10
拐子构件 8
拐子构件 9

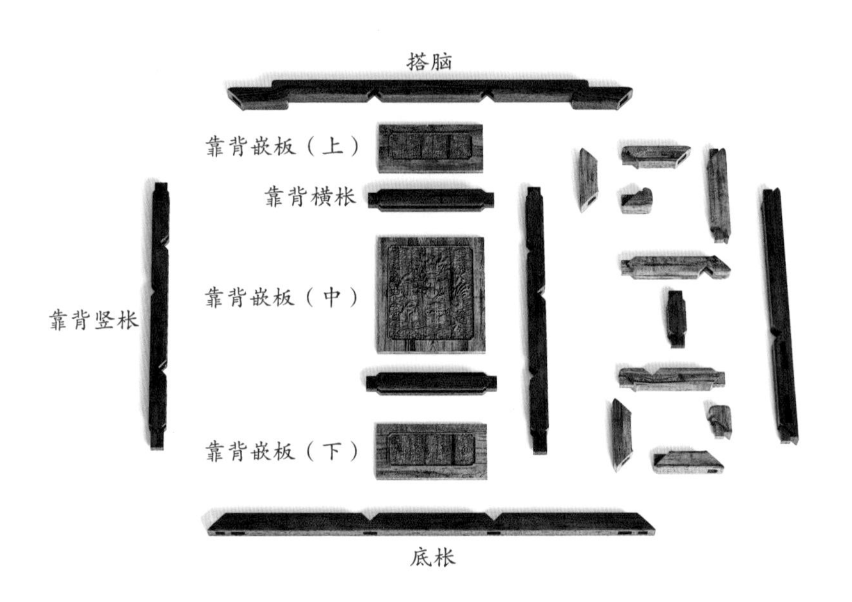

搭脑
靠背嵌板（上）
靠背横枨
靠背竖枨
靠背嵌板（中）
靠背嵌板（下）
底枨

部件示意—靠背围子（效果图 6）

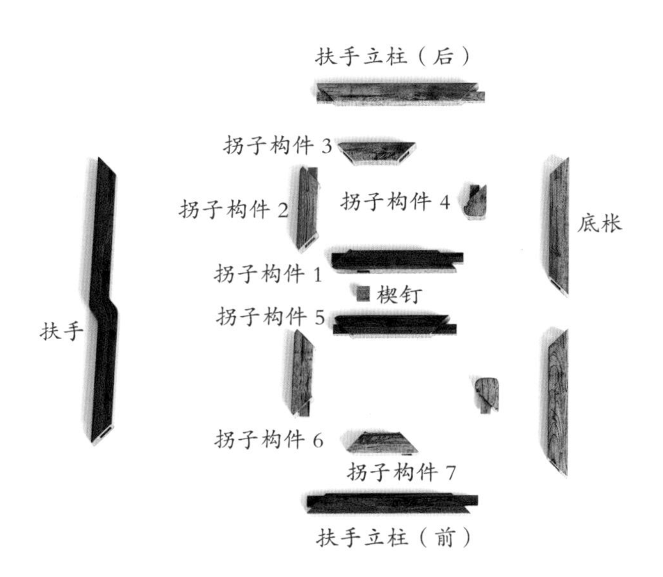
扶手立柱（后）
拐子构件 3
拐子构件 2
拐子构件 4
底枨
拐子构件 1
楔钉
扶手
拐子构件 5
拐子构件 6
拐子构件 7
扶手立柱（前）

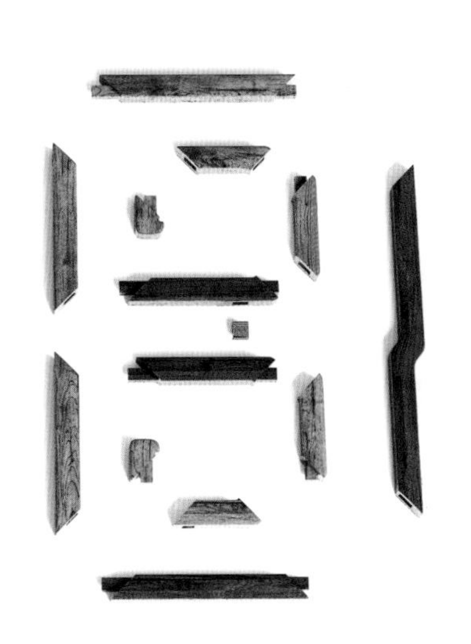

部件示意—扶手围子（效果图 7）

大边（后）
抹头
穿带
面心
大边（前）

部件示意—座面（效果图 8）

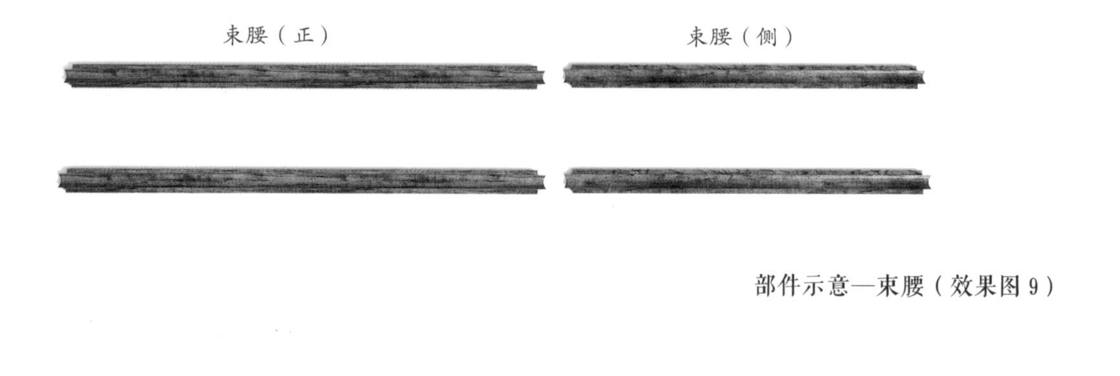
束腰（正）
束腰（侧）

部件示意—束腰（效果图 9）

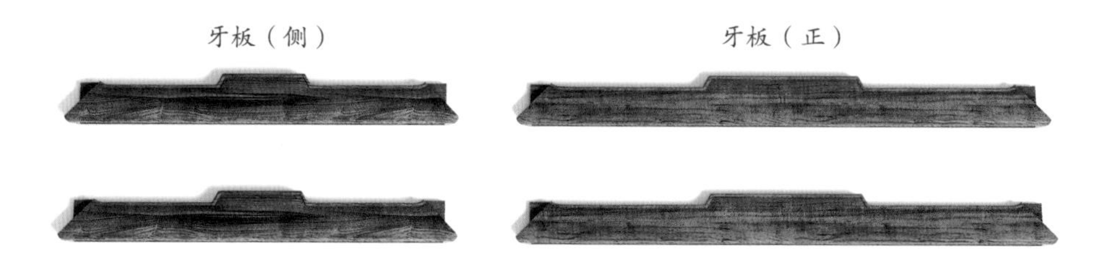
牙板（侧）
牙板（正）

部件示意—牙板（效果图 10）

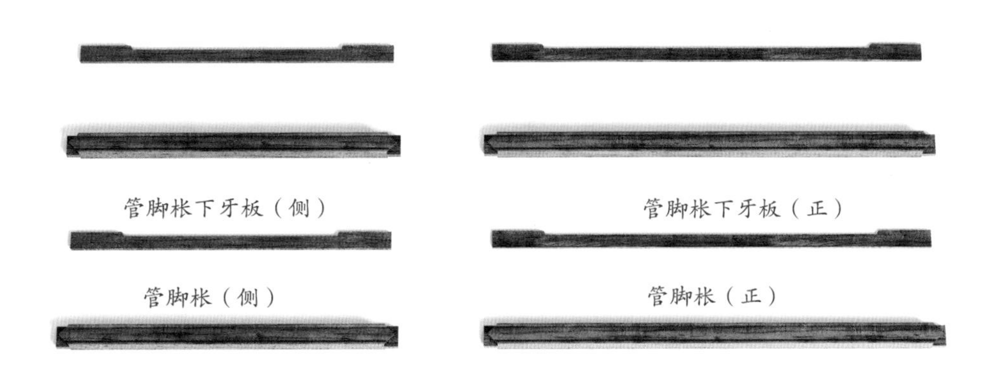
管脚枨下牙板（侧）
管脚枨下牙板（正）
管脚枨（侧）
管脚枨（正）

部件示意—管脚枨和其下牙板（效果图 11）

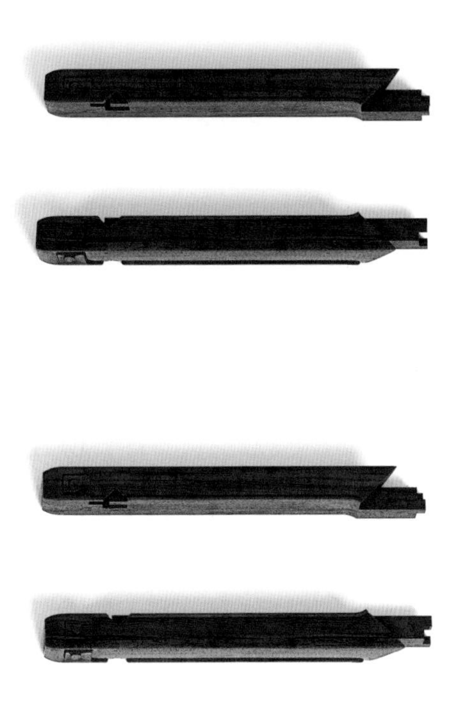

部件示意—腿子（效果图 12）

6. 细部详解

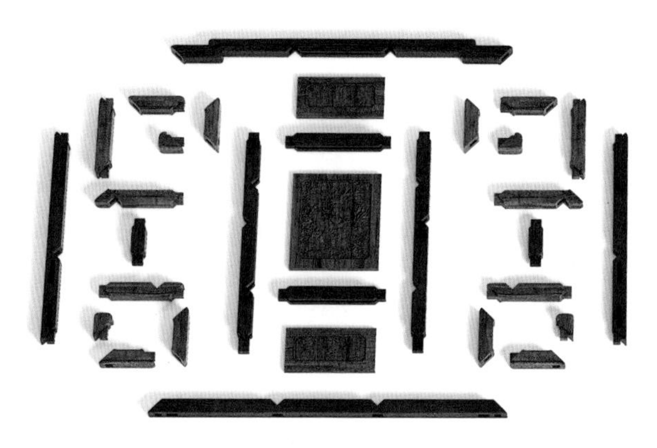

细部效果—靠背围子（效果图 13）

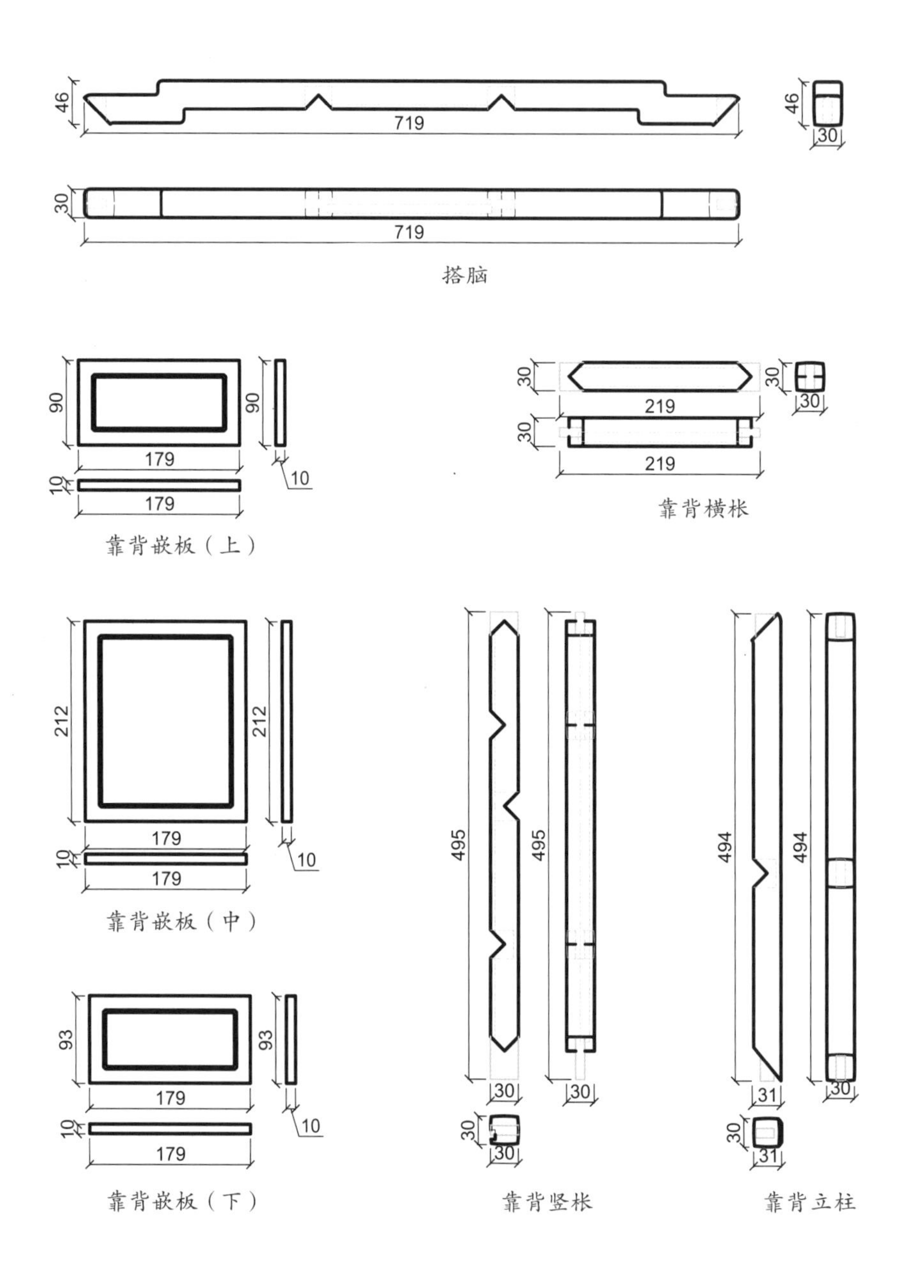

46
719
46
30
30
719
搭脑
90
90
179
10
10
179
靠背嵌板（上）
30
219
30
30
219
靠背横枨
212
212
179
10
10
179
靠背嵌板（中）
93
93
179
10
10
179
靠背嵌板（下）
495
495
30
30
30
30
靠背竖枨
494
494
31
30
30
31
靠背立柱

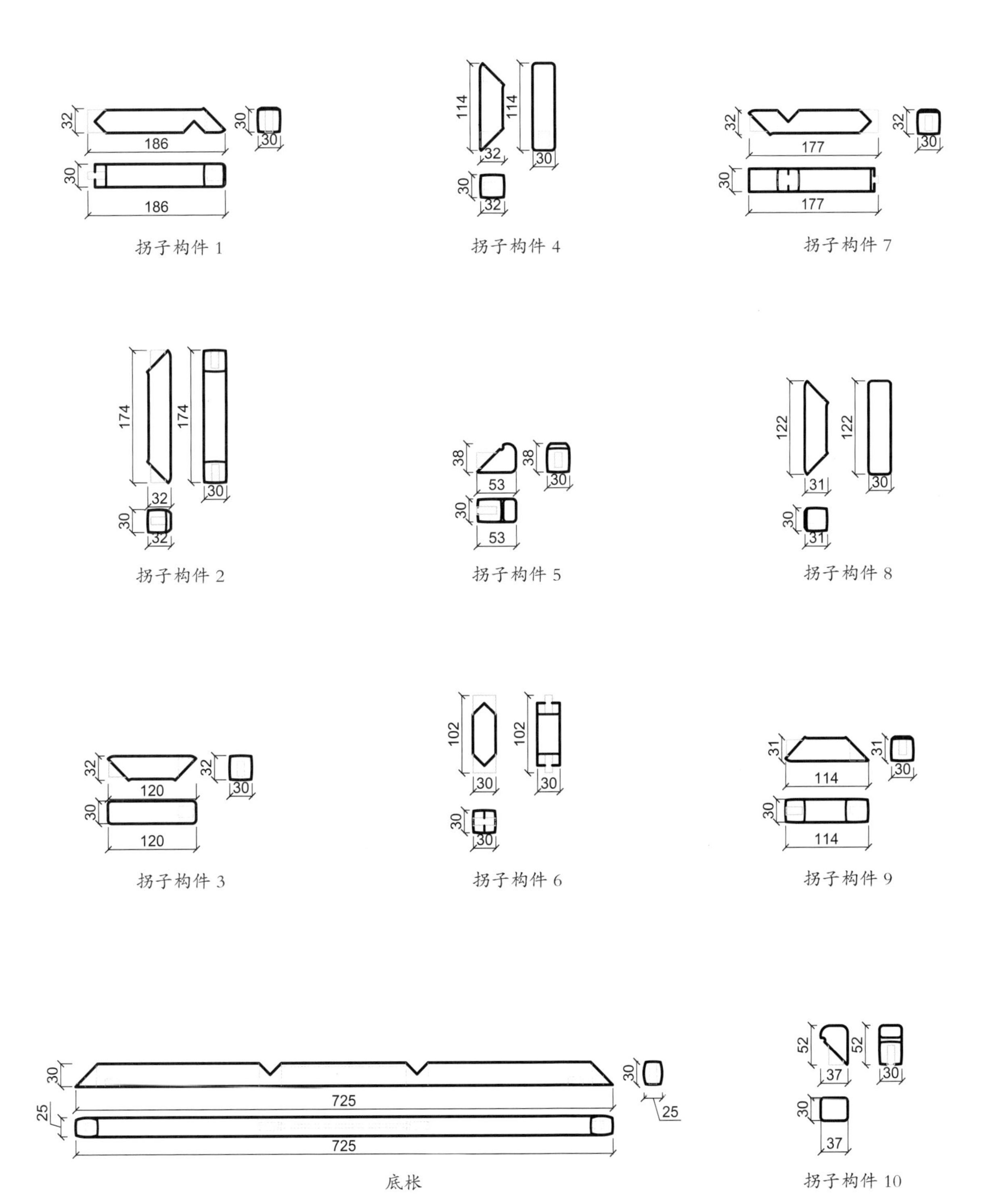
32
186
30
30
30
186
拐子构件 1
114
114
32
30
30
32
拐子构件 4
32
177
32
30
30
177
拐子构件 7
174
174
32
30
30
32
拐子构件 2
38
53
38
30
30
53
拐子构件 5
122
122
31
30
30
31
拐子构件 8
32
120
32
30
30
120
拐子构件 3
102
102
30
30
30
30
拐子构件 6
31
114
31
30
30
114
拐子构件 9
30
725
30
25
25
725
底枨
52
37
52
30
30
37
拐子构件 10

细部结构—靠背围子（CAD 图 2 ~图 19）

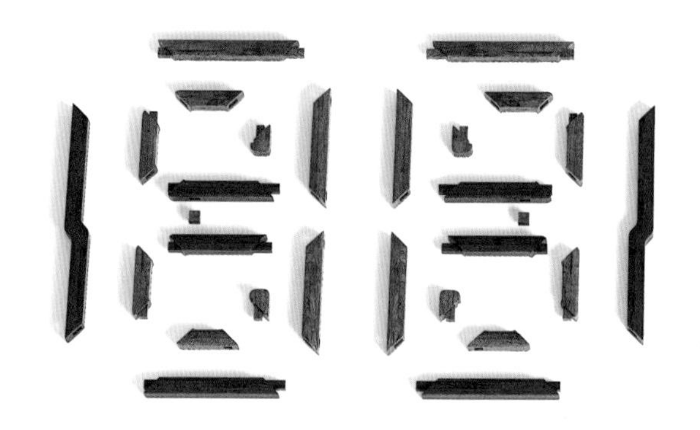

细部效果—扶手围子（效果图 14）

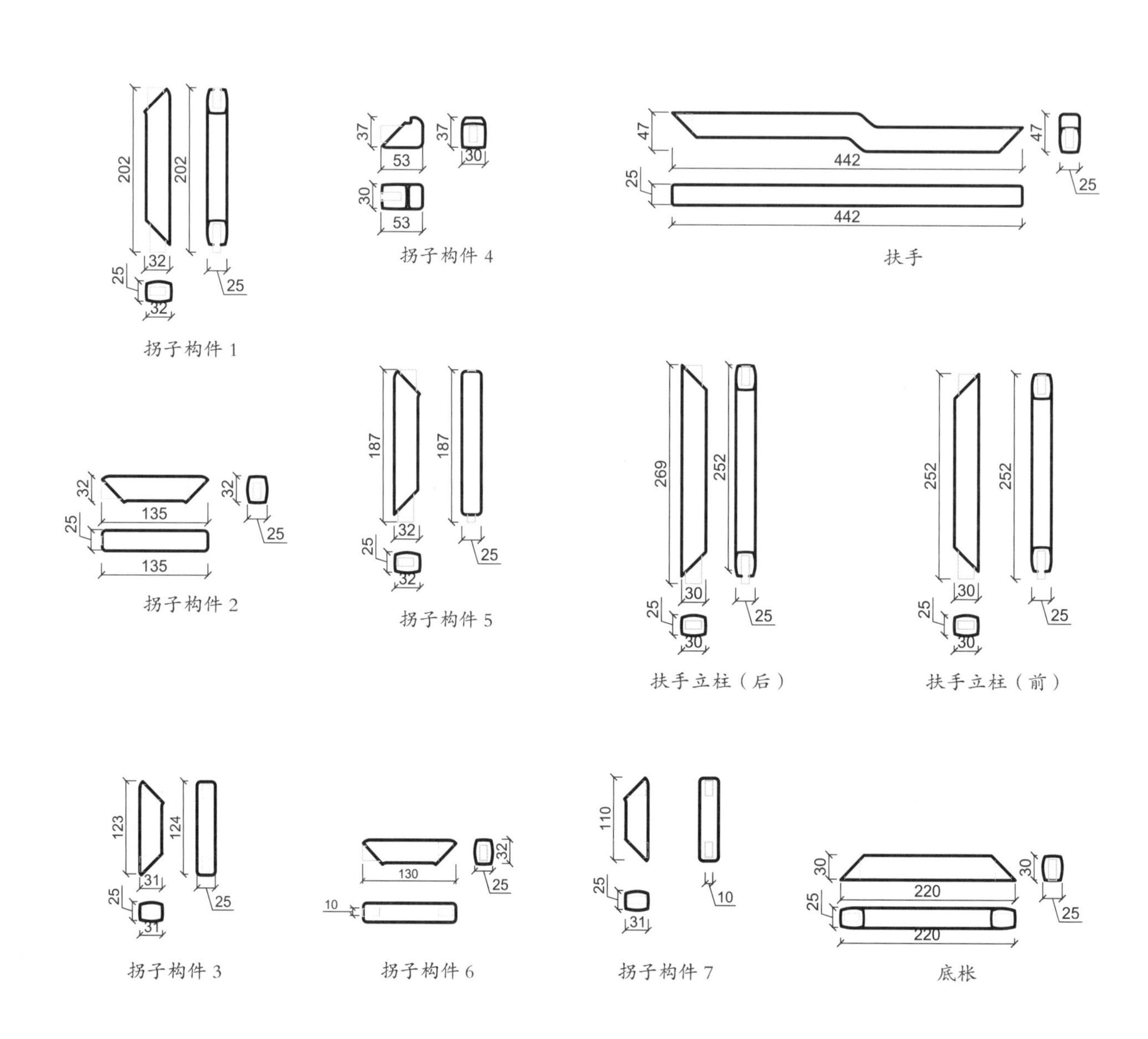

202
202
32
25
32
25
拐子构件 1
37
53
37
30
30
53
拐子构件 4
47
442
47
25
25
442
扶手
32
135
32
25
25
135
拐子构件 2
187
187
32
25
25
32
拐子构件 5
269
252
30
25
25
30
扶手立柱（后）
252
252
30
25
25
30
扶手立柱（前）
123
124
31
25
25
31
拐子构件 3
130
32
25
10
拐子构件 6
110
10
25
31
拐子构件 7
30
220
30
25
25
220
底枨

细部结构—扶手围子（CAD 图 20 ～图 30）

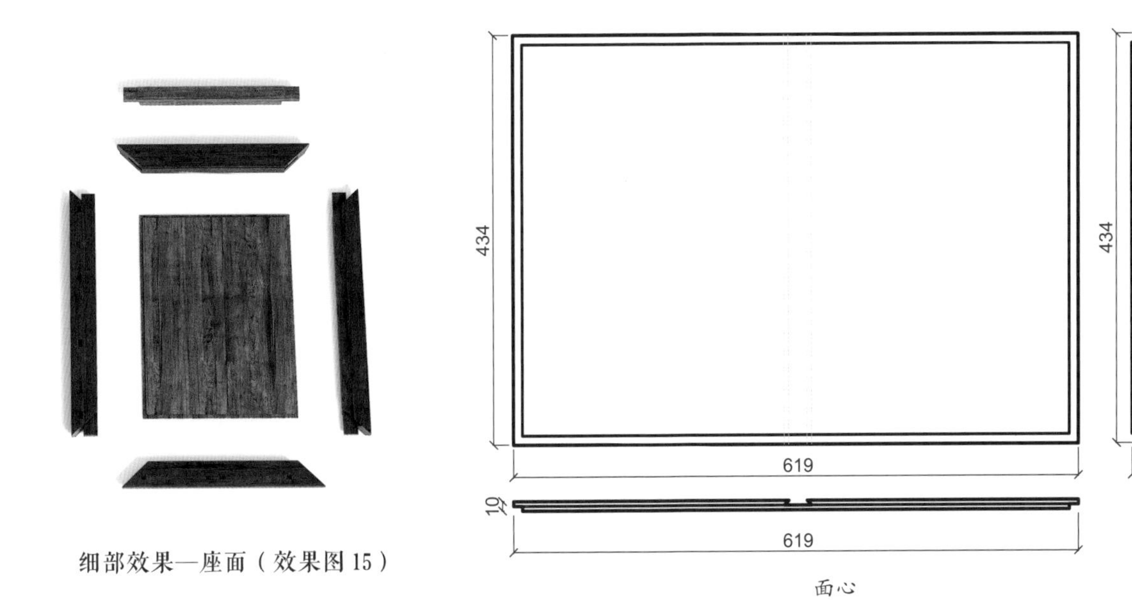
434
434
619
10
10
619

细部效果—座面（效果图 15）

面心

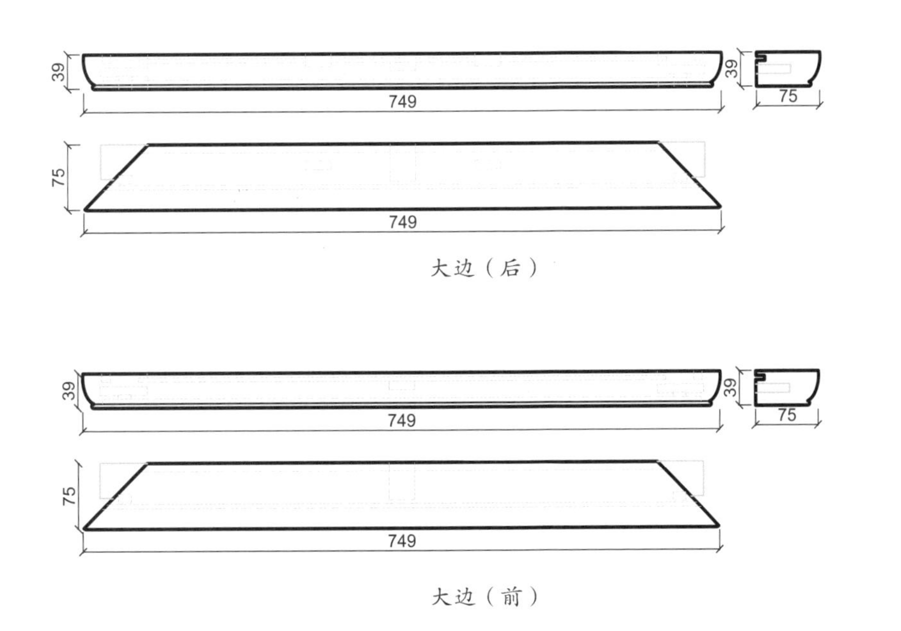
39
39
749
75
75
749
39
39
749
75
75
749

大边（后）

大边（前）

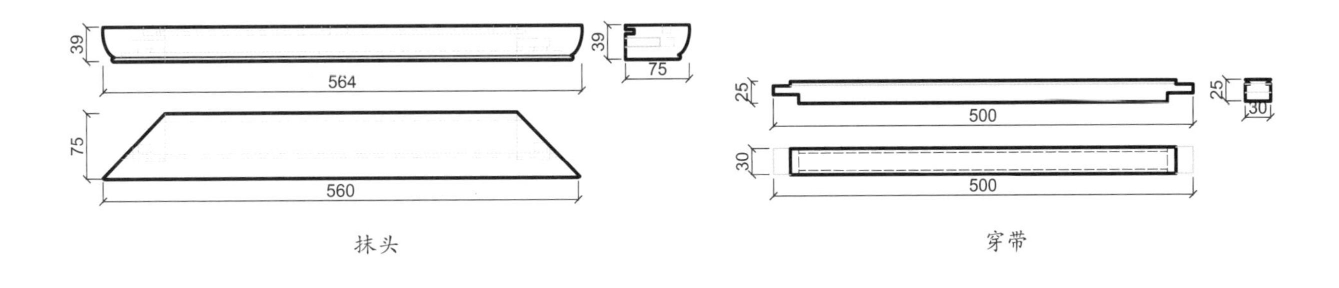
39
39
564
75
75
560
25
25
500
30
30
500

抹头

穿带

细部结构—座面（CAD 图 31 ~图 35）

细部效果—束腰（效果图 16）

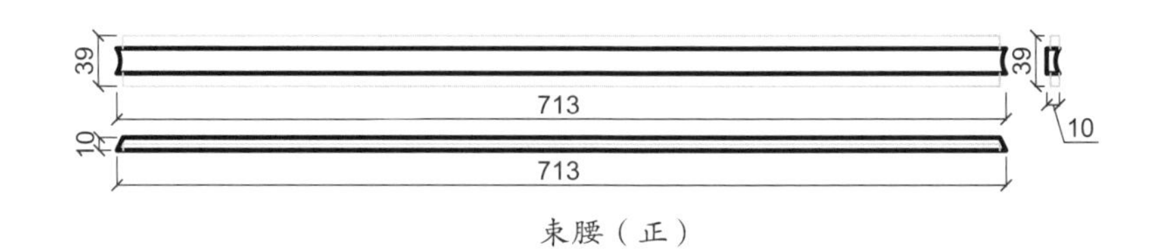
39
713
39
10
10
713

束腰（正）

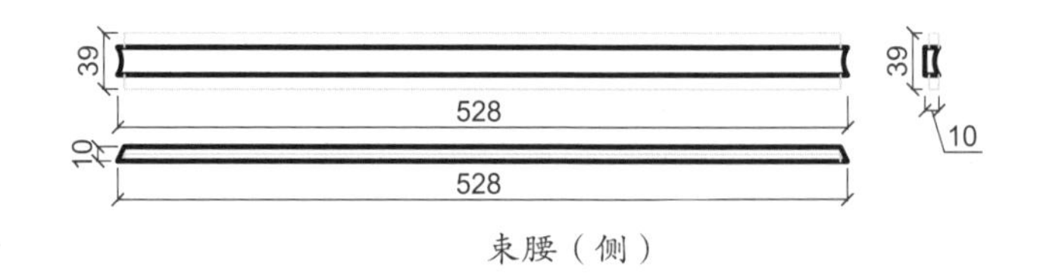
39
528
39
10
10
528

束腰（侧）

细部结构—束腰（CAD 图 36 ~ 图 37）

细部效果—牙板（效果图 17）

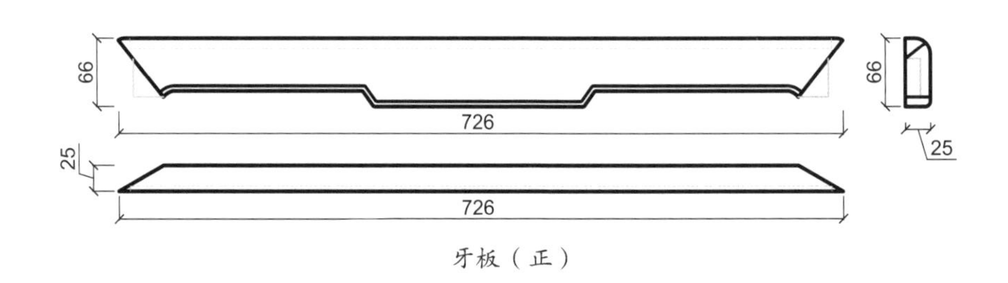
66
726
66
25
25
726

牙板（正）

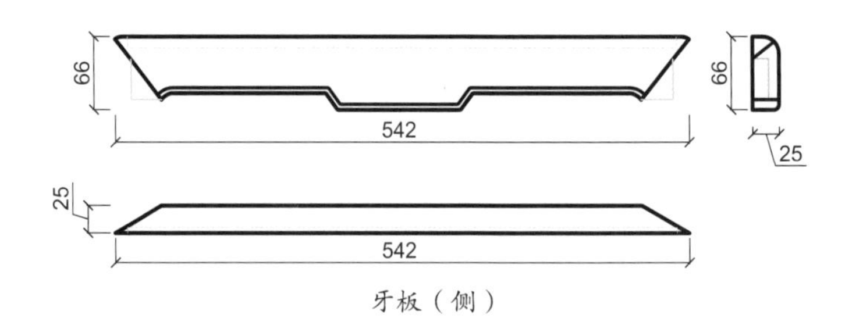
66
542
66
25
25
542

牙板（侧）

细部结构—牙板（CAD 图 38 ~ 图 39）

细部效果—管脚枨和其下牙板（效果图18）

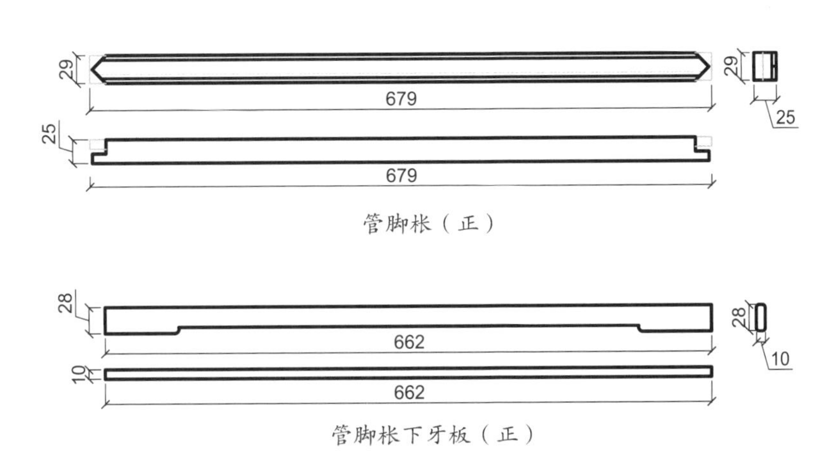
29
679
29
25
25
679
管脚枨（正）
28
662
28
10
10
662
管脚枨下牙板（正）

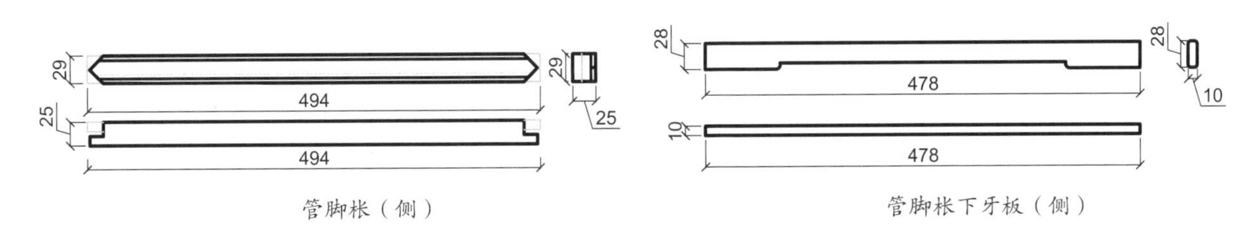
29
494
29
25
25
494
管脚枨（侧）
28
478
28
10
10
478
管脚枨下牙板（侧）

细部结构—管脚枨和其下牙板（CAD图40～图43）

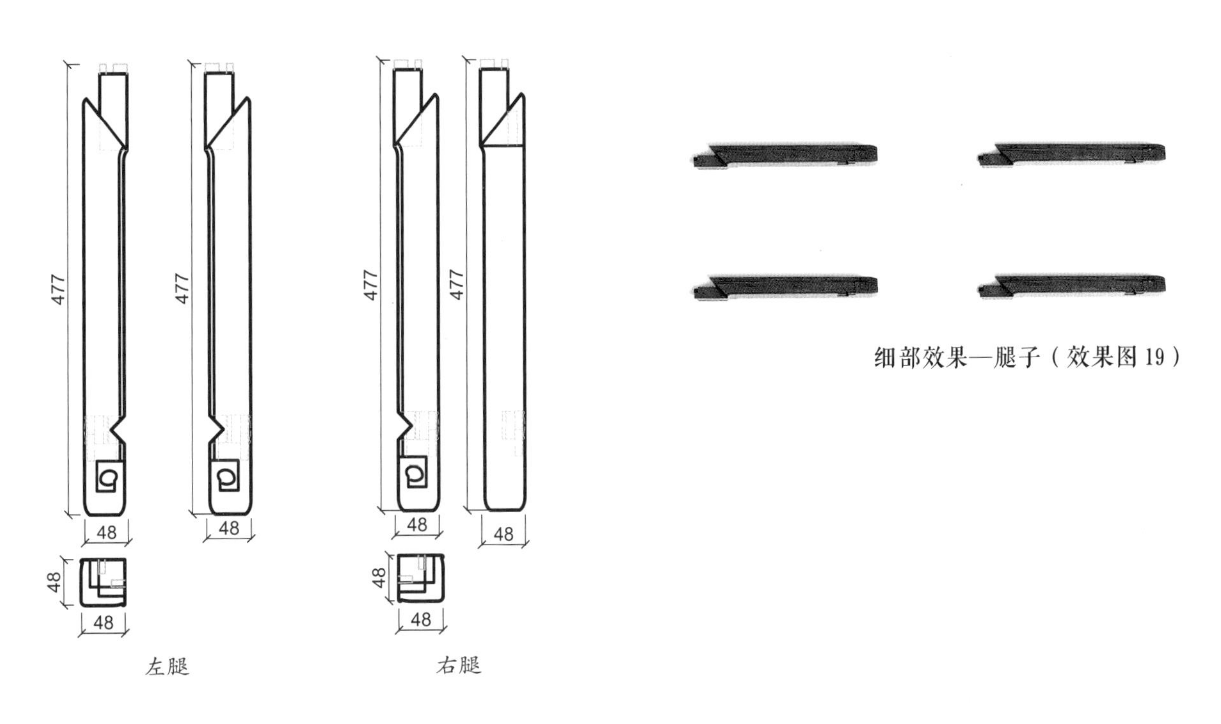
477
477
477
477
48
48
48
48
48
48
48
48
左腿
右腿

细部效果—腿子（效果图19）

细部结构—腿子（CAD图44～图45）

福庆有余纹扶手椅

材质：红酸枝

年款：清

整体外观（效果图 1）

1. 器形点评

此椅搭脑为卷书式，靠背板浮雕蝠磬纹和双鱼纹，寓意福庆有余。靠背板两侧的边框做成透空曲波样，透空处镶云纹圈口，靠背板上下装云纹角牙。两侧扶手以弧形弯材做成。椅盘光素平直，下有束腰，洼堂肚牙板。鼓腿彭牙，腿子中部起云纹翅，足端雕内翻马蹄足。此件扶手椅整体雕饰精美，鼓腿兜转有力，做工细腻，具有极高的艺术价值。

2. CAD 图示

1040
1040
660
660
795
靠背福庆有余纹大样图
主视图
左视图
俯视图
细节图

三视结构（CAD 图 1）

3. 用材效果

用材效果（材质：紫檀；效果图 2）

用材效果（材质：黄花梨；效果图 3）

用材效果（材质：红酸枝；效果图 4）

4. 结构爆炸

结构爆炸（效果图 5）

5. 部件示意

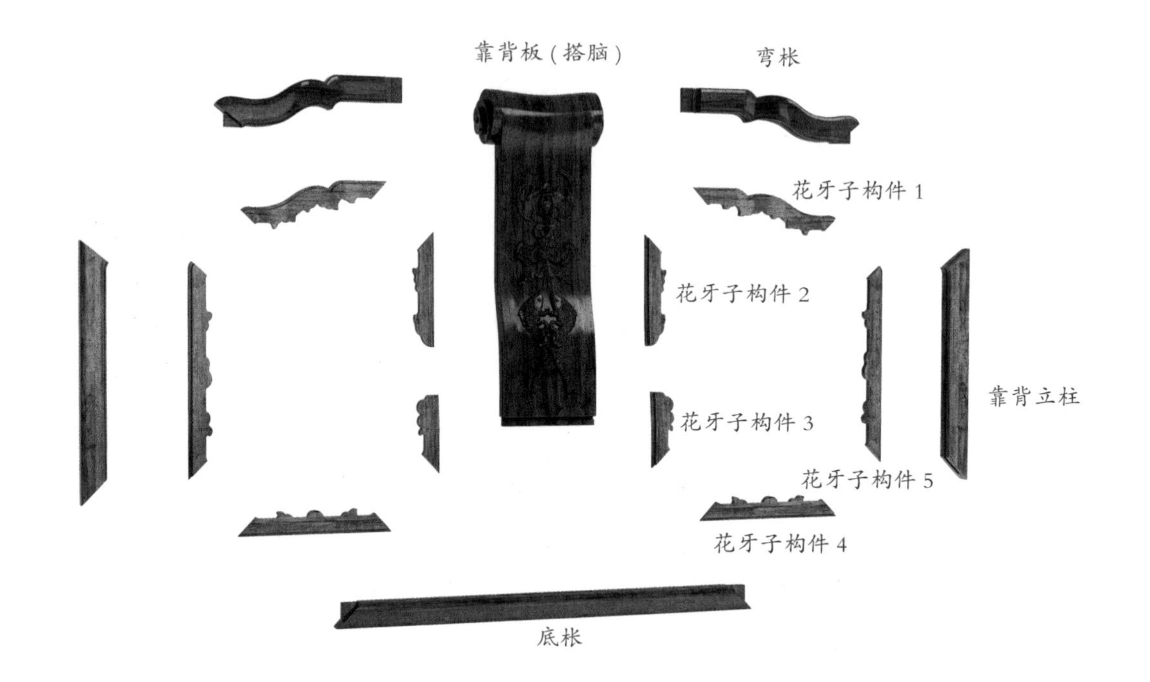
靠背板（搭脑）
弯枨
花牙子构件 1
花牙子构件 2
靠背立柱
花牙子构件 3
花牙子构件 5
花牙子构件 4
底枨

部件示意—靠背围子（效果图 6）

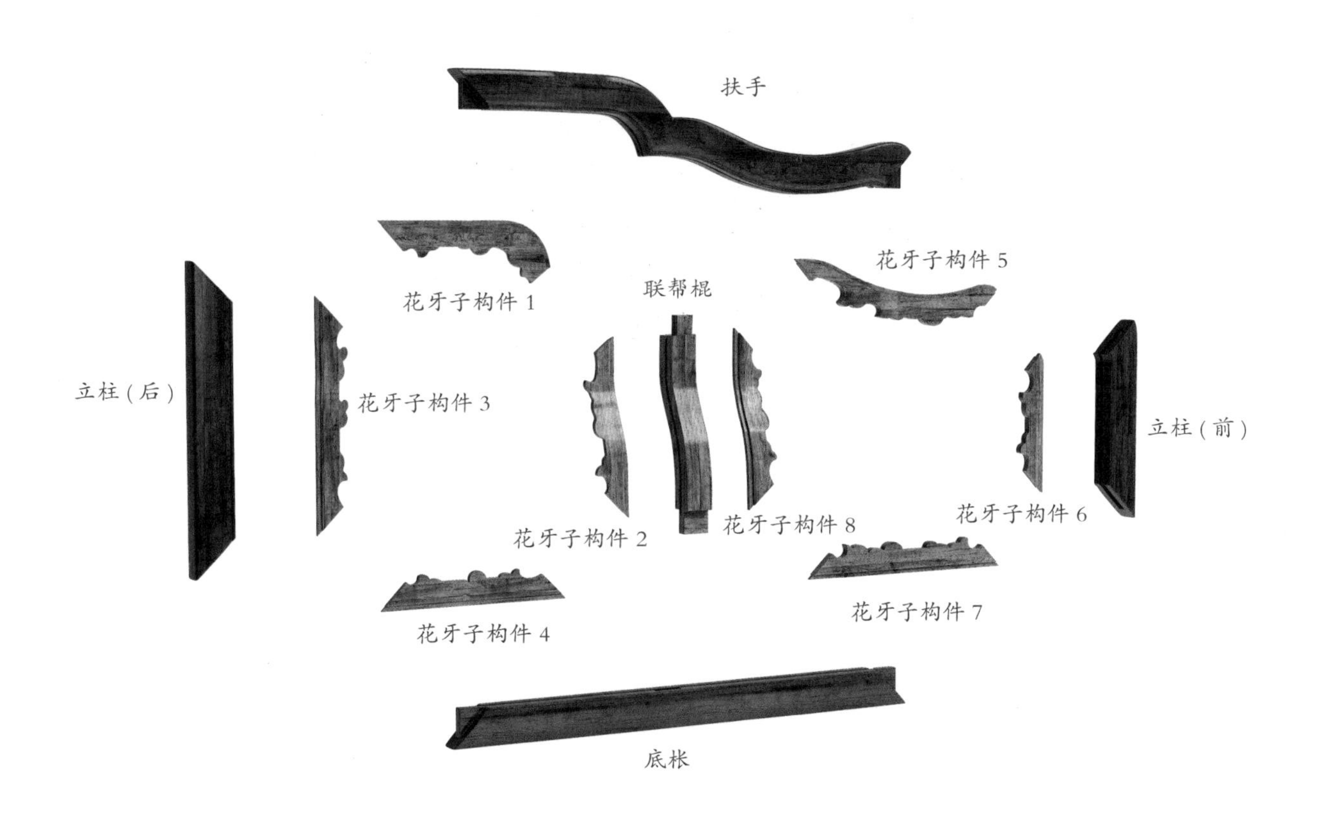
扶手
花牙子构件 1
联帮棍
花牙子构件 5
立柱（后）
花牙子构件 3
立柱（前）
花牙子构件 2
花牙子构件 8
花牙子构件 6
花牙子构件 4
花牙子构件 7
底枨

部件示意—扶手围子（效果图 7）

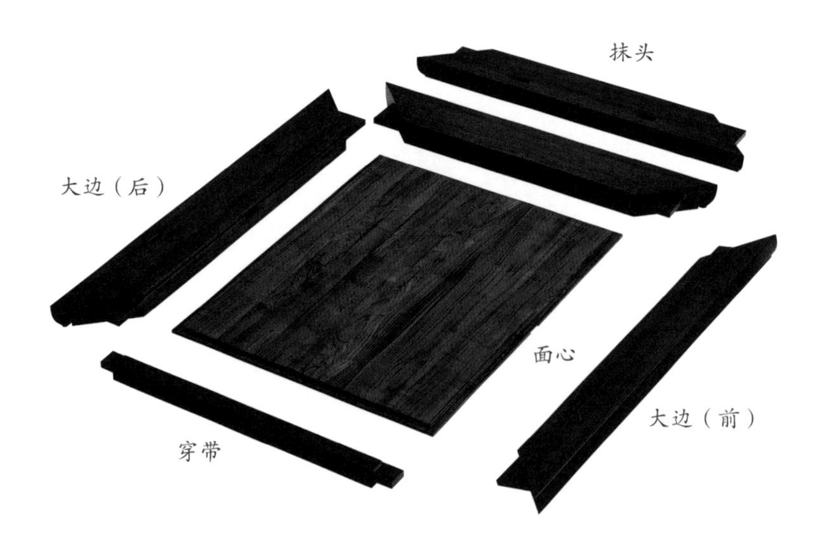
抹头
大边（后）
面心
大边（前）
穿带

部件示意—座面（效果图 8）

束腰（正）
束腰（侧）

部件示意—束腰（效果图 9）

牙板（正）

牙板（侧）

部件示意—牙板（效果图 10）

部件示意—腿子（效果图 11）

6. 细部详解

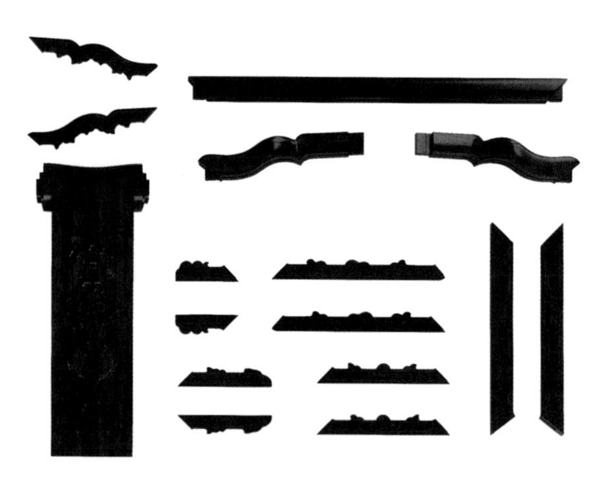

细部效果—靠背围子（效果图 12）

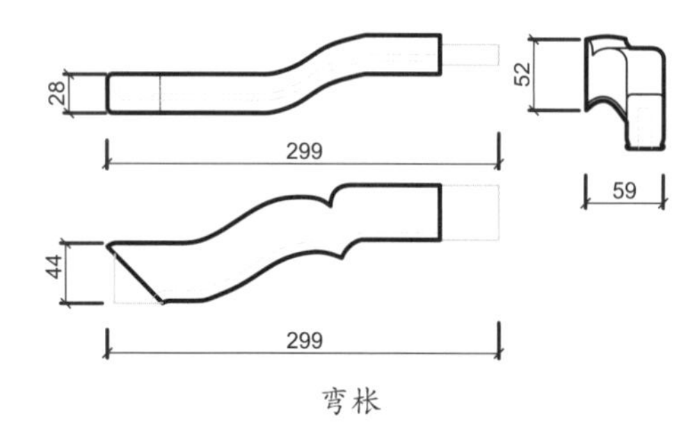
28
299
52
59
44
299

弯枨

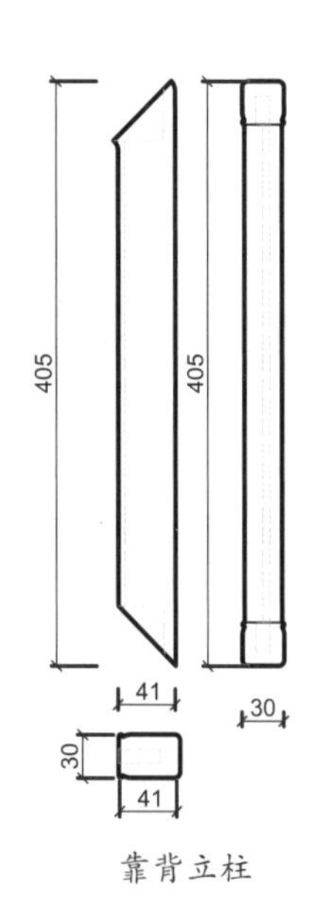
405
405
41
30
30
41

靠背立柱

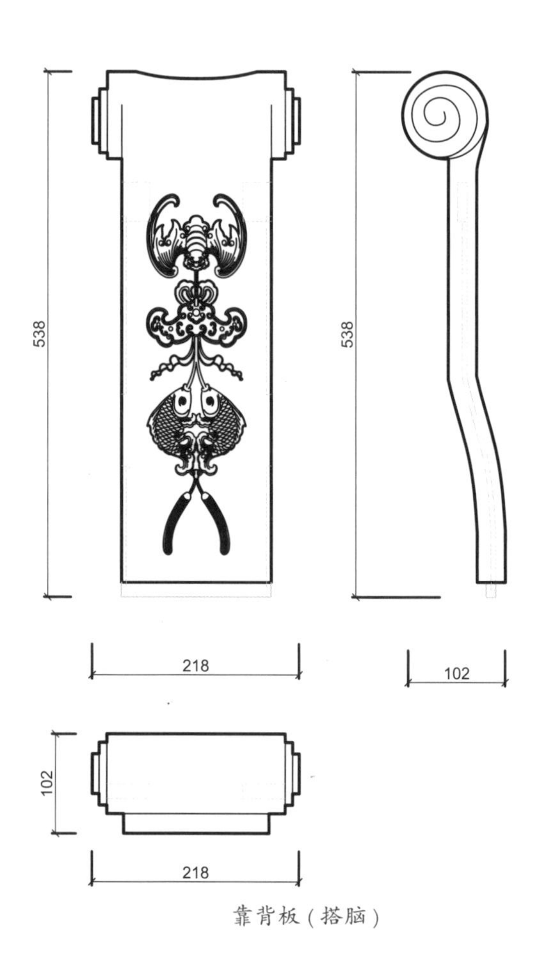
538
538
218
102
102
218

靠背板（搭脑）

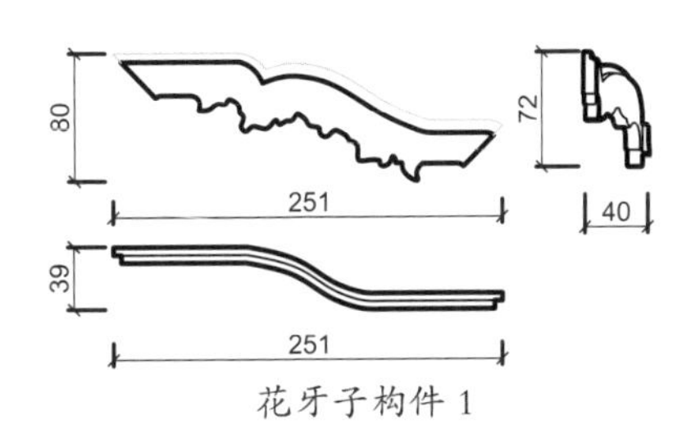
80
72
251
40
39
251
花牙子构件 1

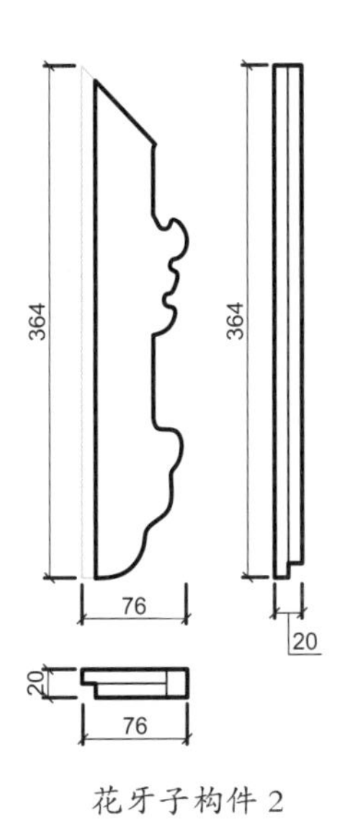
364
364
76
20
20
76
花牙子构件 2

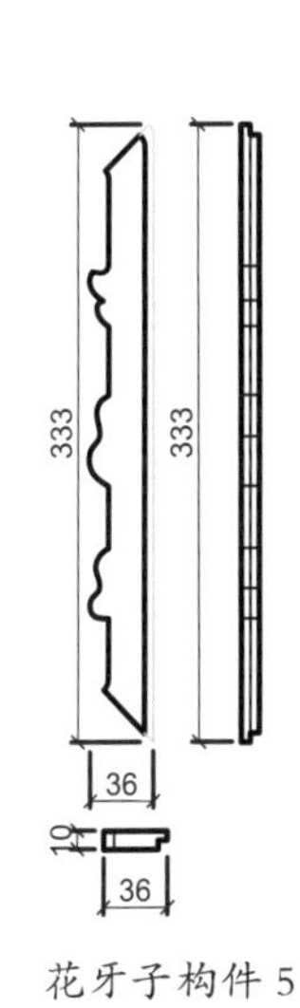
333
333
36
10
36
花牙子构件 5

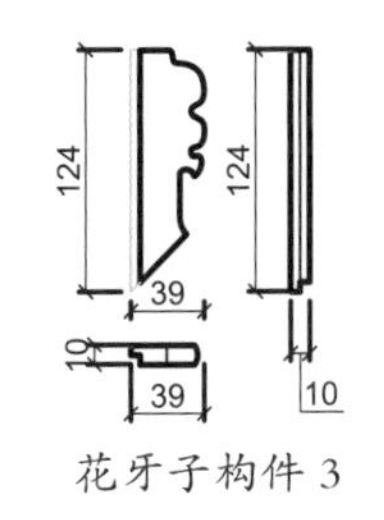
124
124
39
10
39
10
花牙子构件 3

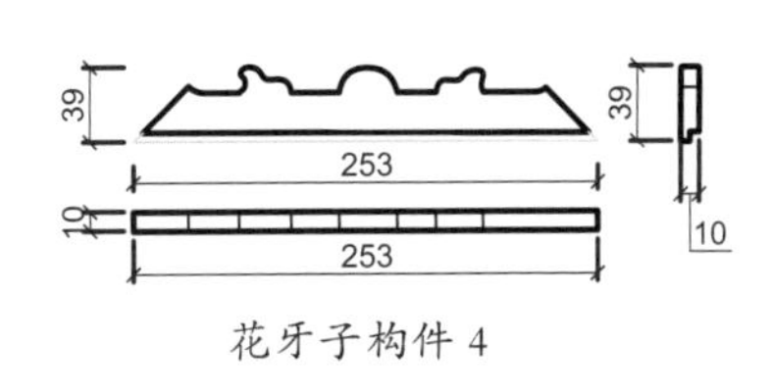
39
39
253
10
253
10
花牙子构件 4

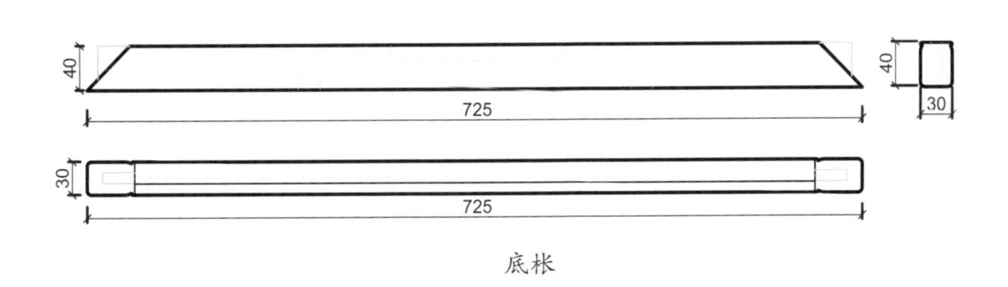
40
40
725
30
30
725
底枨

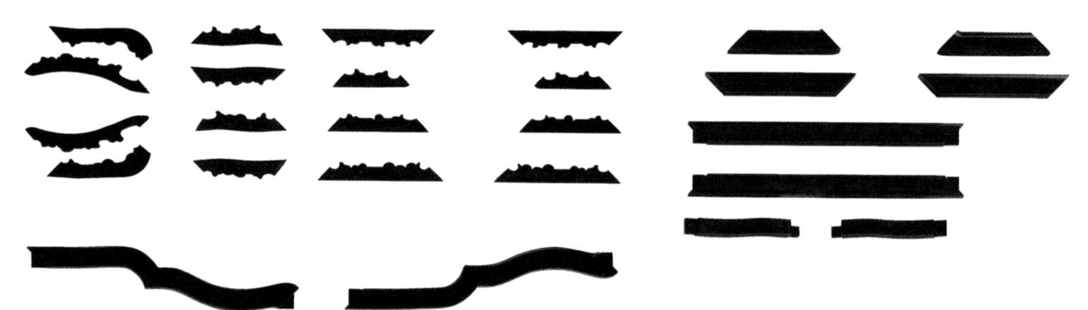

细部效果—扶手围子（效果图13）

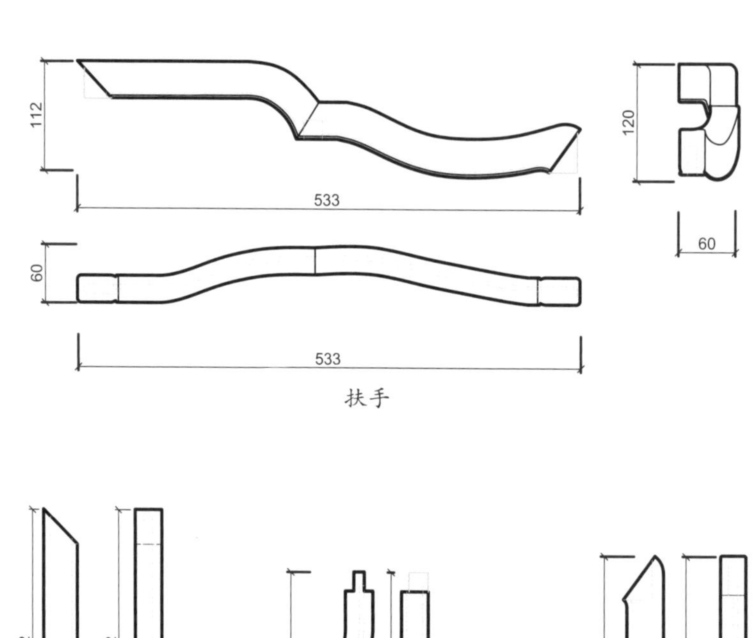
112
533
120
60
60
533

扶手

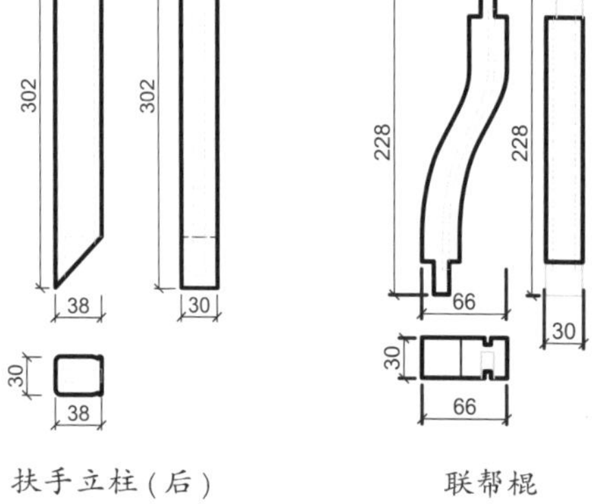
302
38
302
30
30
38
228
66
228
30
30
66

扶手立柱（后）　　联帮棍

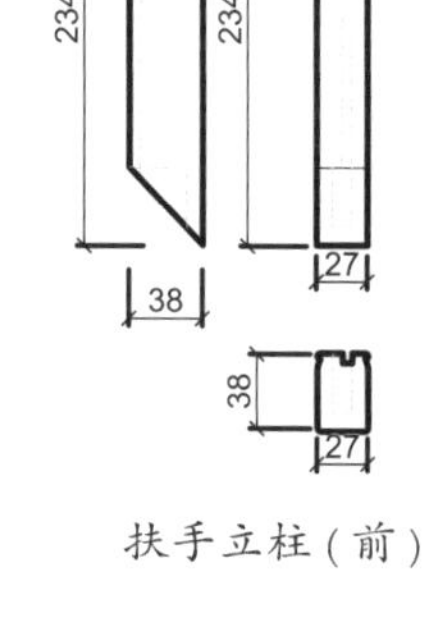
234
38
234
27
38
27

扶手立柱（前）

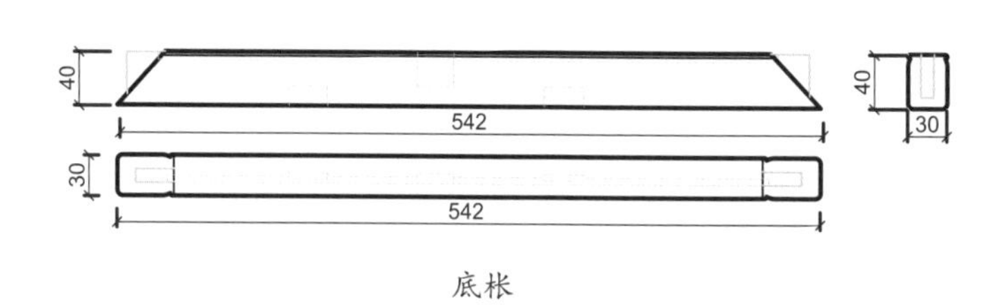
40
542
40
30
30
542

底枨

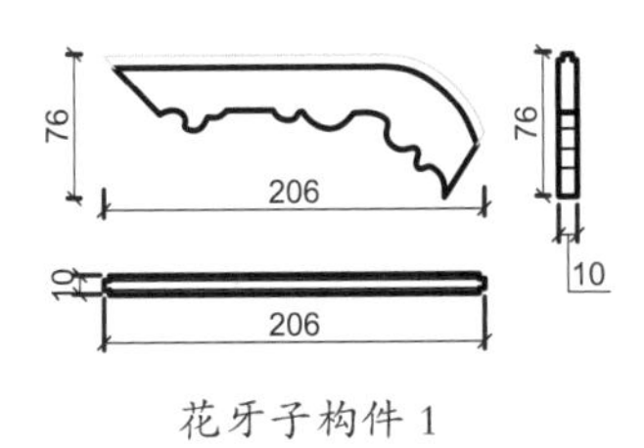
76
206
76
10
10
206

花牙子构件 1

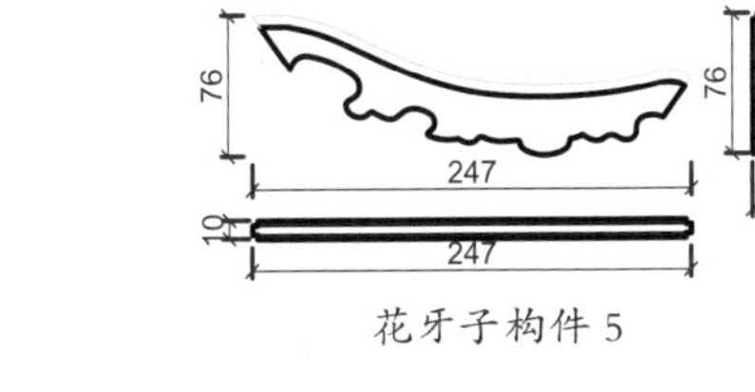
76
247
76
10
10
247

花牙子构件 5

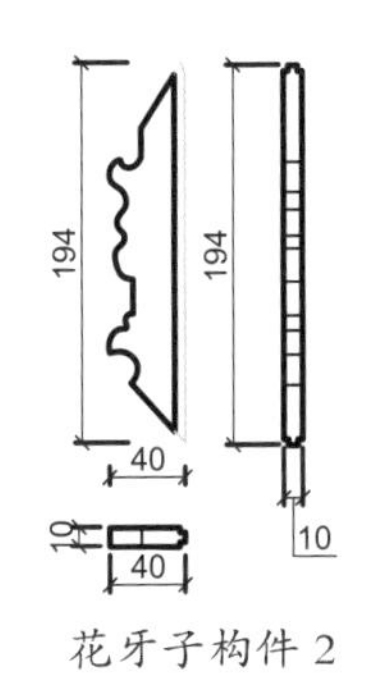
194
194
40
10
10
40

花牙子构件 2

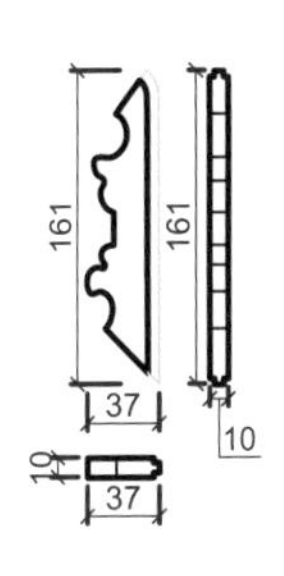
161
161
37
10
10
37

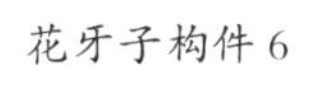

花牙子构件 6

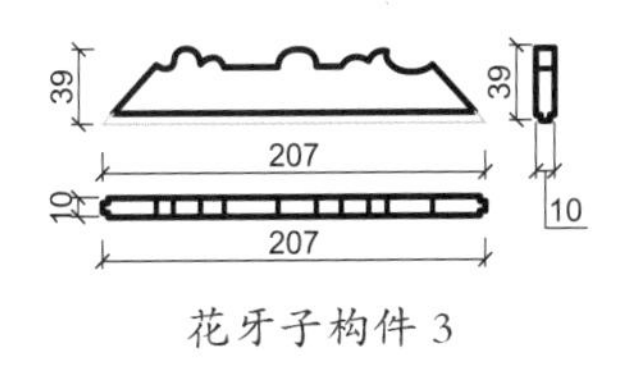
39
39
207
10
10
207

花牙子构件 3

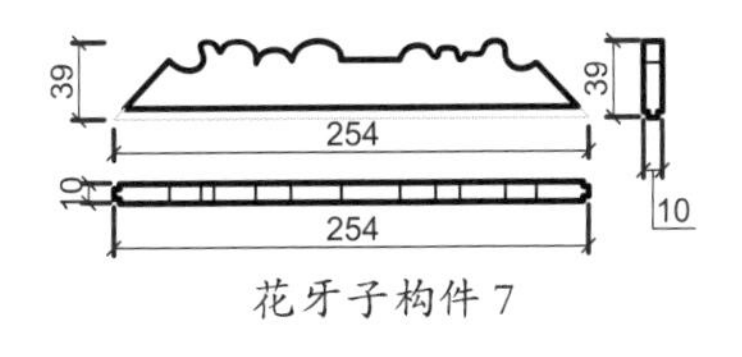
39
39
254
10
10
254

花牙子构件 7

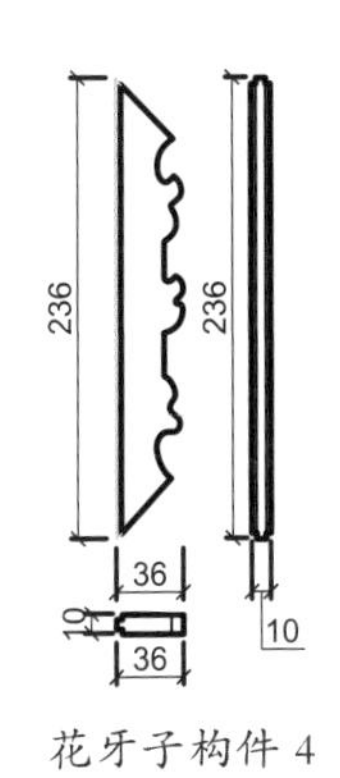
236
236
36
10
10
36

花牙子构件 4

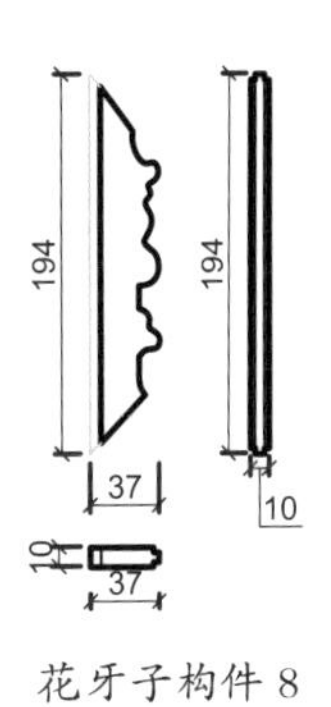
194
194
37
10
10
37

花牙子构件 8

细部效果—座面（效果图 14）

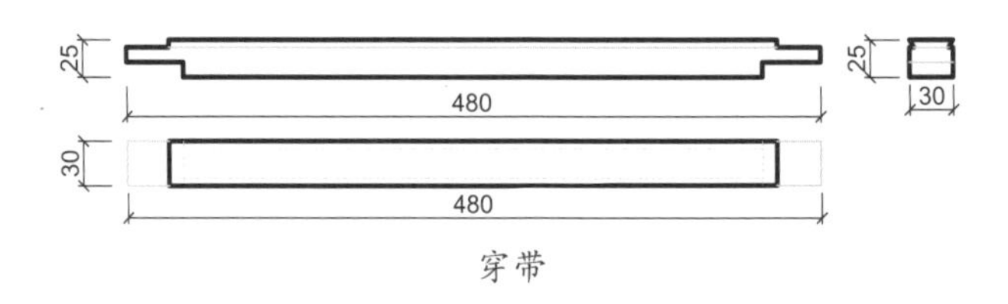

25
480
25
30
30
480

穿带

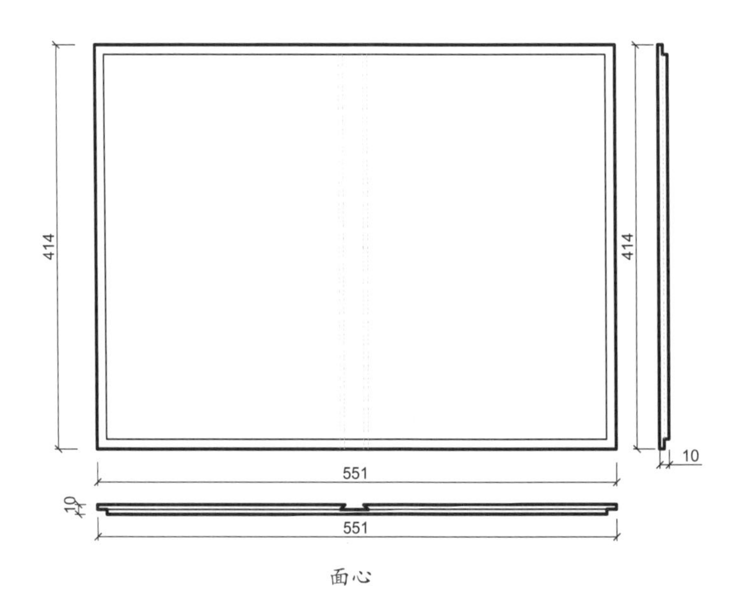

414
414
10
551
10
551

面心

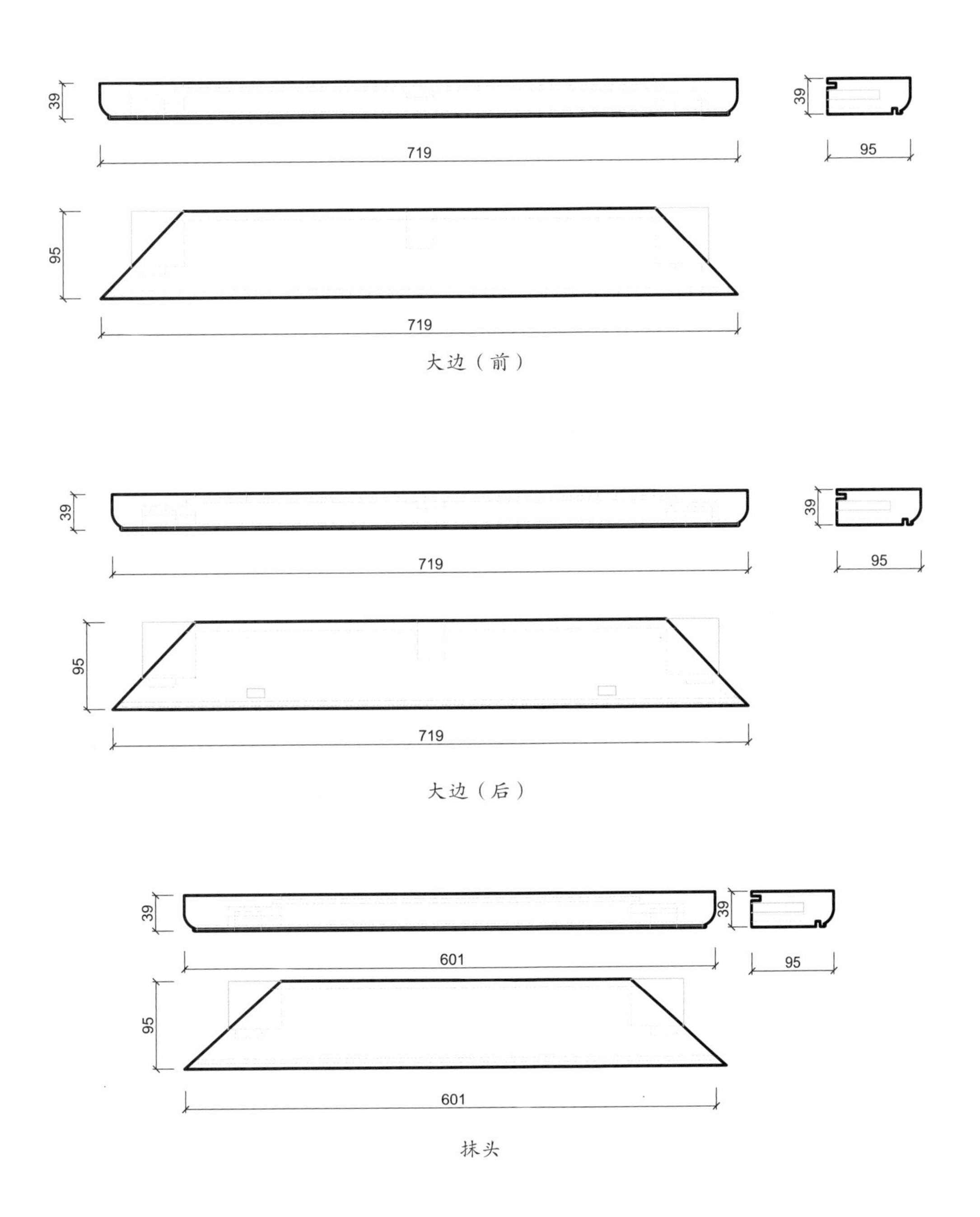
39
719
39
95
95
719
39
719
39
95
95
719
39
601
39
95
95
601

大边（前）

大边（后）

抹头

细部效果—束腰（效果图15）

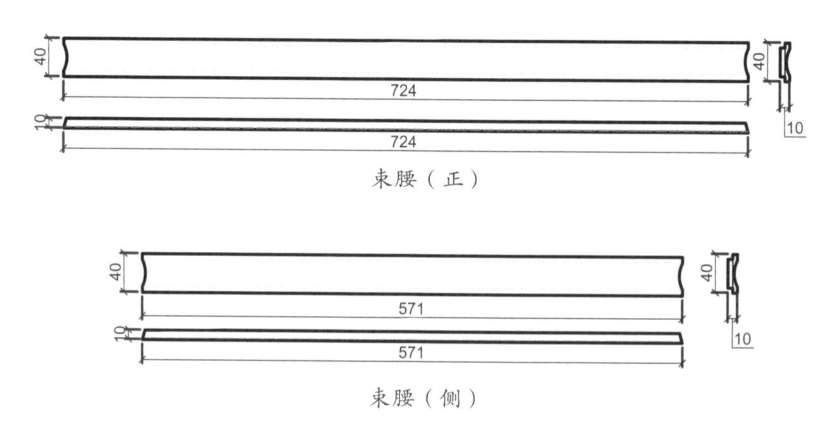
40
724
40
10
724
10
束腰（正）
40
571
40
10
571
10
束腰（侧）

细部结构—束腰（CAD图29～图30）

细部效果—牙板（效果图16）

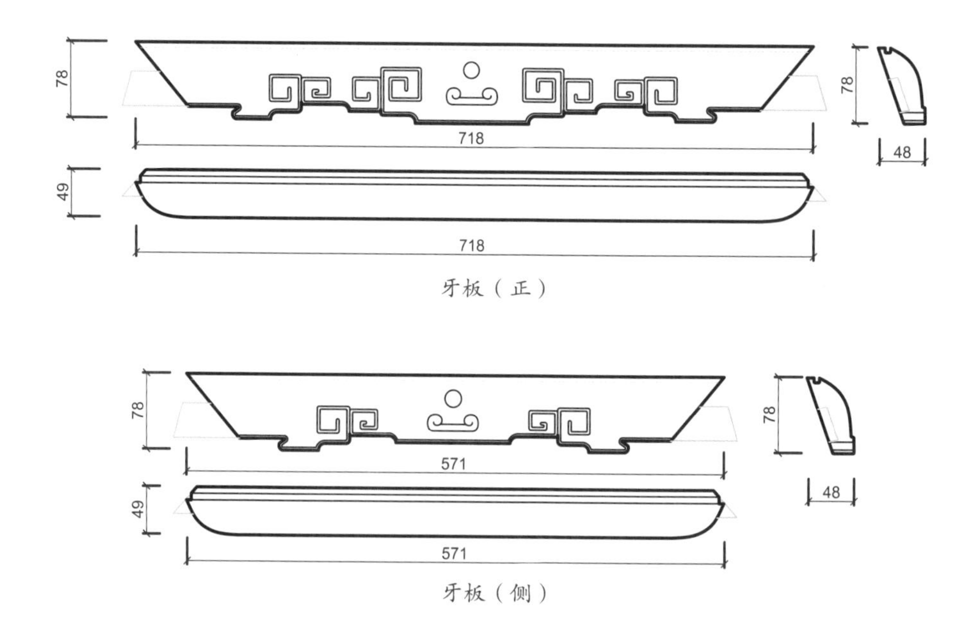
78
718
78
48
49
718
牙板（正）
78
571
78
48
49
571
牙板（侧）

细部结构—牙板（CAD图31～图32）

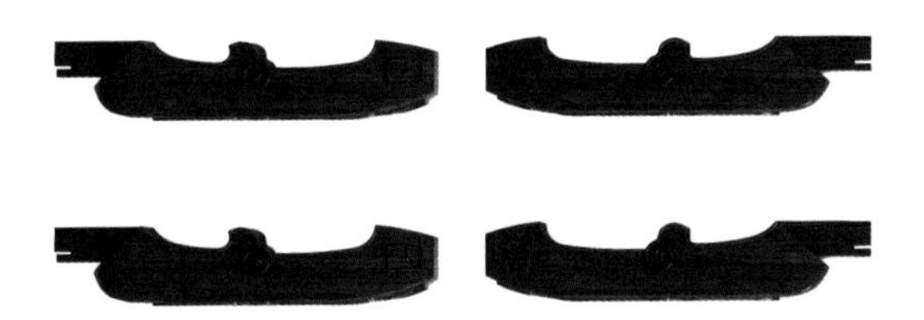

细部效果—腿子（效果图 17）

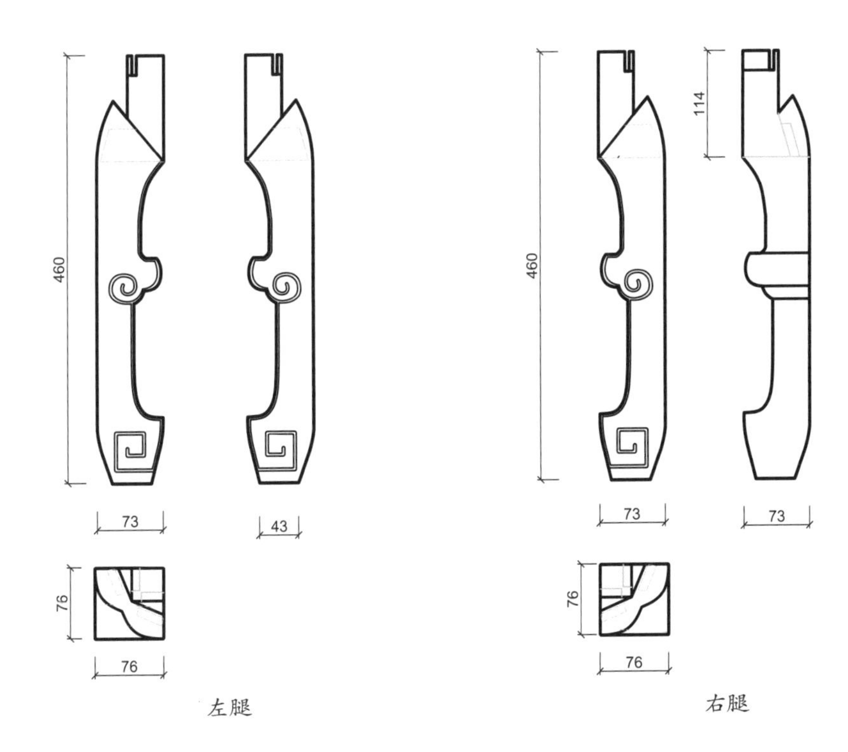

460
73
43
76
76
左腿
460
114
73
73
76
76
右腿

细部结构—腿子（CAD 图 33 ~ 图 34）

卷云纹搭脑扶手椅

材质：红酸枝

年款：清

整体外观（效果图 1）

1. 器形点评

此椅靠背搭脑雕出卷云纹。靠背板光素无饰，靠背及扶手围子边框均雕成云纹卷波状，靠背板两侧边框及扶手围子边框内缘均装透雕拐子纹圈口，扶手正中的联帮棍雕成立瓶状。椅盘光素无饰，下有束腰。四腿为方材，至足端略外展。四腿上部与牙板相交处装透雕拐子纹角牙，四腿下端之间安管脚枨相连。此椅雕饰甚精，以回纹拐子做装饰，间以云纹搭脑，富有变化，美观大方。

2. CAD 图示

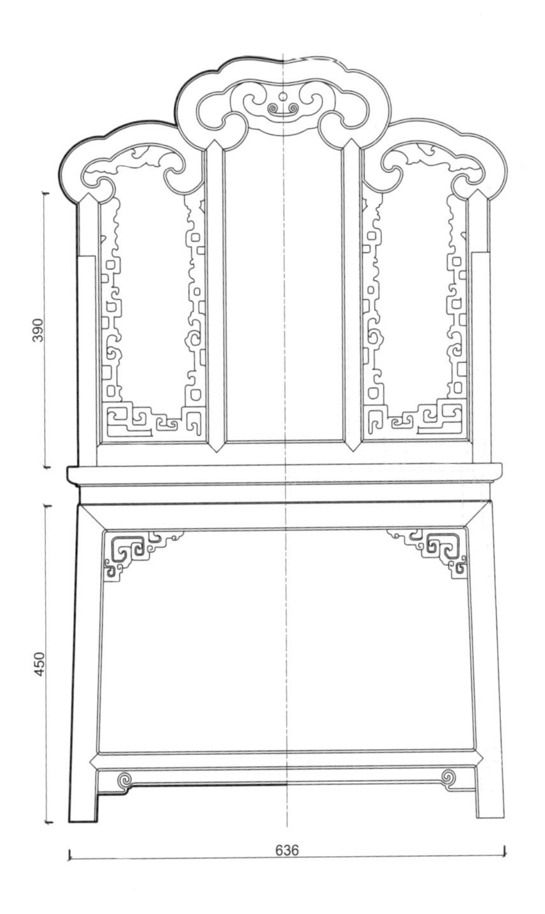

390
450
636

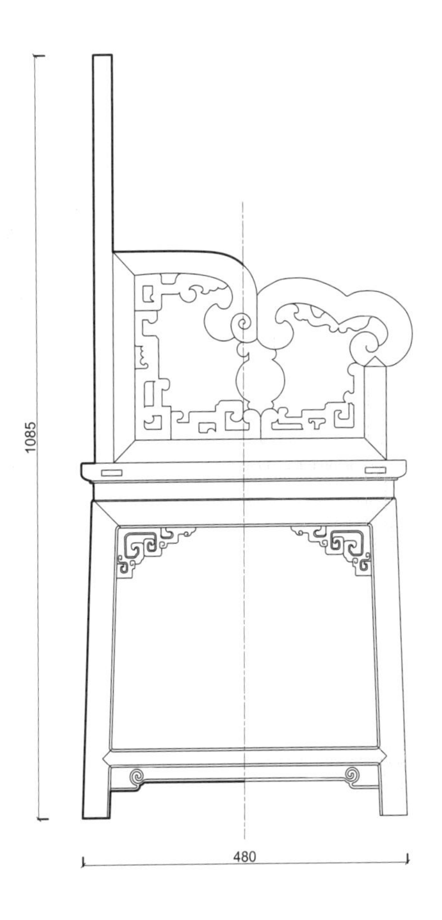

1085
480

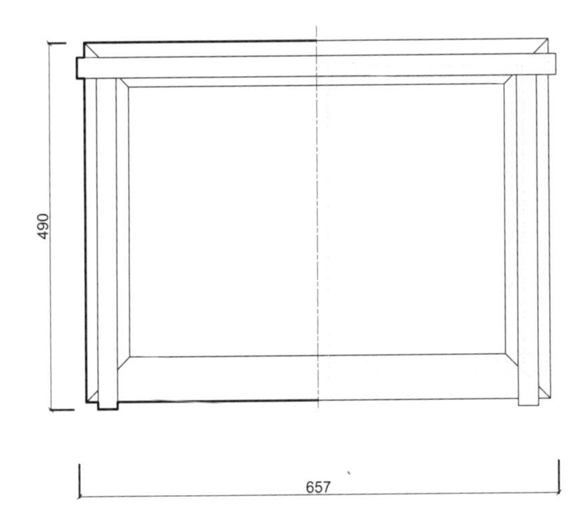

490
657

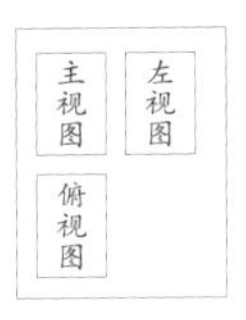

主视图
左视图
俯视图

三视结构（CAD 图 1）

3. 用材效果

用材效果（材质：紫檀；效果图 2）

用材效果（材质：黄花梨；效果图 3）

用材效果（材质：红酸枝；效果图 4）

4. 结构爆炸

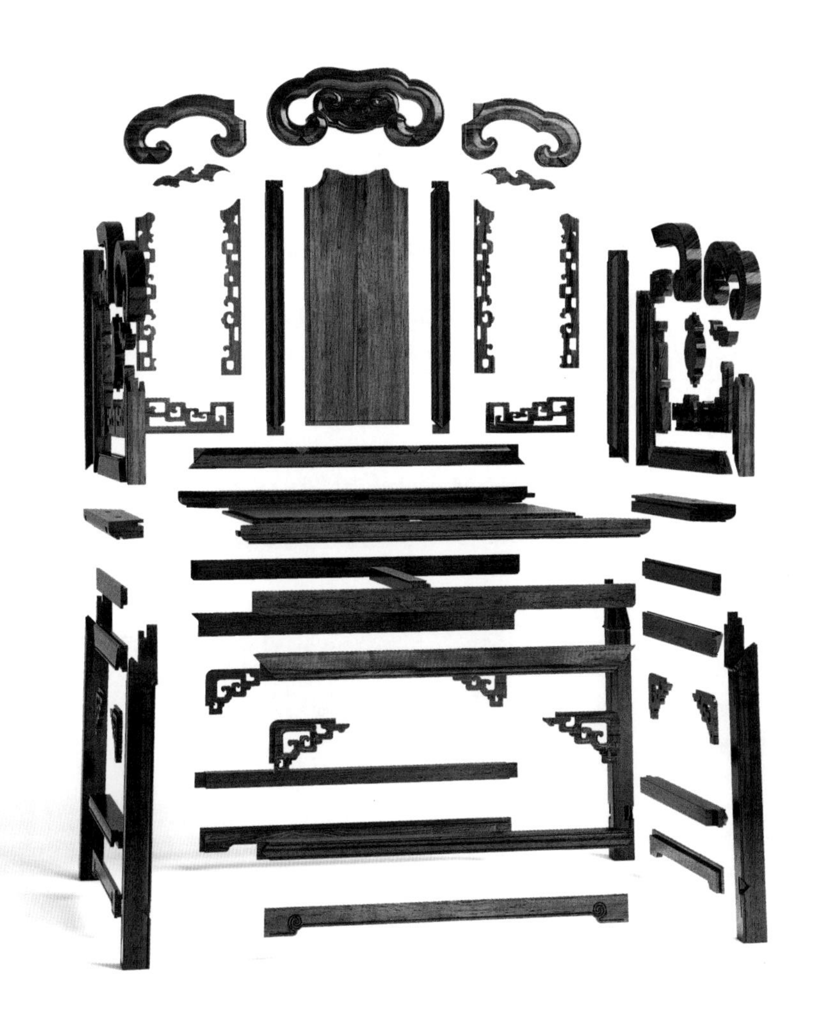

结构爆炸（效果图 5）

5. 部件示意

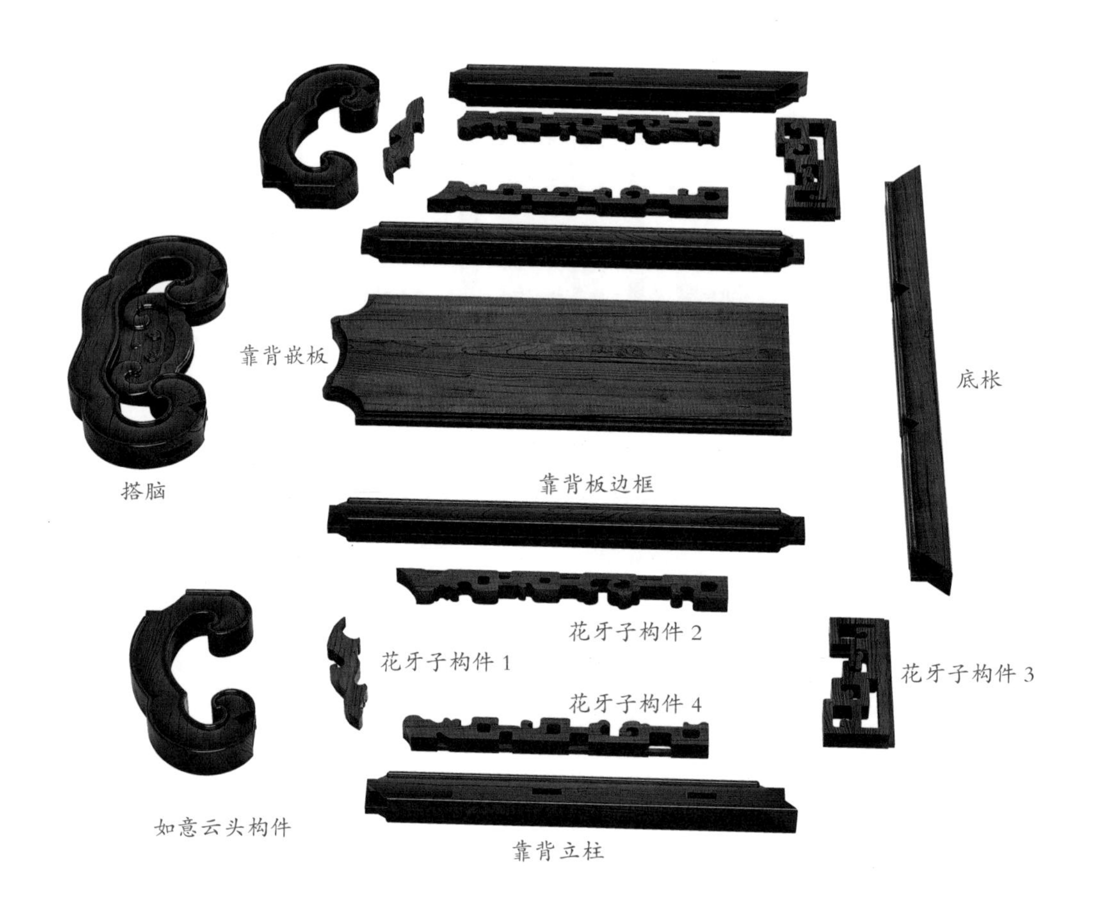
靠背嵌板
底枨
搭脑
靠背板边框
花牙子构件 2
花牙子构件 1
花牙子构件 3
花牙子构件 4
如意云头构件
靠背立柱

部件示意—靠背围子（效果图 6）

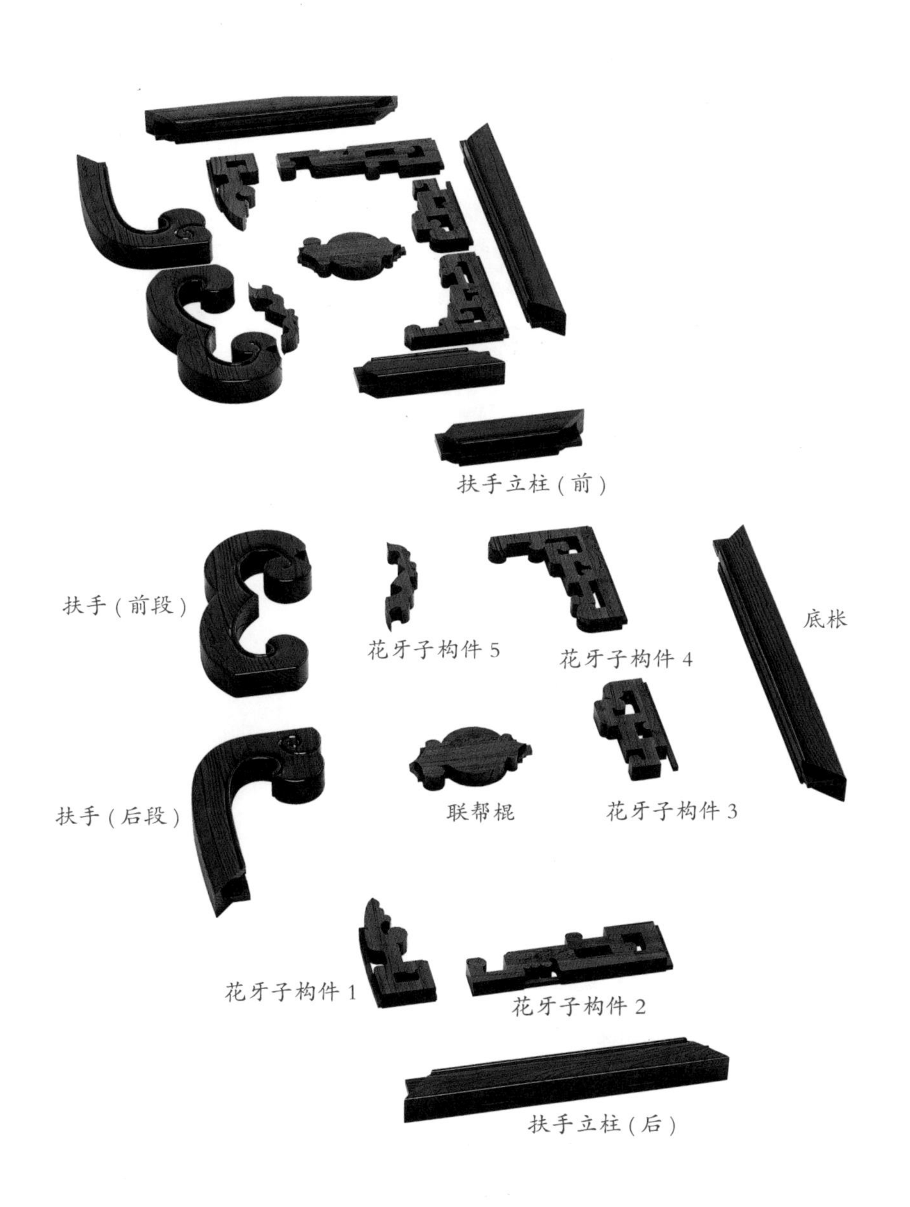
扶手立柱（前）
扶手（前段）
花牙子构件 5
花牙子构件 4
底枨
扶手（后段）
联帮棍
花牙子构件 3
花牙子构件 1
花牙子构件 2
扶手立柱（后）

部件示意—扶手围子（效果图 7）

抹头
大边（后）
面心
大边（前）
穿带

部件示意—座面（效果图8）

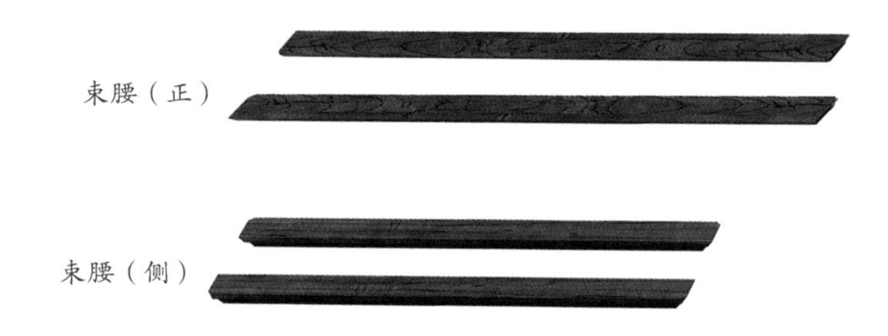
束腰（正）
束腰（侧）

部件示意—束腰（效果图9）

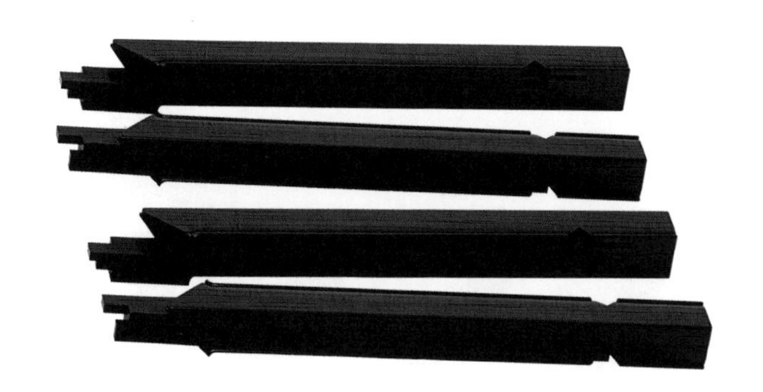

部件示意—腿子（效果图 10）

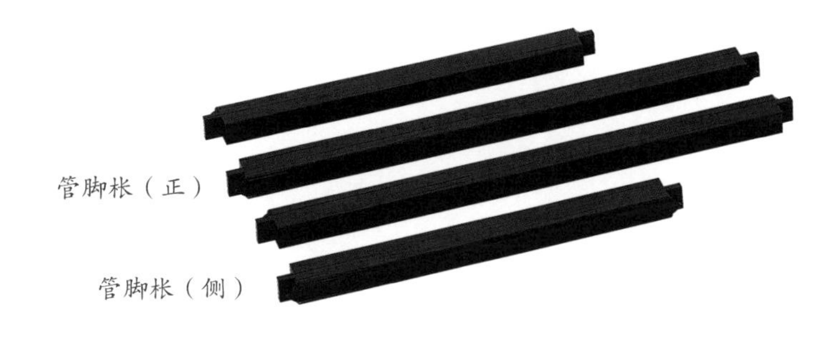
管脚枨（正）
管脚枨（侧）

部件示意—管脚枨（效果图 11）

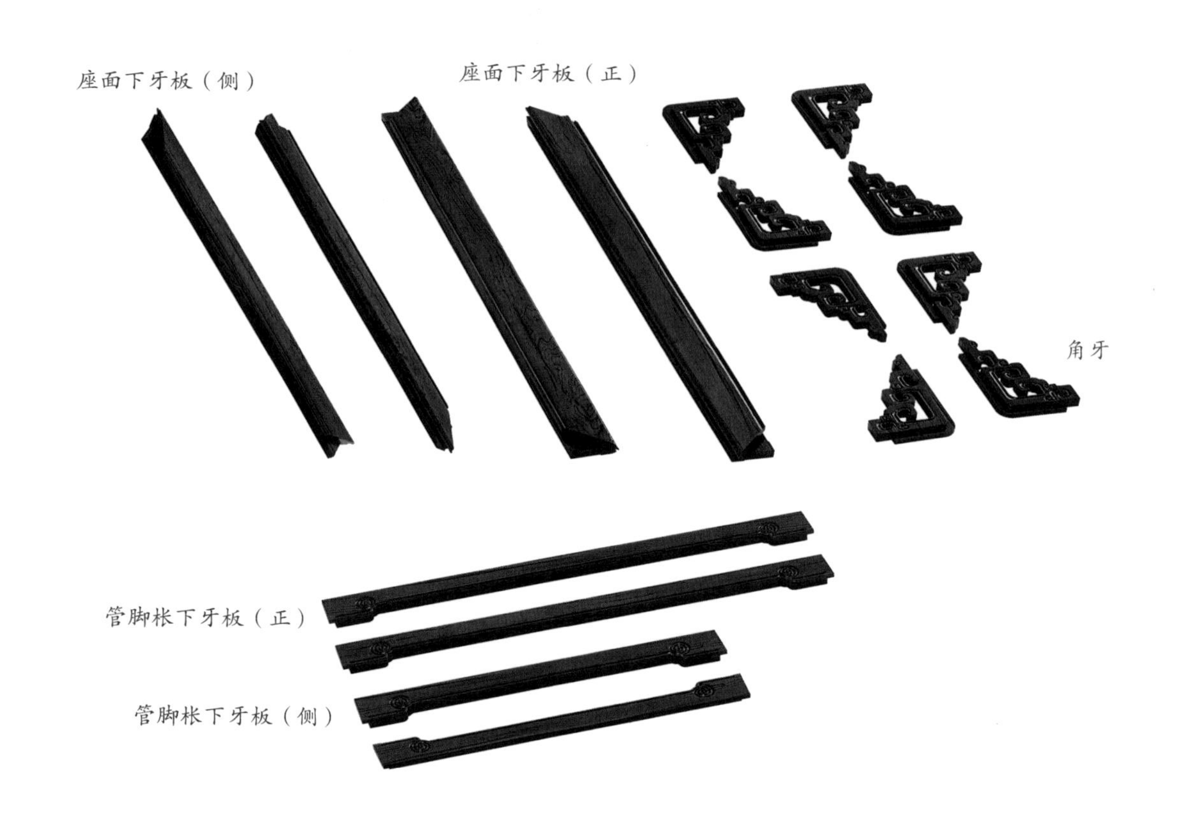
座面下牙板（侧）
座面下牙板（正）
角牙
管脚枨下牙板（正）
管脚枨下牙板（侧）

部件示意—牙子（效果图12）

6. 细部详解

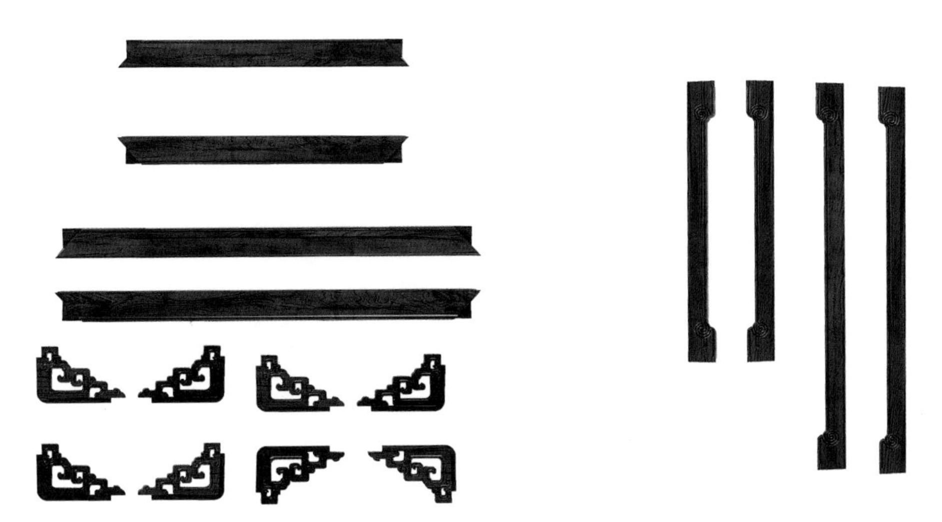

细部效果—牙子（效果图13）

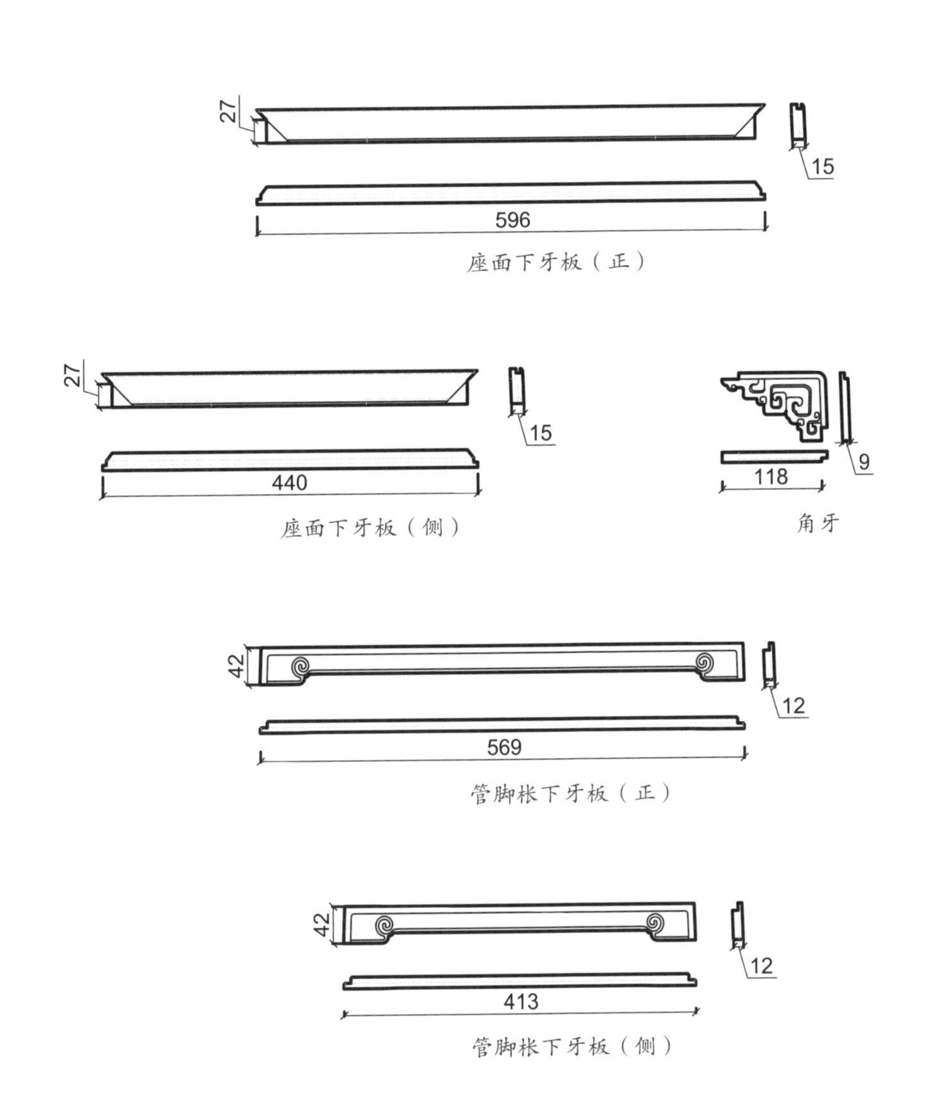

27
15
596
座面下牙板（正）
27
15
440
座面下牙板（侧）
9
118
角牙
42
12
569
管脚枨下牙板（正）
42
12
413
管脚枨下牙板（侧）

细部结构—牙子（CAD图2～图6）

细部效果—靠背围子（效果图 14）

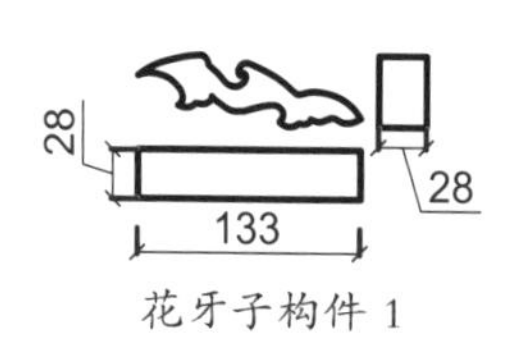
28
133
28

花牙子构件 1

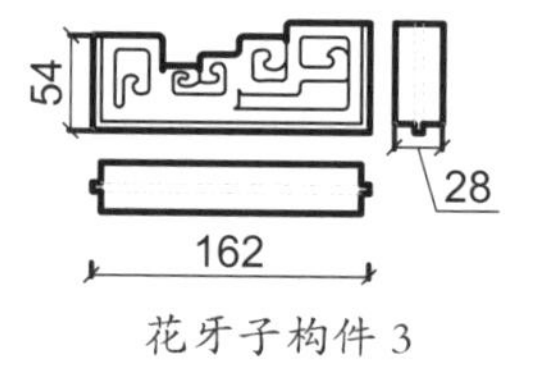
54
162
28

花牙子构件 3

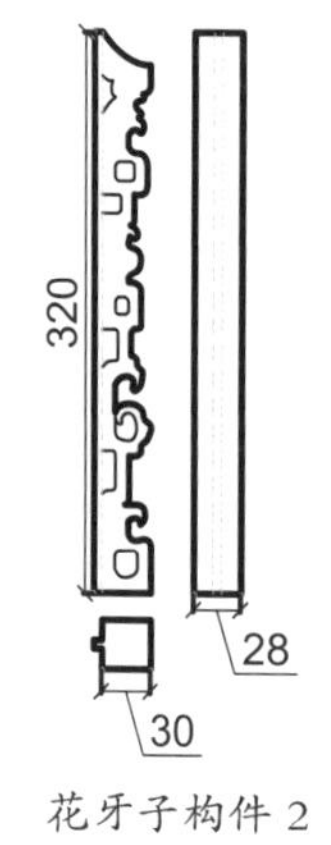
320
28
30

花牙子构件 2

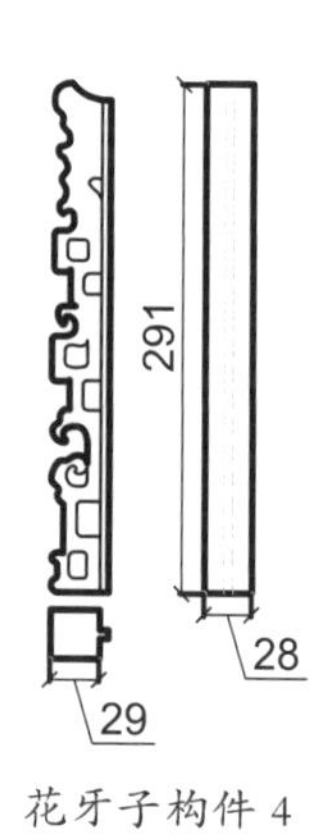
291
28
29

花牙子构件 4

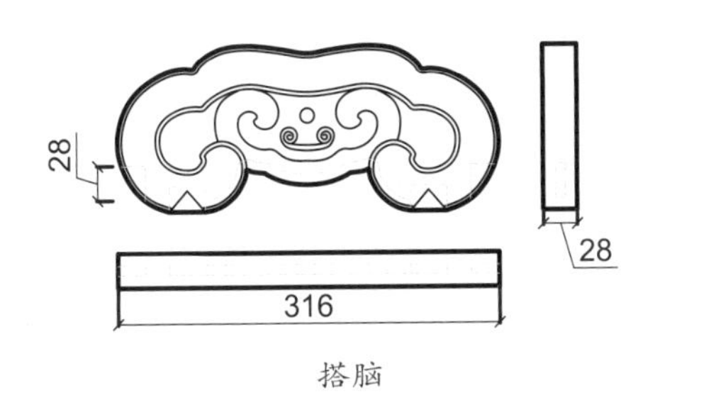
28
28
316

搭脑

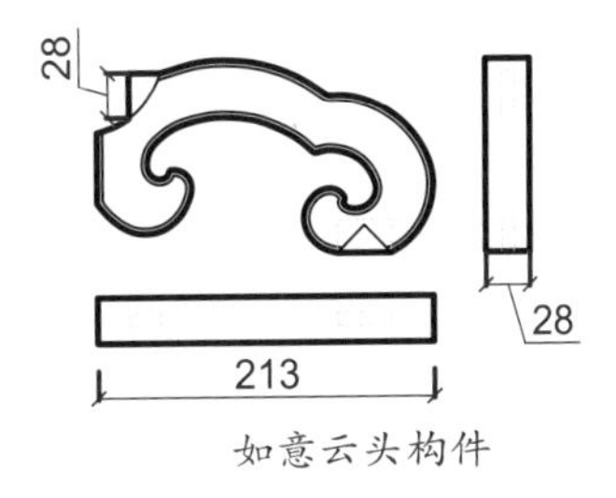
28
28
213

如意云头构件

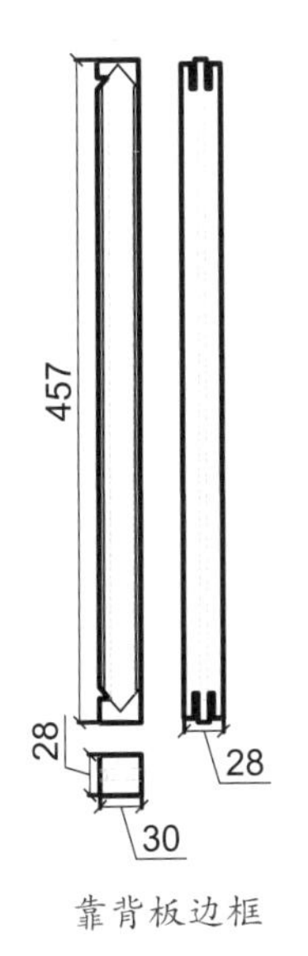
457
28
28
30

靠背板边框

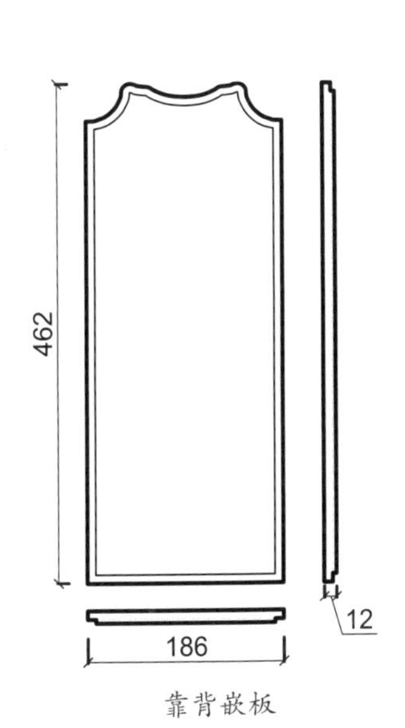
462
12
186

靠背嵌板

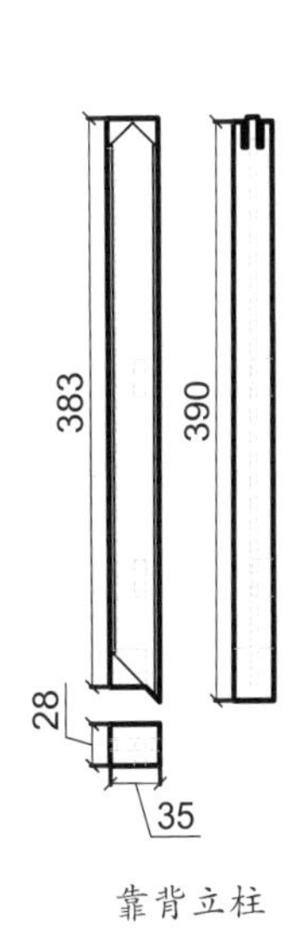
383
390
28
35

靠背立柱

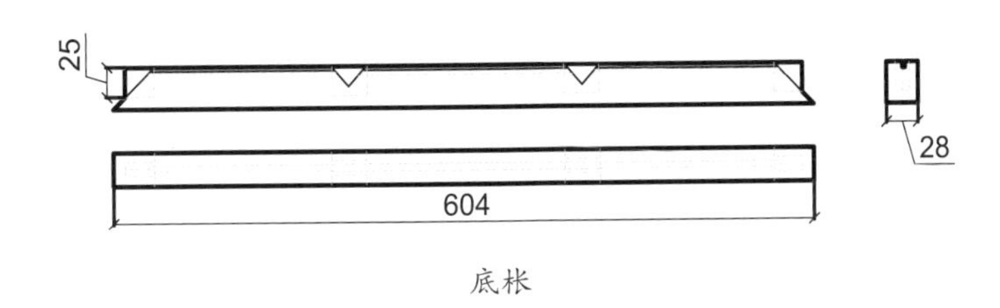
25
28
604

底枨

细部效果—扶手围子（效果图 15）

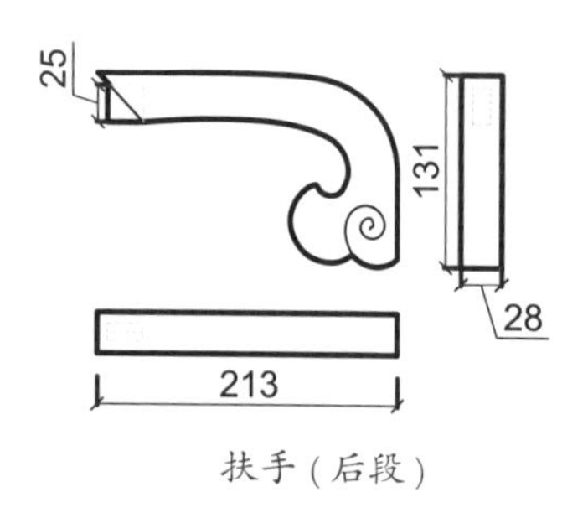

25
131
28
213

扶手（后段）

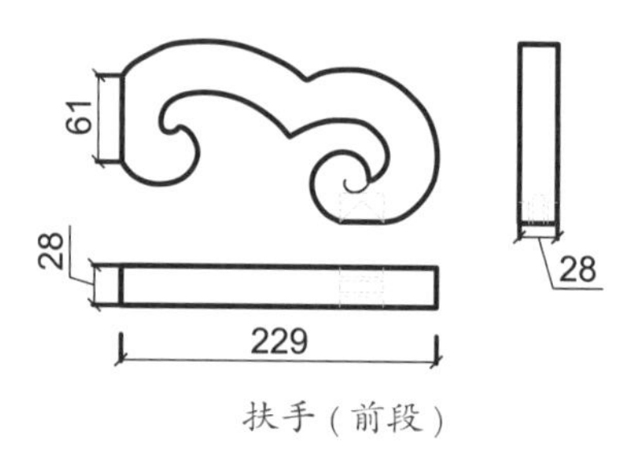

61
28
229
28

扶手（前段）

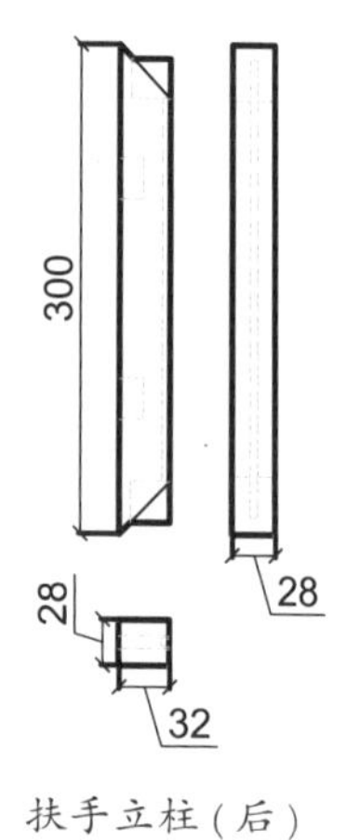

300
28
28
32

扶手立柱（后）

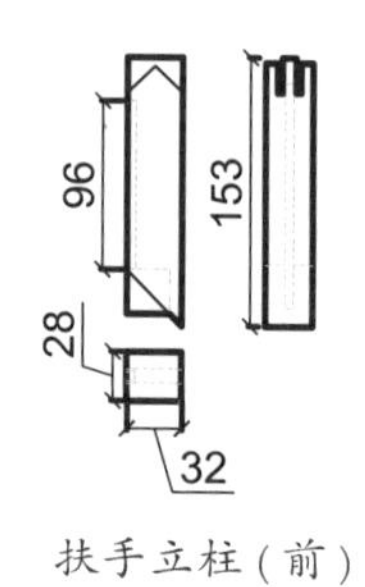

96
153
28
32

扶手立柱（前）

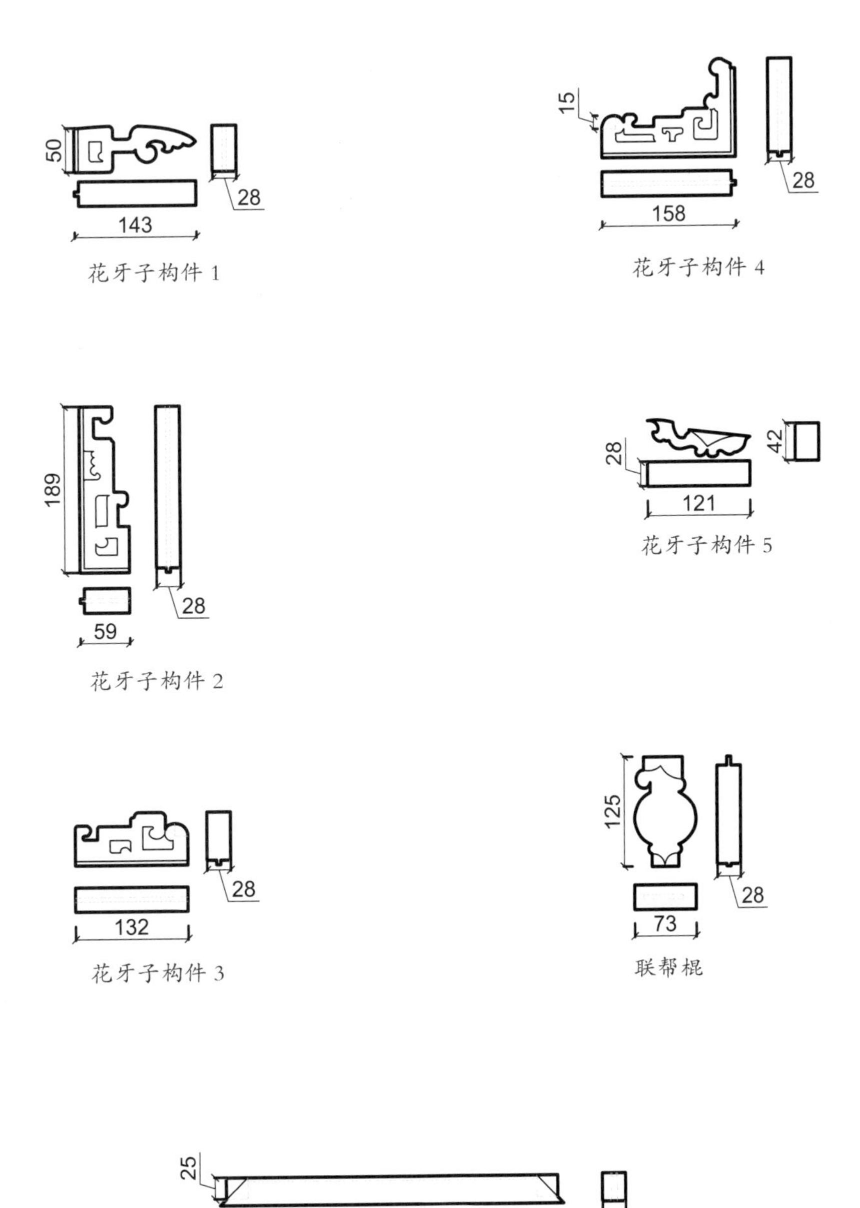
50
28
143
花牙子构件 1
15
28
158
花牙子构件 4
189
28
59
花牙子构件 2
28
42
121
花牙子构件 5
28
132
花牙子构件 3
125
28
73
联帮棍
25
28
403

底枨

细部效果—座面（效果图 16）

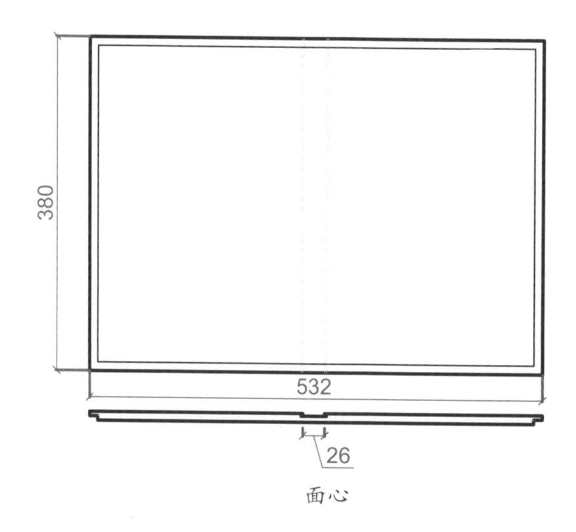
380
532
26

面心

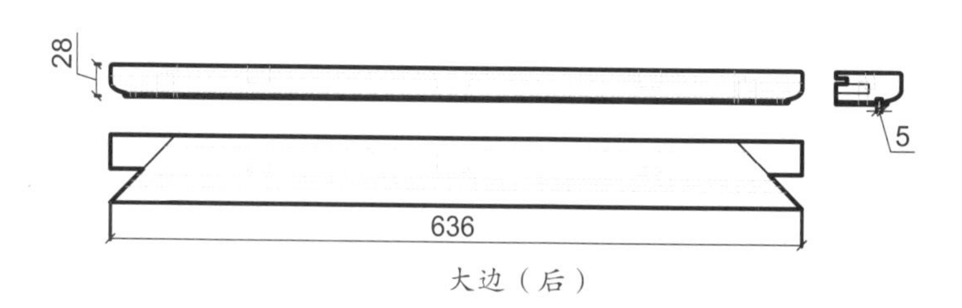
28
5
636

大边（后）

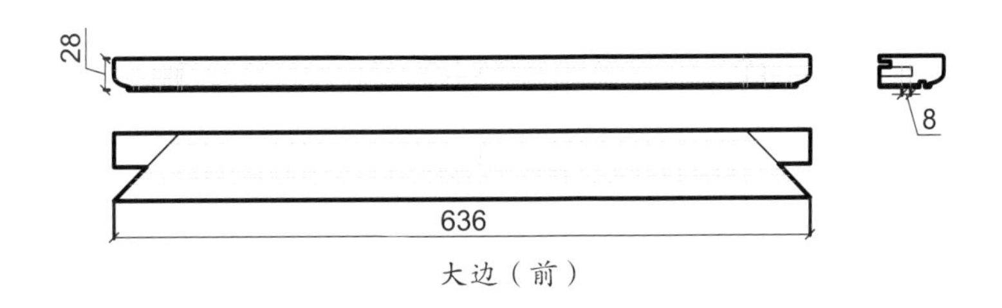
28
8
636
大边（前）

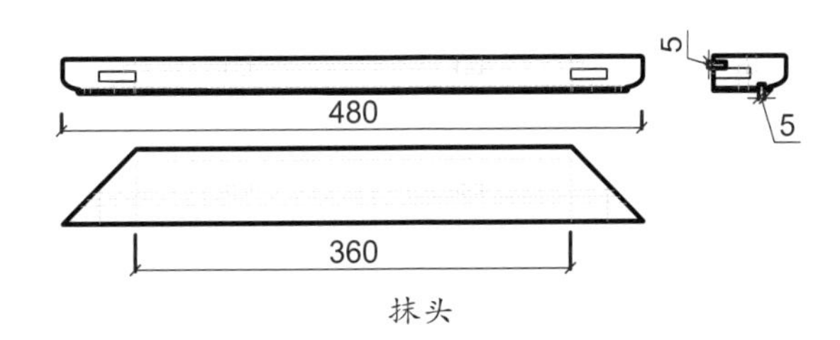
5
5
480
360
抹头

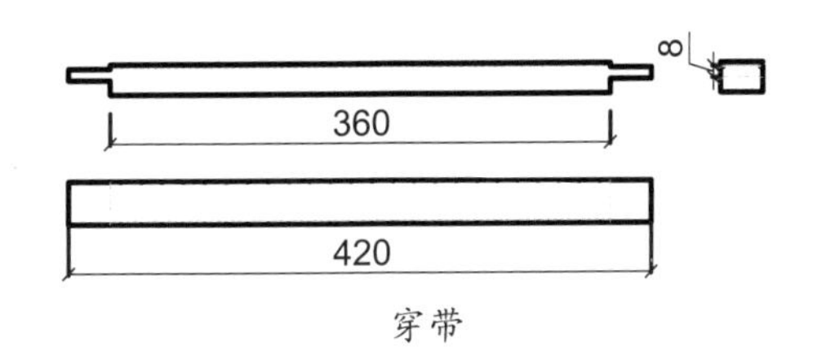
8
360
420
穿带

细部结构—座面（CAD 图 28 ~图 32）

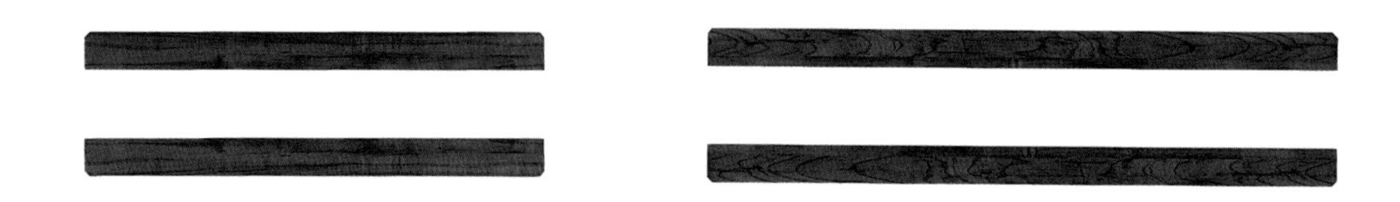

细部效果—束腰（效果图 17）

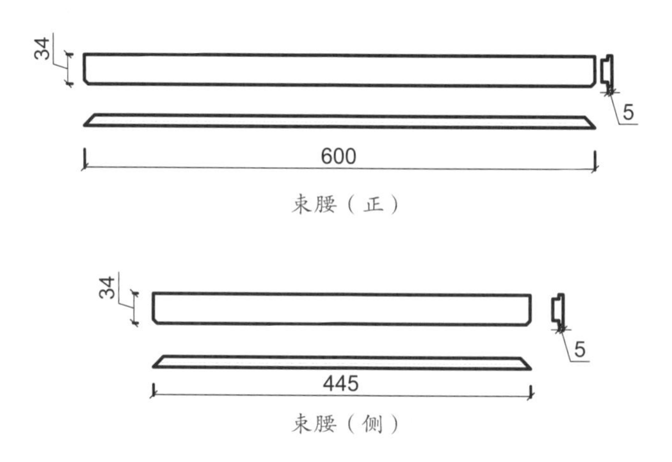
34
5
600
束腰（正）
34
5
445
束腰（侧）

细部结构—束腰（CAD 图 33 ~ 图 34）

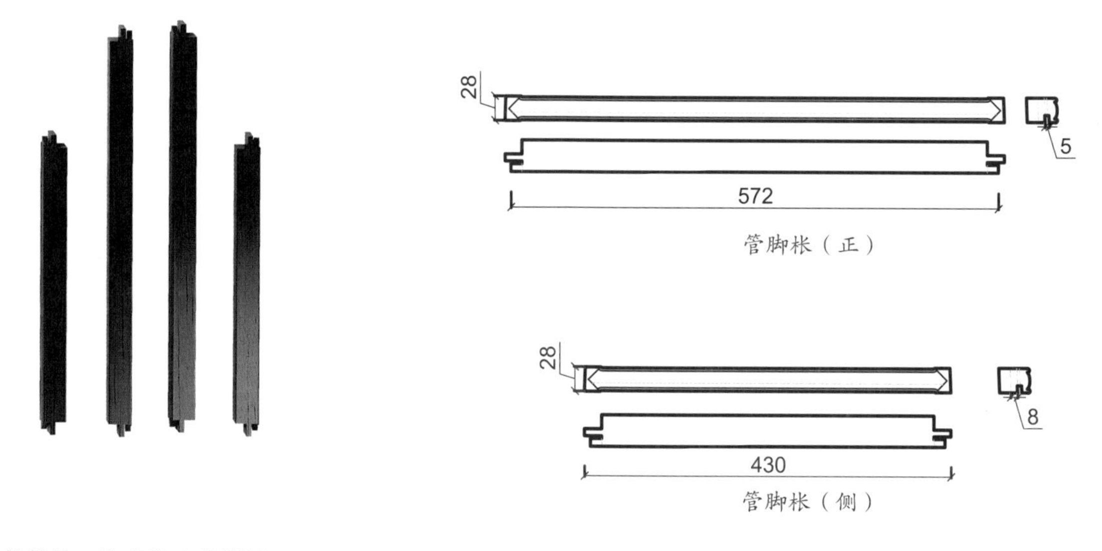
28
5
572
管脚枨（正）
28
8
430
管脚枨（侧）

细部效果—管脚枨（效果图 18）

细部结构—管脚枨（CAD 图 35 ~ 图 36）

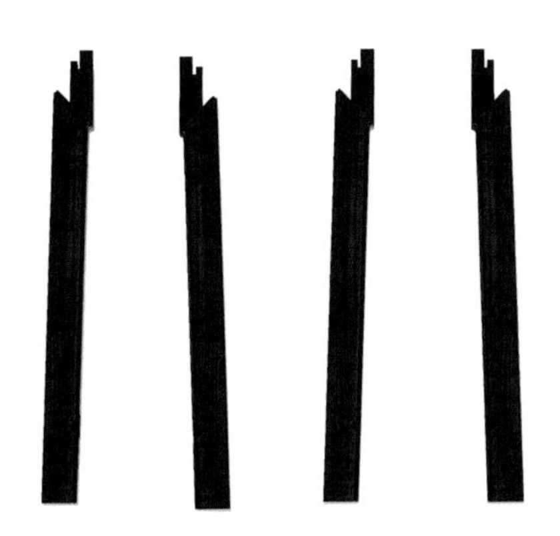

细部效果—腿子（效果图 19）

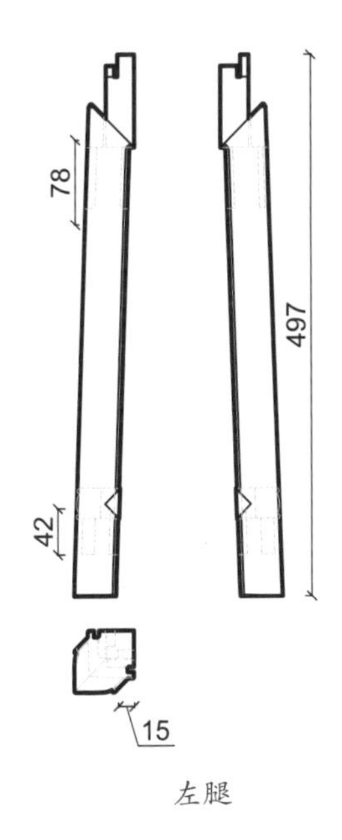
78
497
42
15

左腿

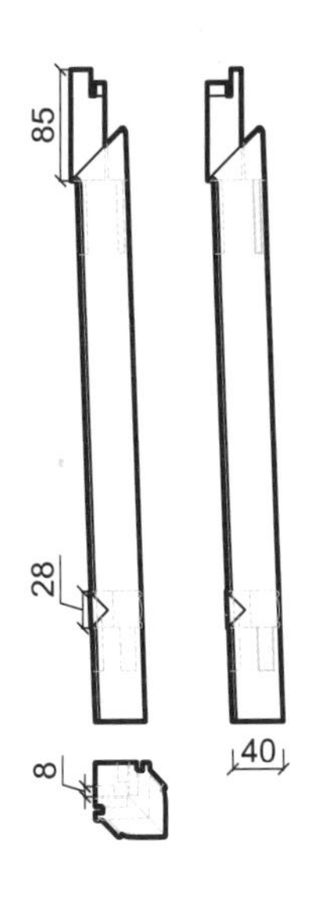
85
28
8
40

右腿

细部结构—腿子（CAD 图 37 ~ 图 38）

嵌瓷花鸟纹卷书式搭脑扶手椅

材质：黄花梨

年款：清

整体外观（效果图 1）

1. 器形点评

此椅椅围为七屏式。七屏式椅围内侧均镶嵌粉彩花鸟瓷板。靠背板高高拱起，搭脑做成卷书式，靠背高度自搭脑向两侧扶手依次递减。椅盘光素平直，下有束腰，洼堂肚牙子正中浮雕卷云纹。四腿为方材直腿，腿子下端安管脚枨相连，足端雕成内翻马蹄足。此椅在装饰上采用彩瓷镶嵌手法，颜色明快的瓷板镶嵌在色泽沉稳的木质椅围之中，产生一种焕彩生辉之感，让这件坐具多了一份华丽的视觉效果。

2. CAD 图示

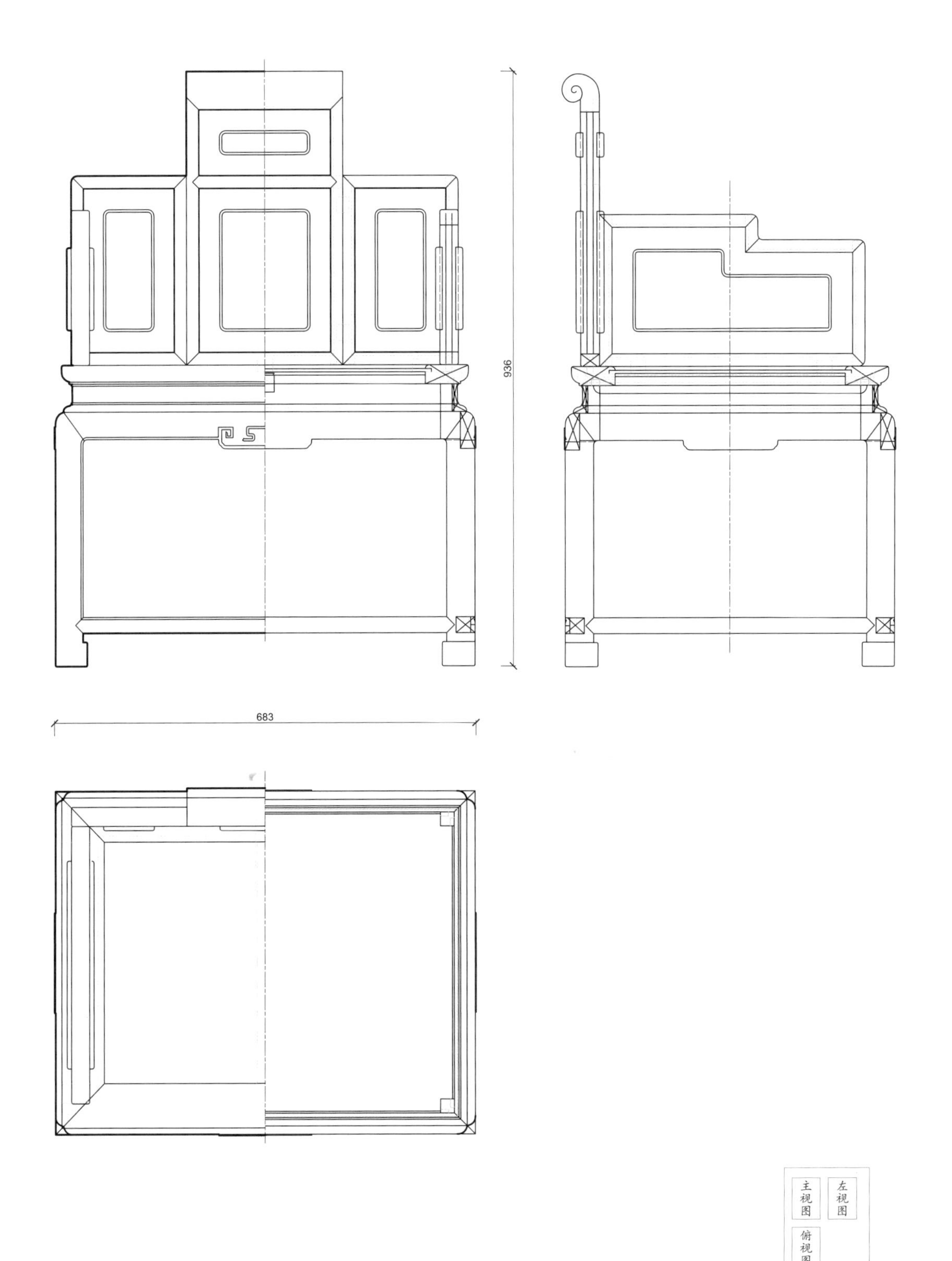
936
683
主视图
左视图
俯视图

三视结构（CAD 图 1）

注：视图中部分纹饰略去。

3. 用材效果

用材效果（材质：紫檀；效果图 2）

用材效果（材质：黄花梨；效果图 3）

用材效果（材质：红酸枝；效果图 4）

4. 结构爆炸

结构爆炸（效果图 5）

5. 部件示意

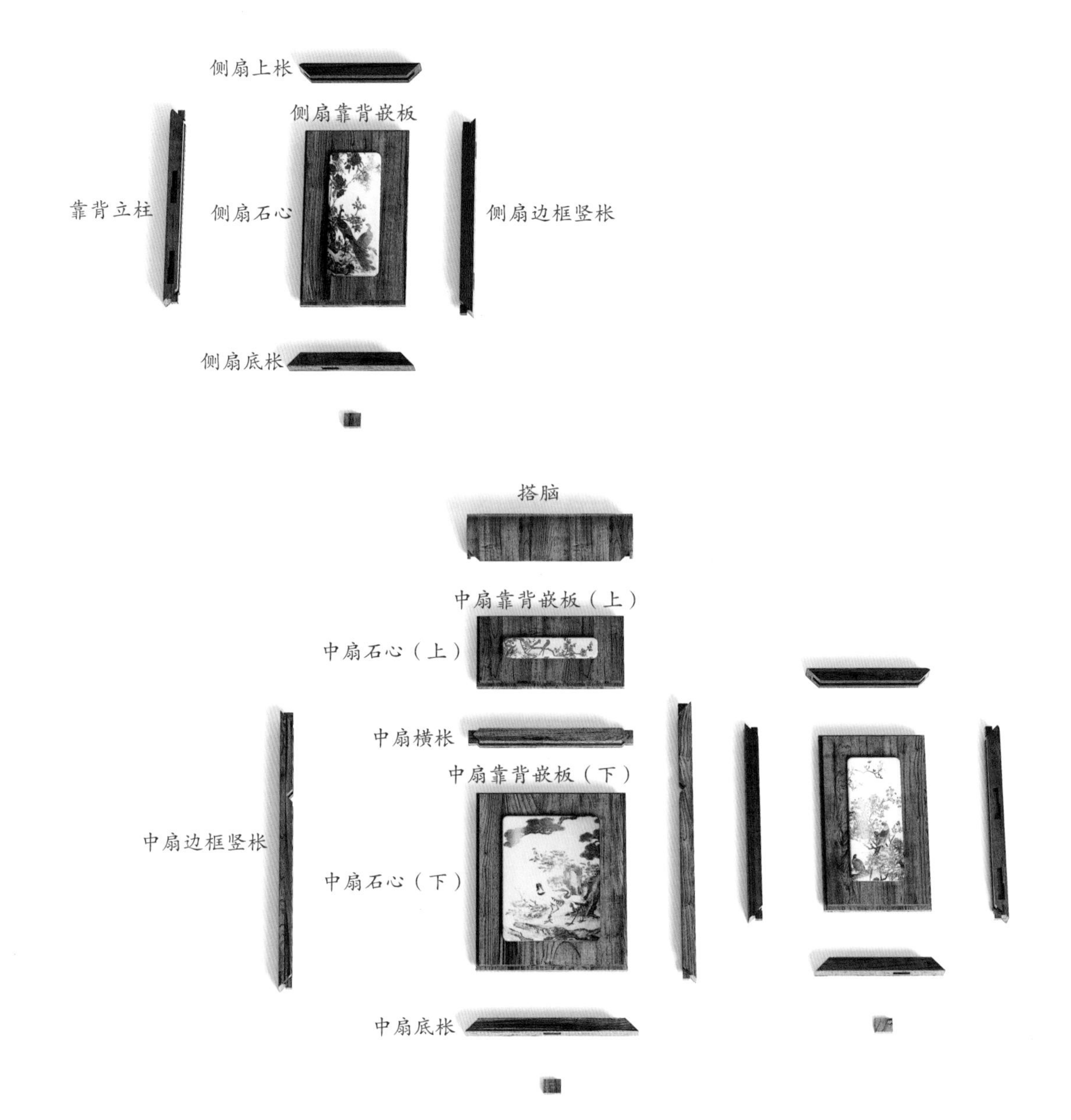

侧扇上枨
侧扇靠背嵌板
靠背立柱
侧扇石心
侧扇边框竖枨
侧扇底枨
搭脑
中扇靠背嵌板（上）
中扇石心（上）
中扇横枨
中扇靠背嵌板（下）
中扇边框竖枨
中扇石心（下）
中扇底枨

部件示意—靠背围子（效果图 6）

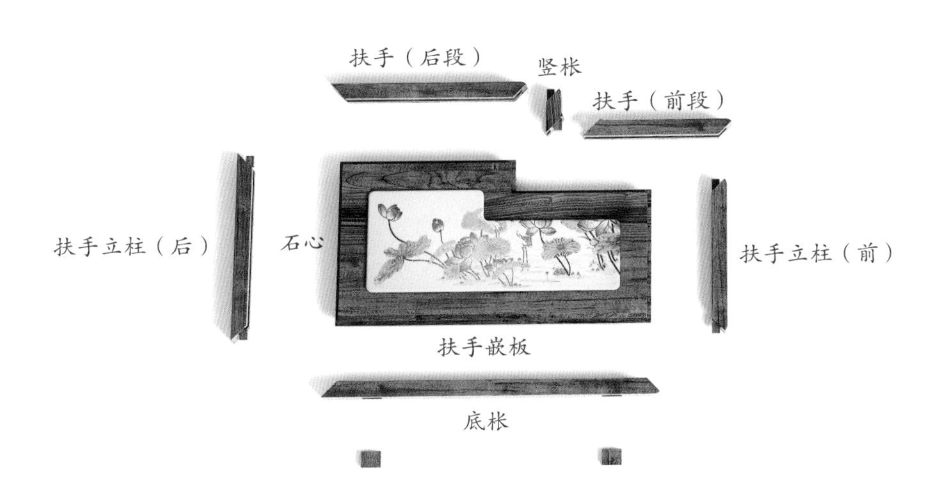
扶手（后段）
竖枨
扶手（前段）
扶手立柱（后）
石心
扶手立柱（前）
扶手嵌板
底枨

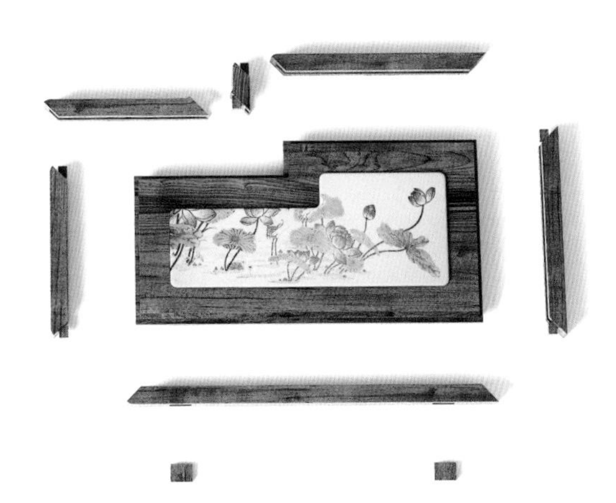

部件示意—扶手围子（效果图 7）

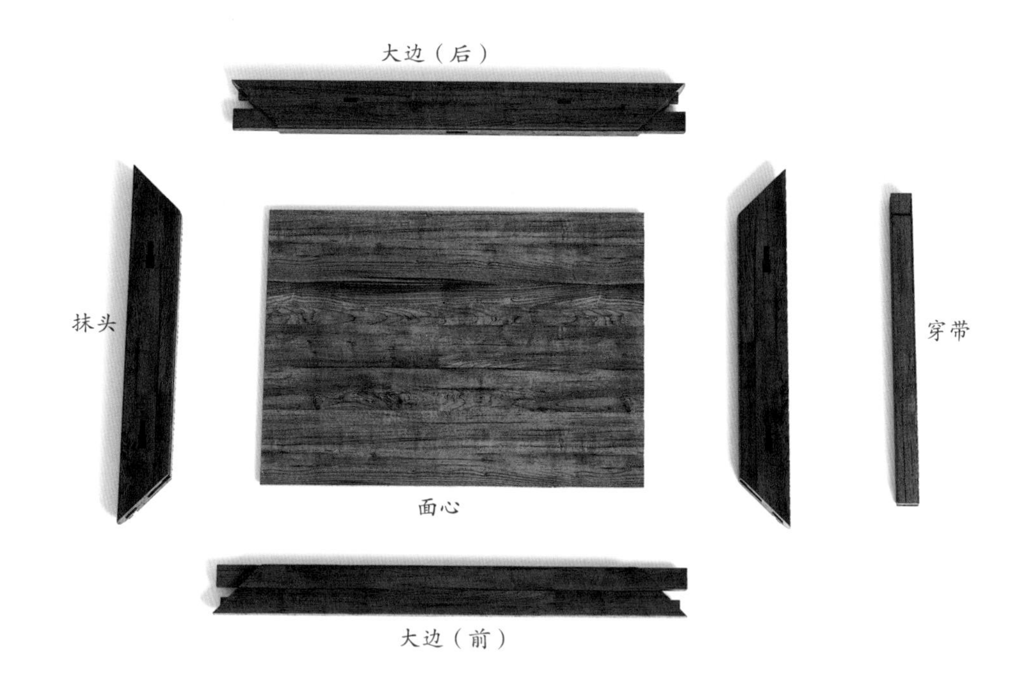
大边（后）
抹头
穿带
面心
大边（前）

部件示意—座面（效果图 8）

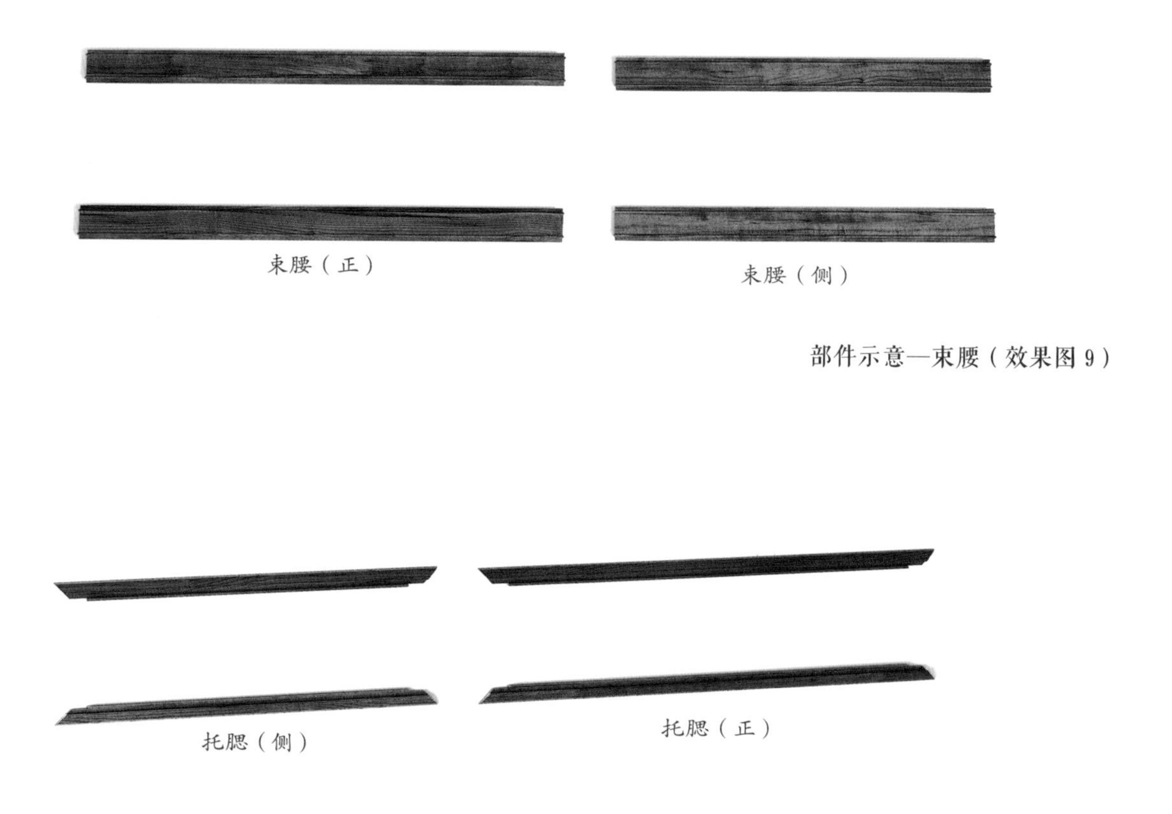
束腰（正）
束腰（侧）
托腮（侧）
托腮（正）

部件示意—束腰（效果图 9）

部件示意—托腮（效果图 10）

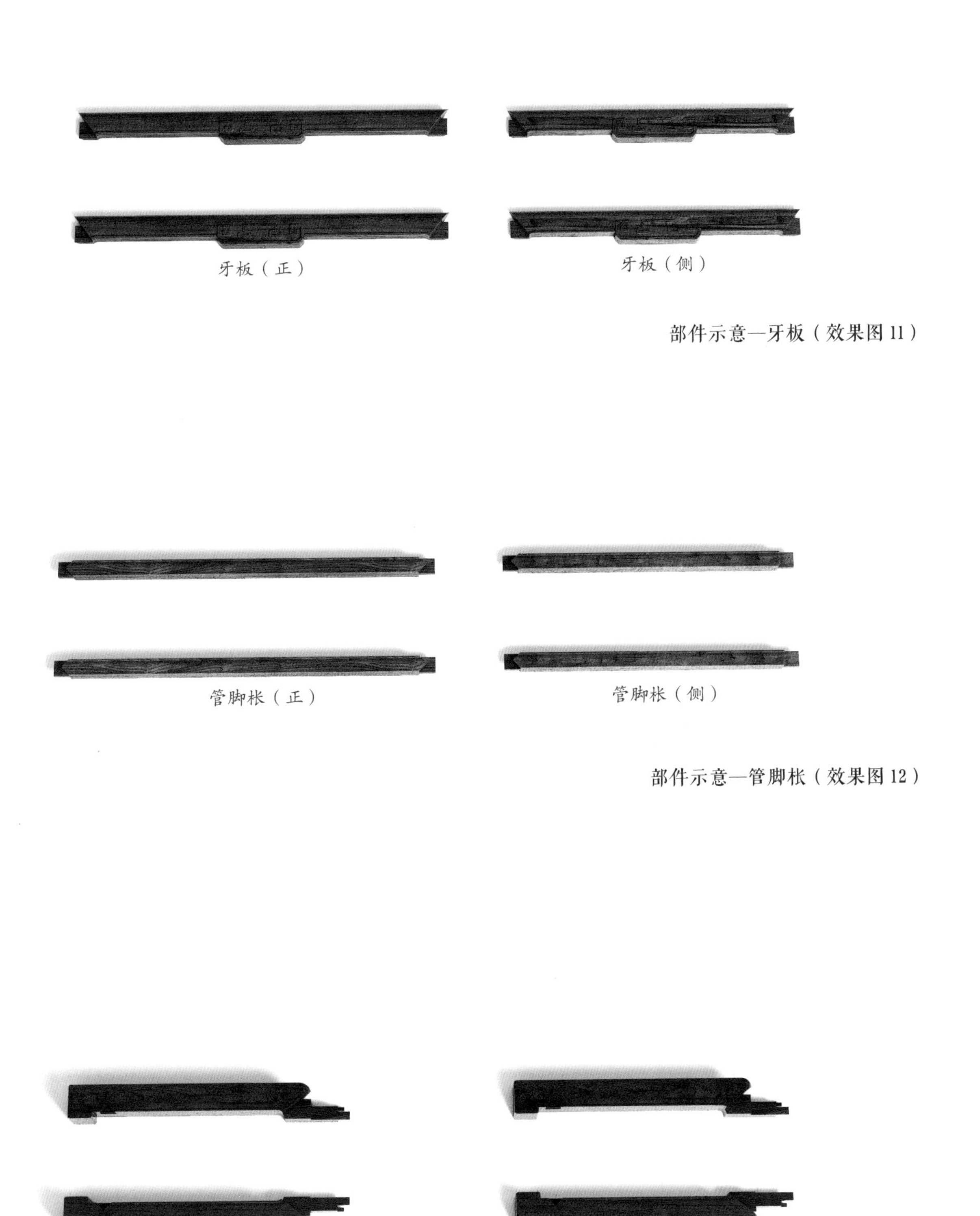

牙板（正）　　牙板（侧）

部件示意—牙板（效果图11）

管脚枨（正）　　管脚枨（侧）

部件示意—管脚枨（效果图12）

部件示意—腿子（效果图13）

6. 细部详解

细部效果—靠背围子（效果图 14）

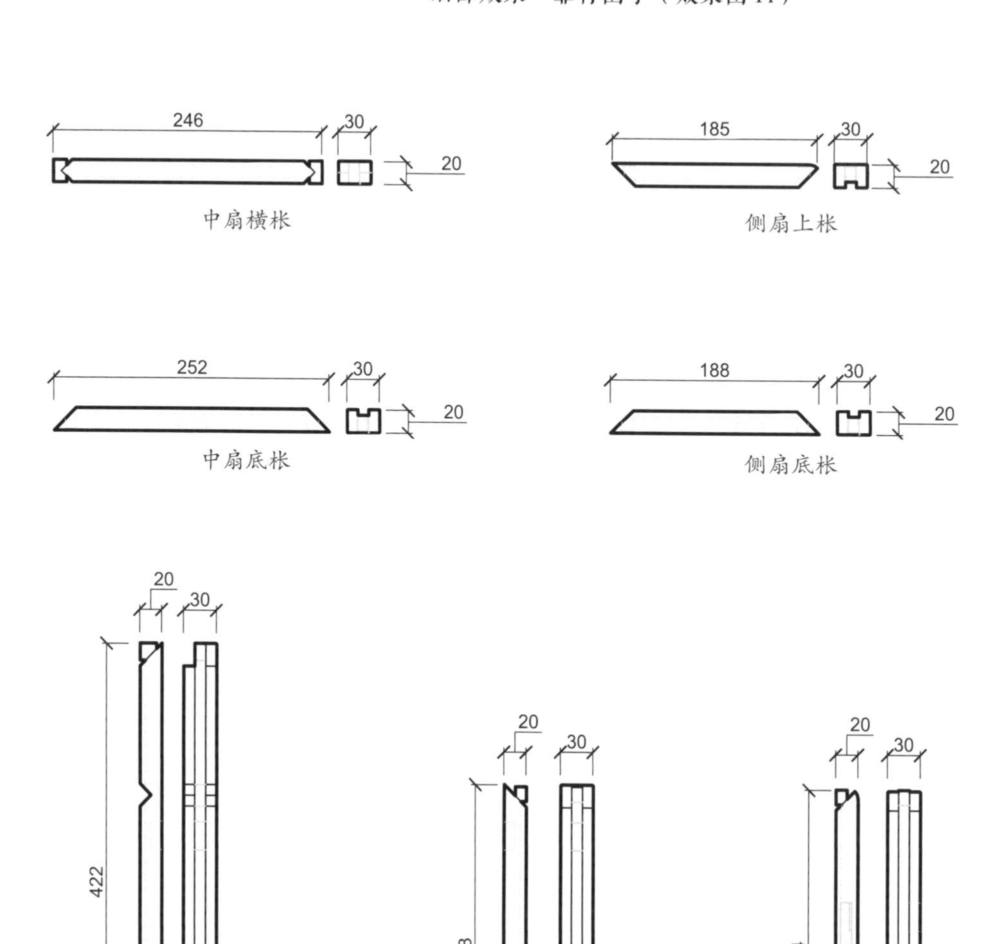

246
30
20
中扇横枨
185
30
20
侧扇上枨
252
30
20
中扇底枨
188
30
20
侧扇底枨
20
30
422
中扇边框竖枨
20
30
298
靠背立柱
20
30
294
侧扇边框竖枨

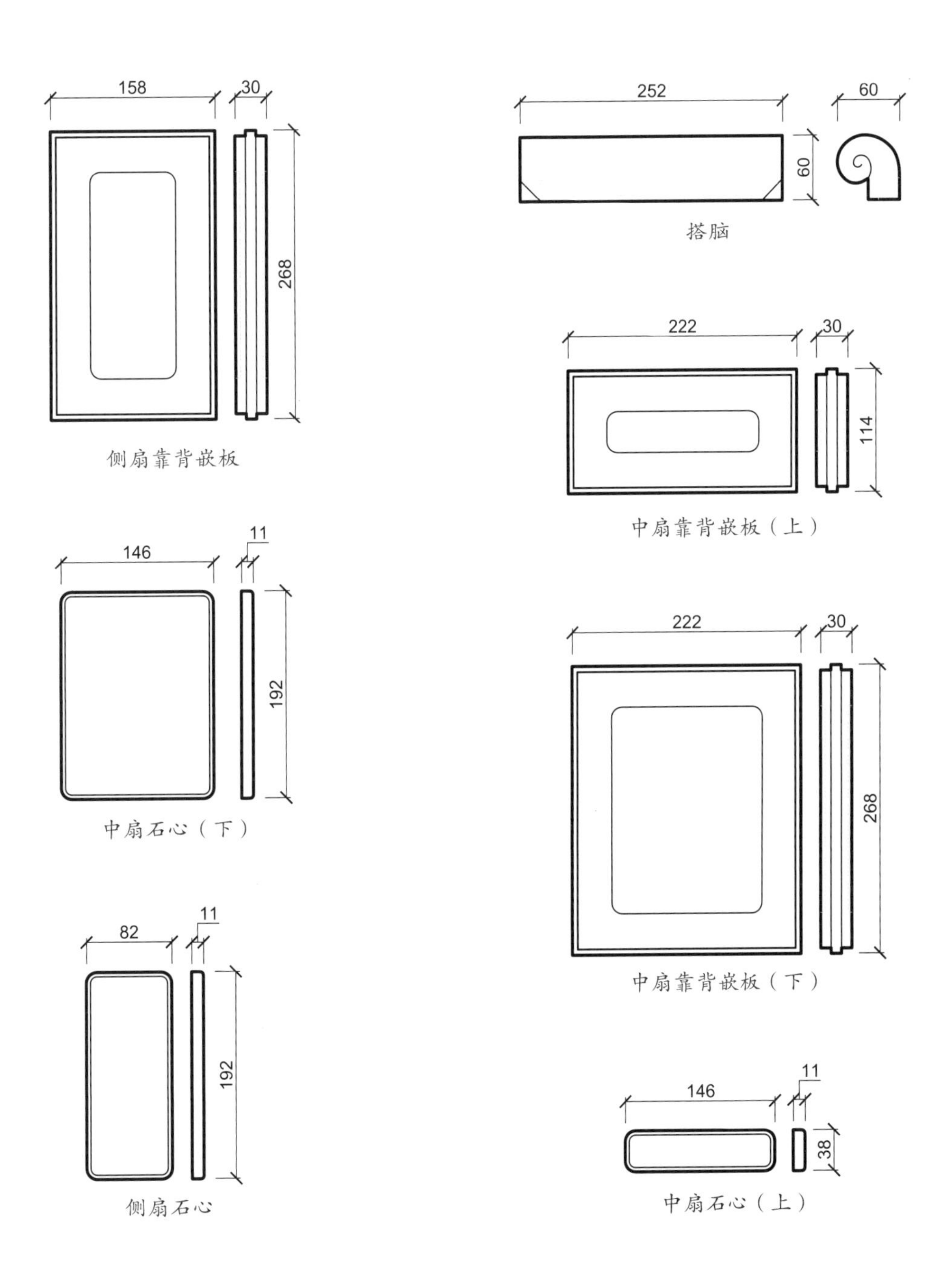
158
30
268
侧扇靠背嵌板
252
60
60
搭脑
222
30
114
中扇靠背嵌板（上）
146
11
192
中扇石心（下）
222
30
268
中扇靠背嵌板（下）
82
11
192
侧扇石心
146
11
38
中扇石心（上）

细部结构—靠背围子（CAD 图 2 ~ 图 15）

细部效果—扶手围子（效果图 15）

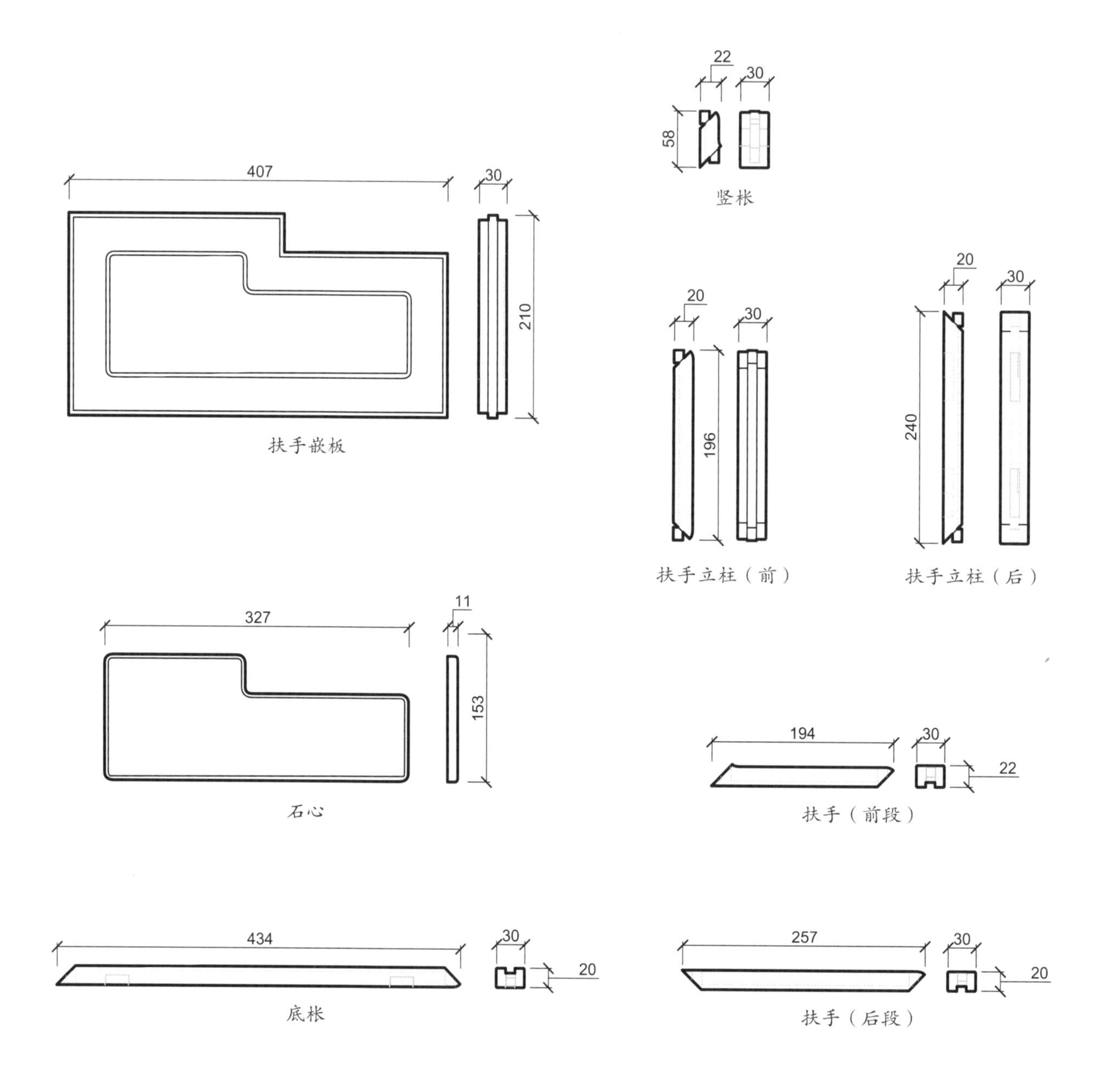

22
30
58
竖枨
407
30
210
扶手嵌板
20
30
196
扶手立柱（前）
20
30
240
扶手立柱（后）
327
11
153
石心
194
30
22
扶手（前段）
434
30
20
底枨
257
30
20
扶手（后段）

细部结构—扶手围子（CAD 图 16 ~ 图 23）

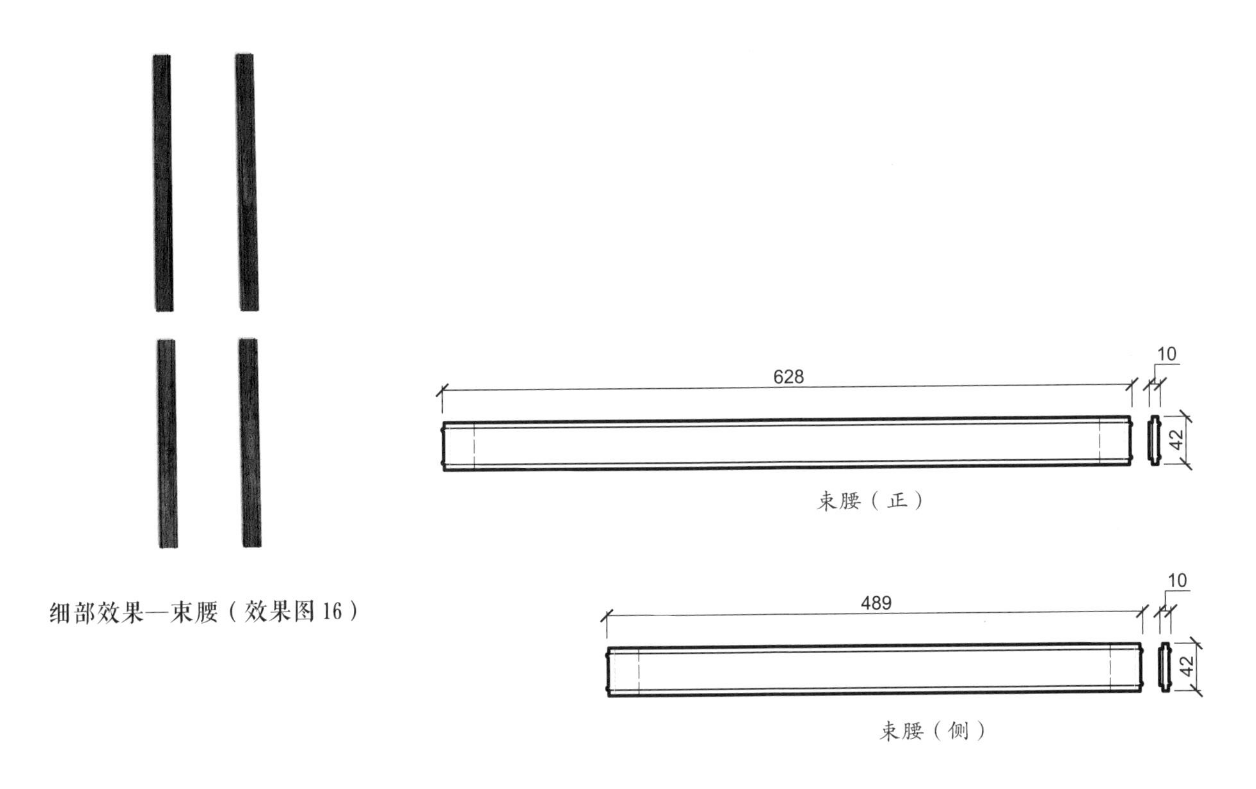
628
10
42
束腰（正）
489
10
42
束腰（侧）

细部效果—束腰（效果图16）

细部结构—束腰（CAD图24～图25）

细部效果—托腮（效果图17）

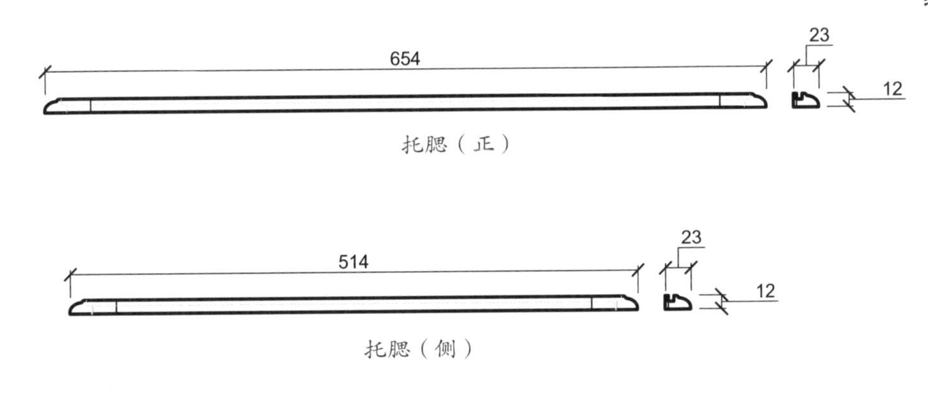
654
23
12
托腮（正）
514
23
12
托腮（侧）

细部结构—托腮（CAD图26～图27）

细部效果—座面（效果图 18）

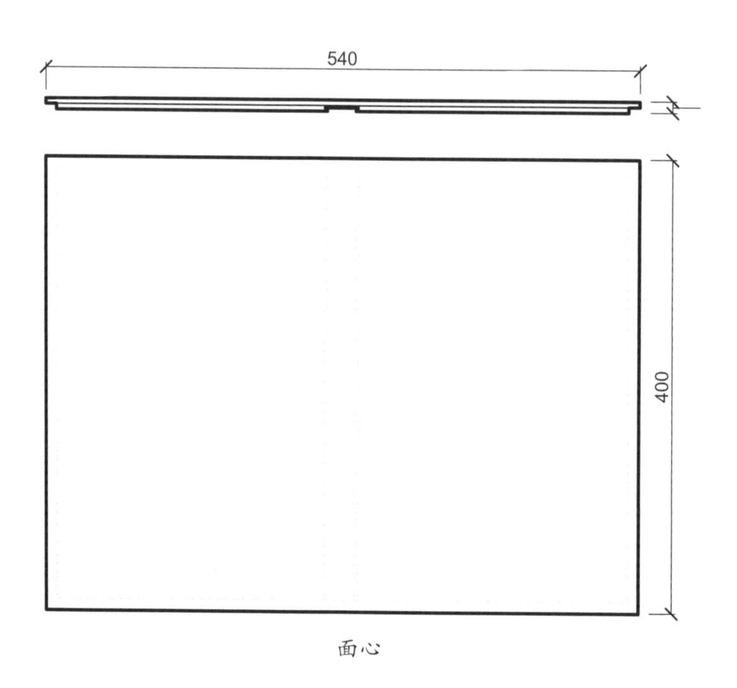
540
400

面心

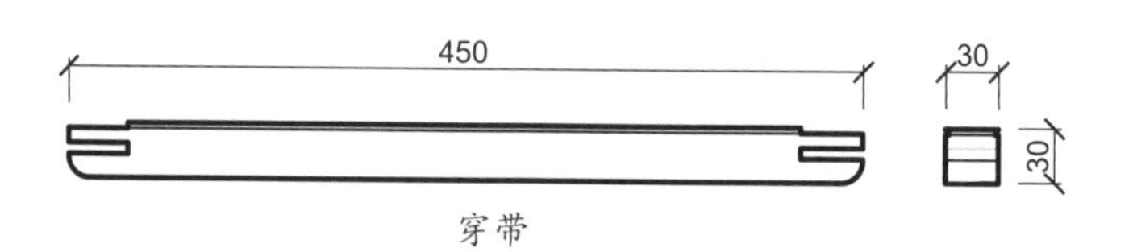
450
30
30

穿带

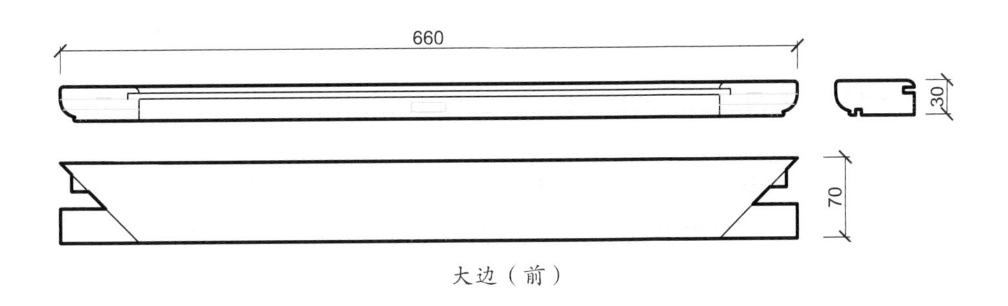
660
30
70

大边（前）

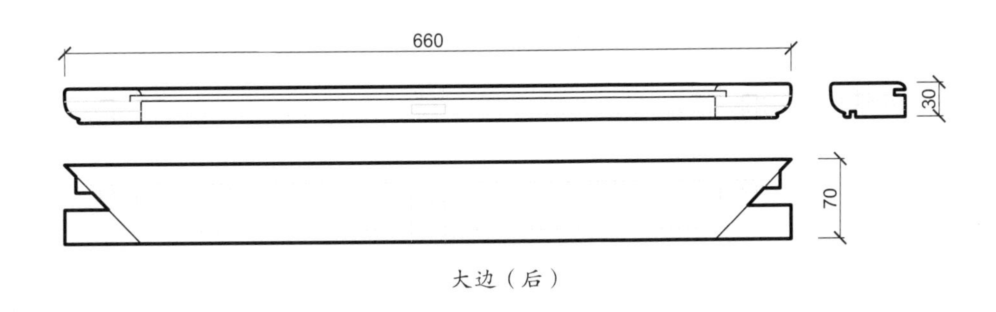
660
30
70

大边（后）

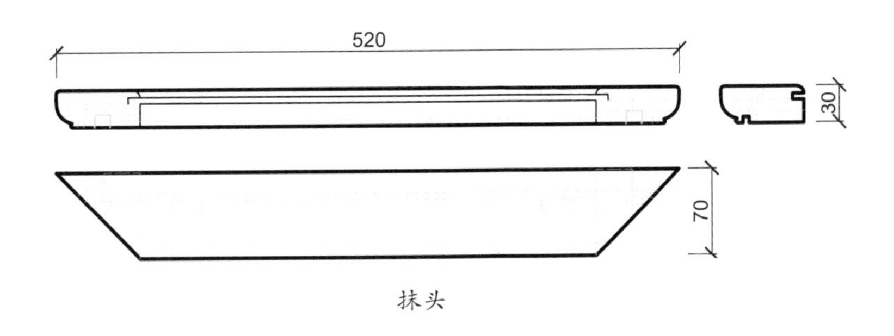
520
30
70

抹头

细部结构—座面（CAD 图 28 ~图 32）

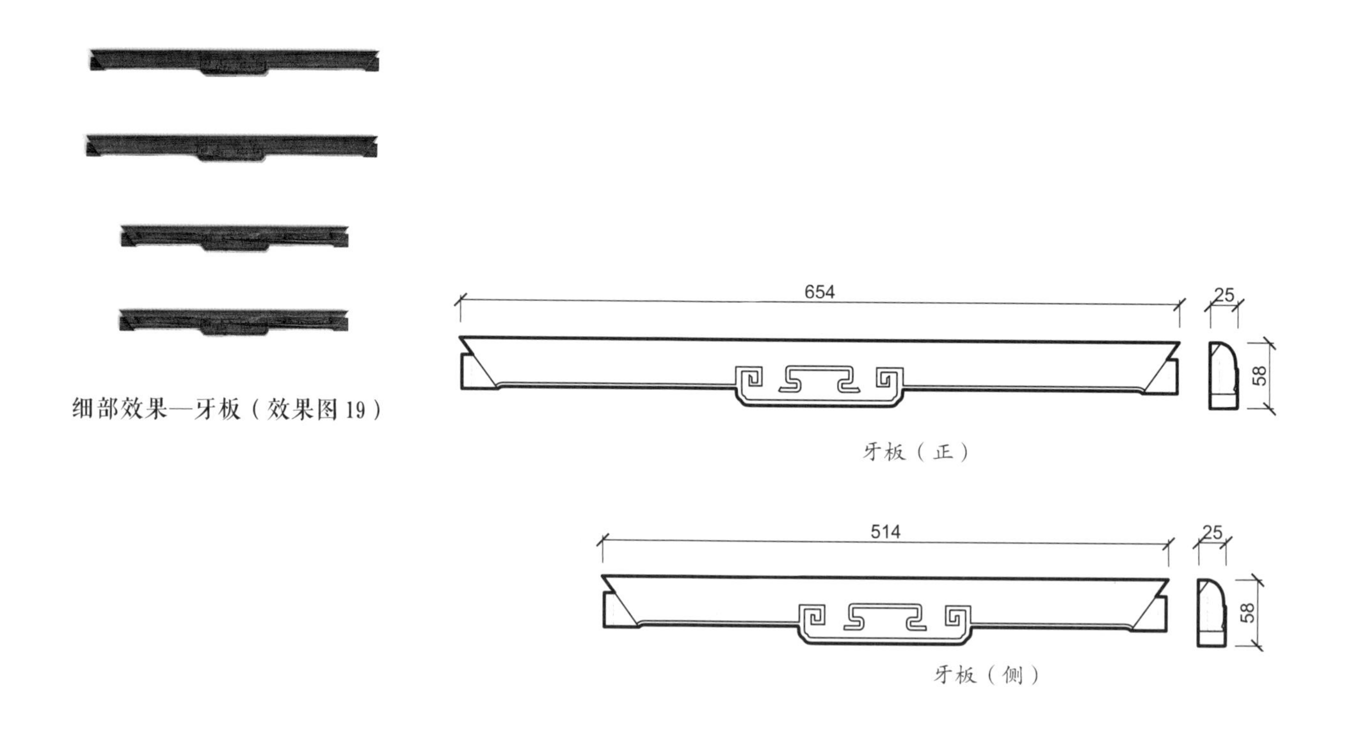
654
25
58
牙板（正）
514
25
58
牙板（侧）

细部效果—牙板（效果图19）

细部结构—牙板（CAD图33～图34）

细部效果—管脚枨（效果图20）

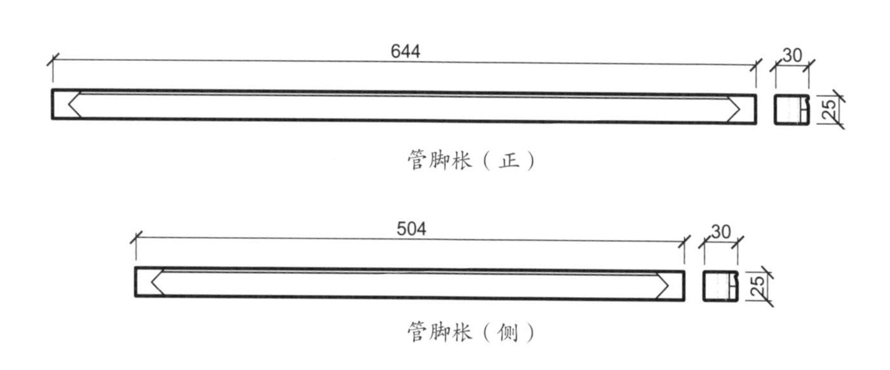
644
30
25
管脚枨（正）
504
30
25
管脚枨（侧）

细部结构—管脚枨（CAD图35～图36）

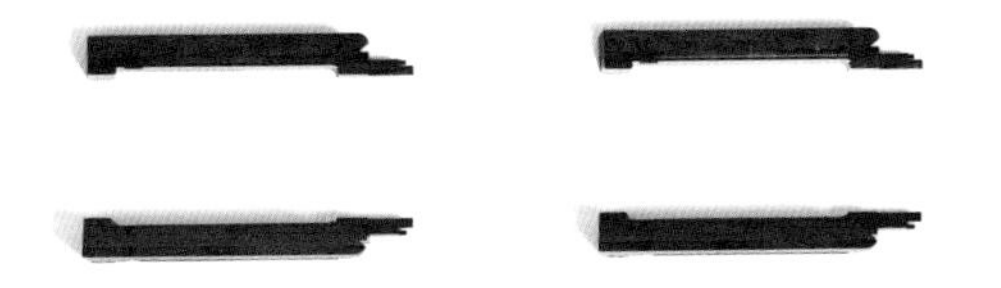

细部效果—腿子（效果图 21）

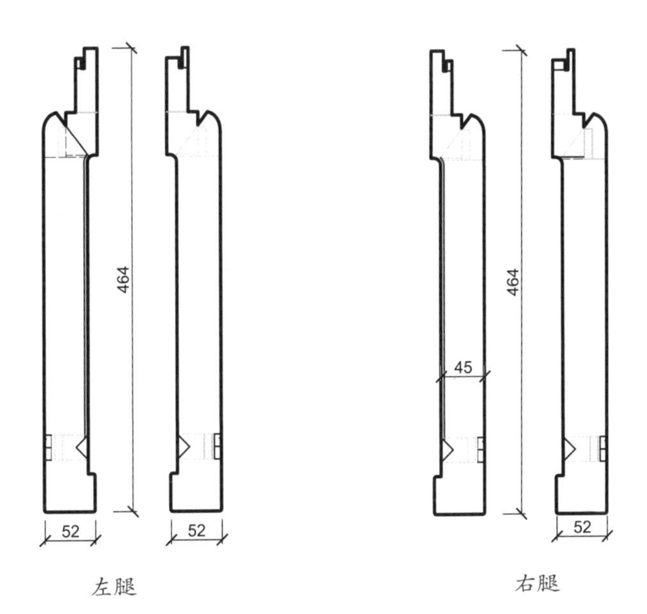
464
52
52
左腿
464
45
52
右腿

细部结构—腿子（CAD 图 37 ~ 图 38）

卷书式搭脑三屏式扶手椅

材质：红酸枝

年款：清

整体外观（效果图 1）

1. 器形点评

此扶手椅的椅围做成三屏式，由靠背围子和两侧扶手围子组成。卷书式搭脑，椅围高度自靠背正中向两侧扶手依次递减，靠背及扶手椅围的面心镶嵌几何形素板。椅盘光素，下有高束腰，洼堂肚牙板。四腿为方材，直落至地，足端雕内翻马蹄足。椅腿靠下侧以管脚枨相连。此椅整体雕饰简洁，其特点在于椅围高度错落有致，增加了层次感，富有变化。

2. CAD 图示

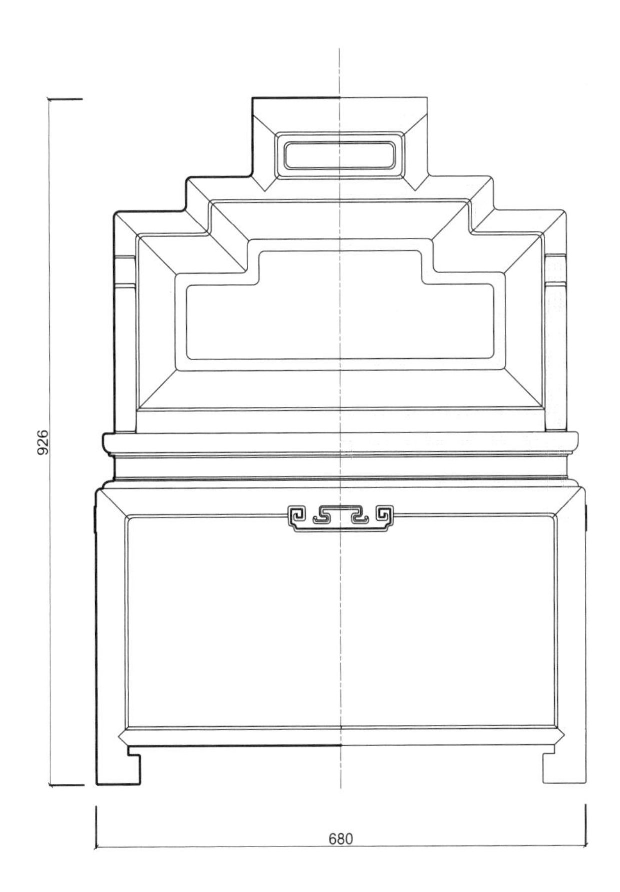
926
680

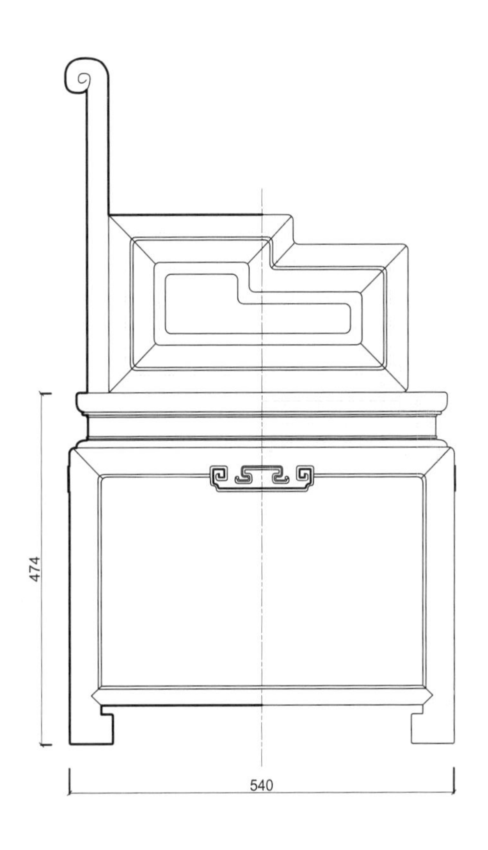
474
540

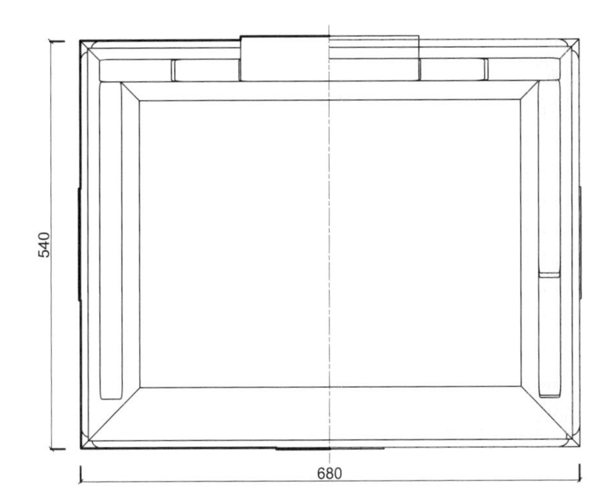
540
680

主视图
左视图
俯视图

三视结构（CAD 图 1）

3. 用材效果

用材效果（材质：紫檀；效果图 2）

用材效果（材质：黄花梨；效果图 3）

用材效果（材质：红酸枝；效果图 4）

4. 结构爆炸

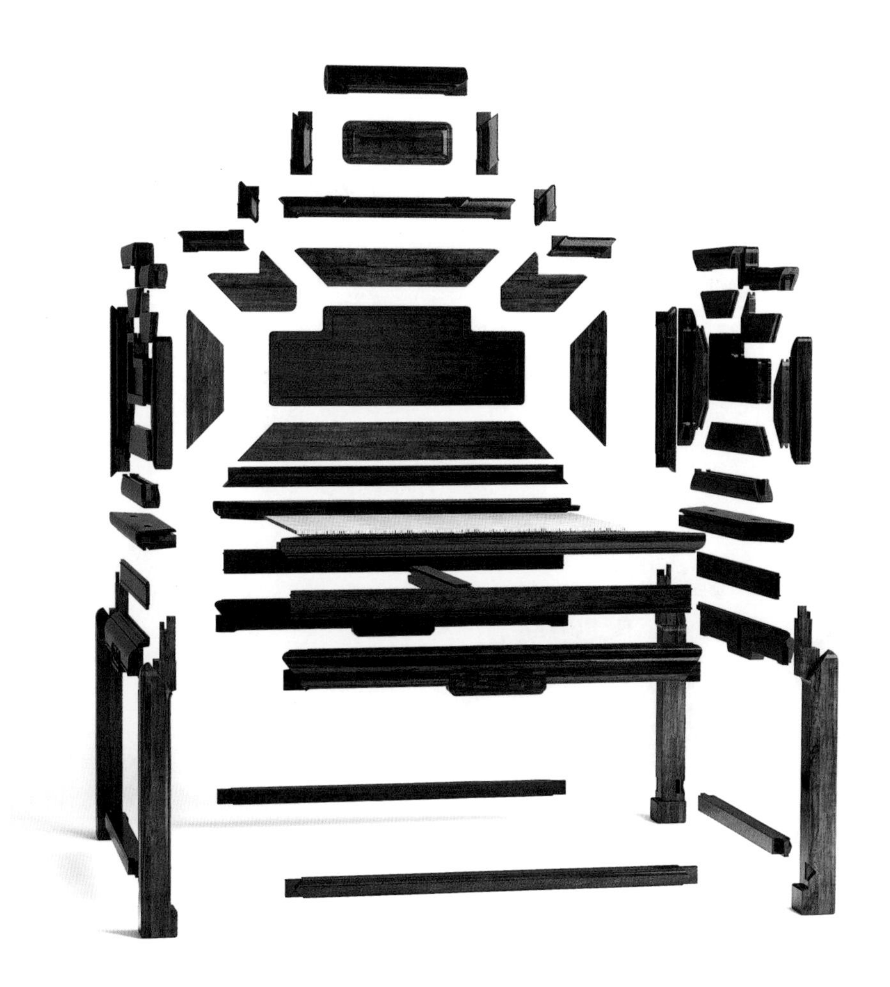

结构爆炸（效果图 5）

5. 部件示意

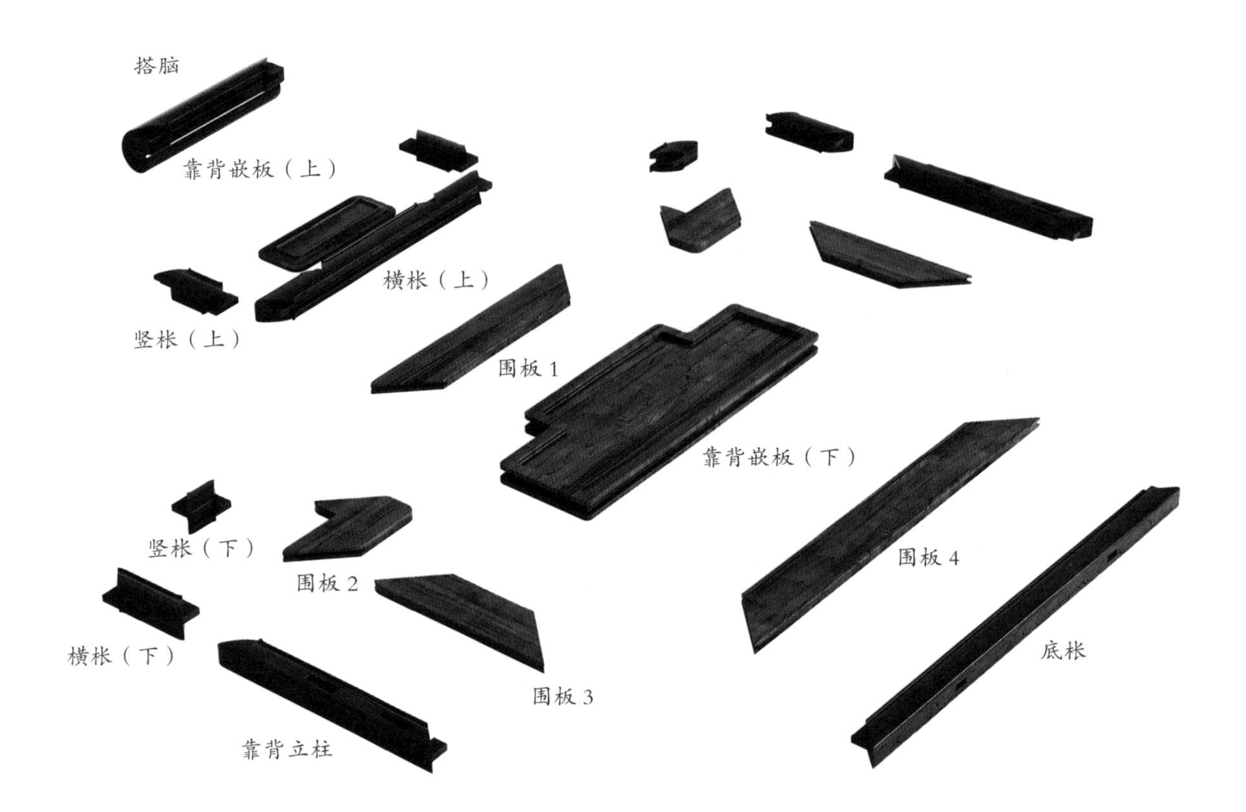
搭脑
靠背嵌板（上）
横枨（上）
竖枨（上）
围板 1
靠背嵌板（下）
竖枨（下）
围板 2
围板 4
横枨（下）
围板 3
底枨
靠背立柱

部件示意—靠背围子（效果图 6）

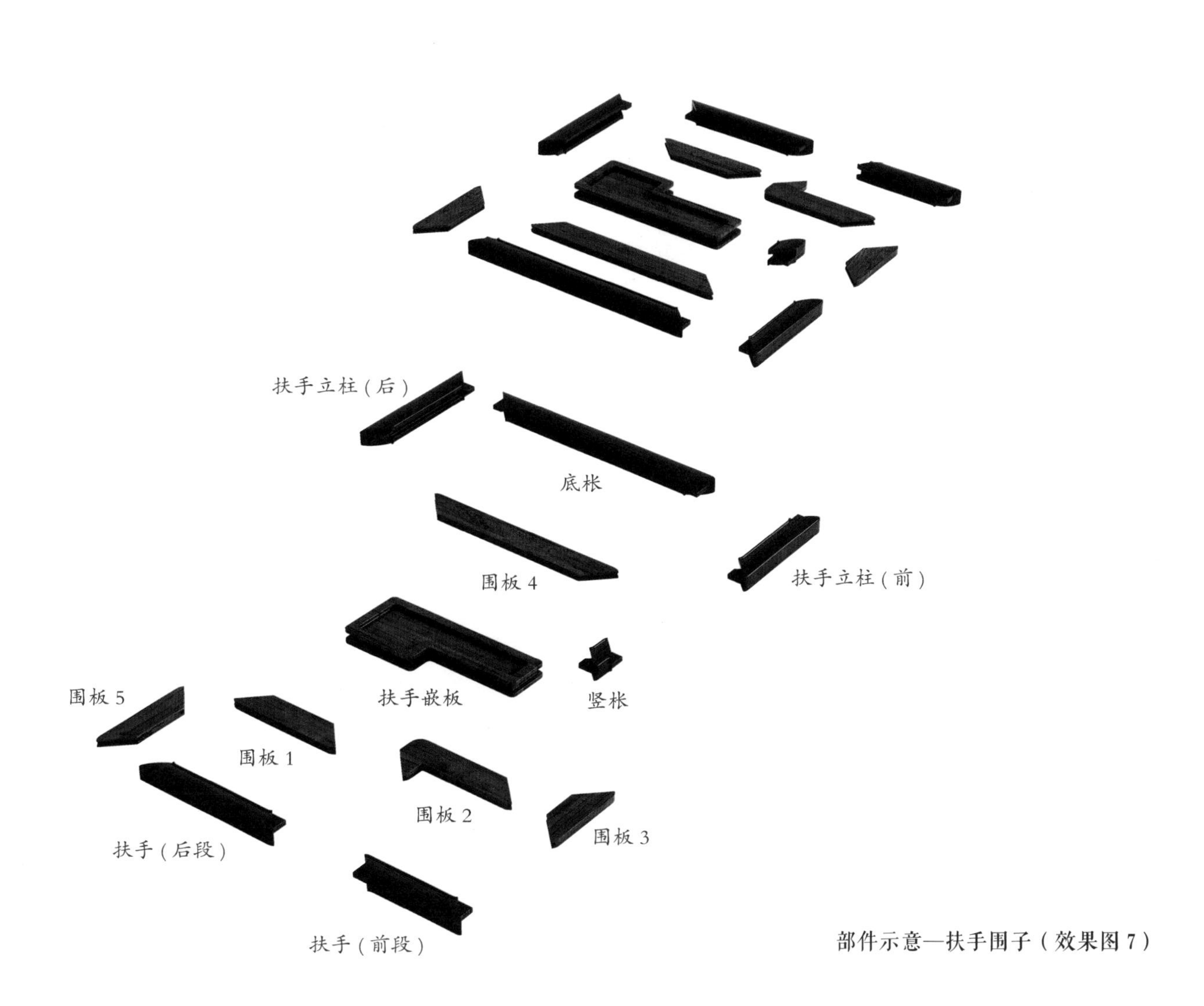
扶手立柱(后)
底枨
围板 4
扶手立柱(前)
扶手嵌板
竖枨
围板 5
围板 1
围板 2
围板 3
扶手(后段)
扶手(前段)

部件示意—扶手围子(效果图 7)

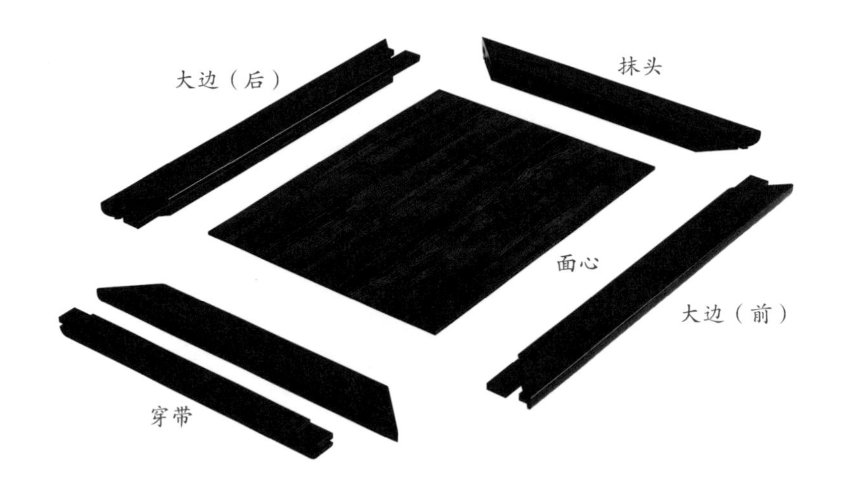
大边（后）
抹头
面心
大边（前）
穿带

部件示意—座面（效果图 8）

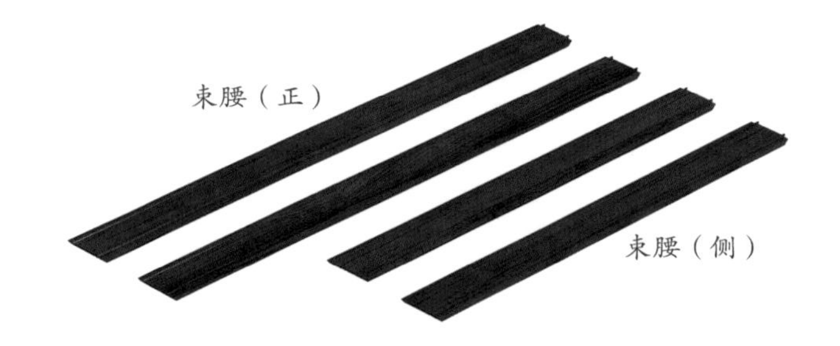
束腰（正）
束腰（侧）

部件示意—束腰（效果图 9）

托腮（侧）
托腮（正）

部件示意—托腮（效果图 10）

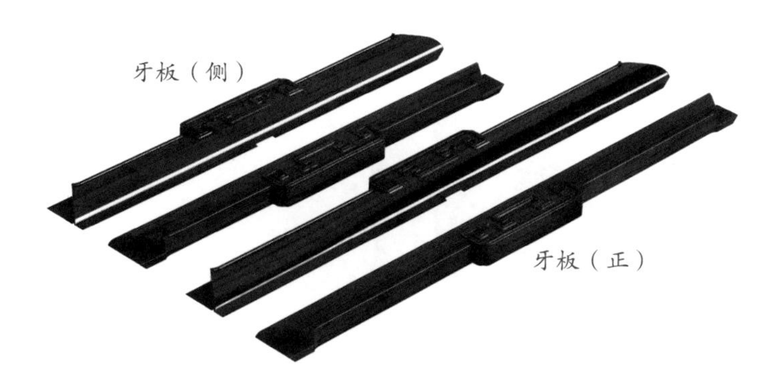
牙板（侧）
牙板（正）

部件示意—牙板（效果图 11）

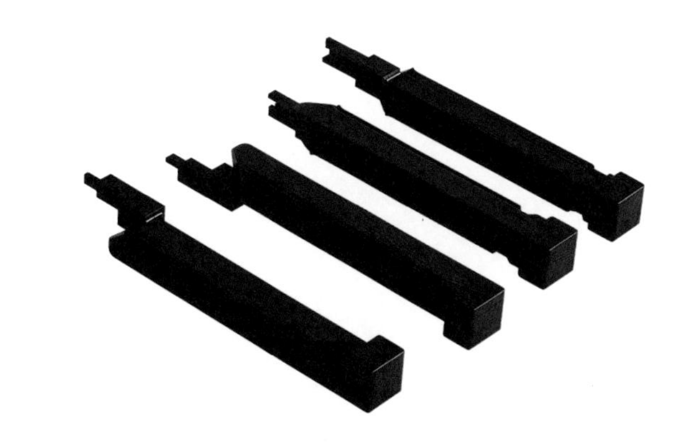

部件示意—腿子（效果图 12）

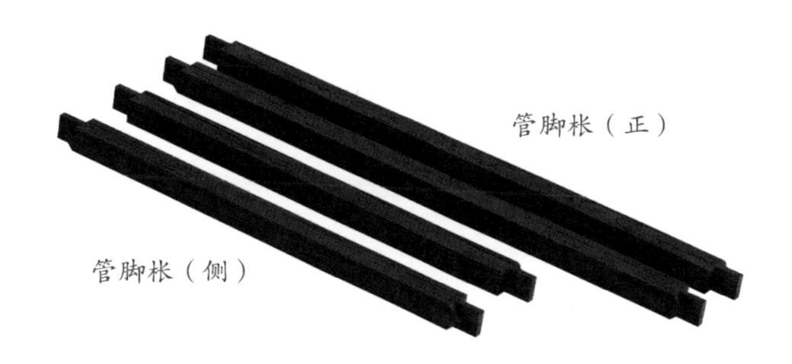
管脚枨（正）
管脚枨（侧）

部件示意—管脚枨（效果图 13）

6. 细部详解

细部效果—靠背围子（效果图 14）

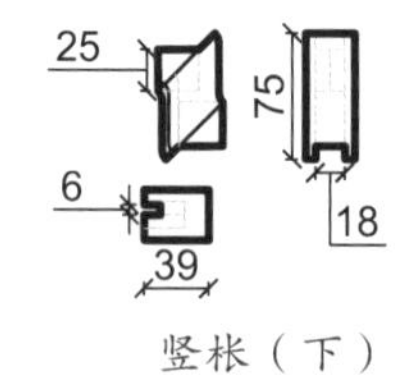
25
75
6
18
39

竖枨（下）

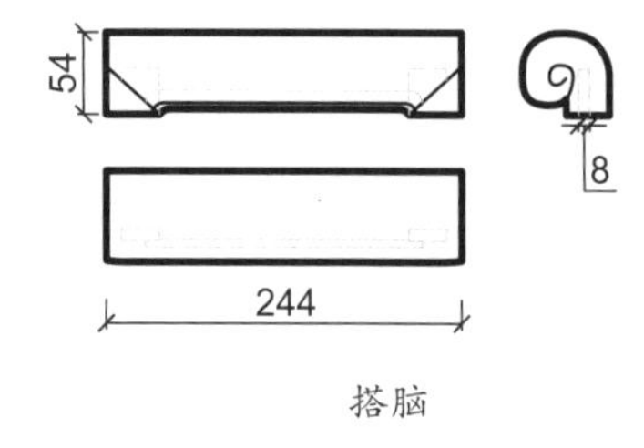
54
8
244

搭脑

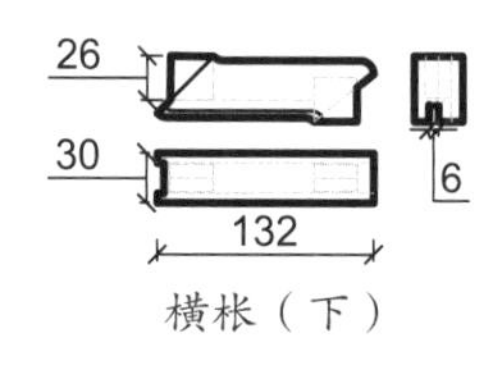
26
30
6
132

横枨（下）

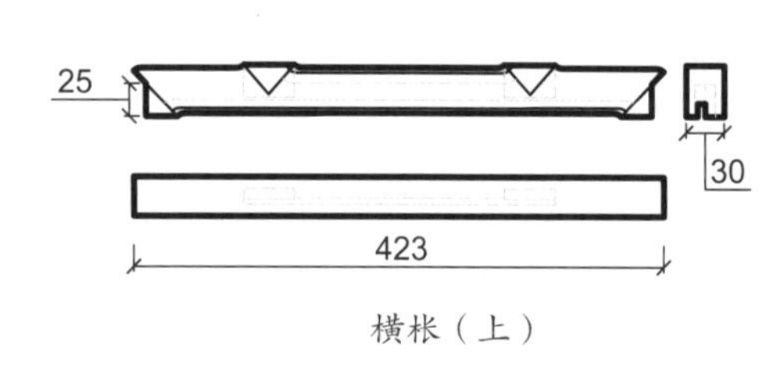
25
30
423

横枨（上）

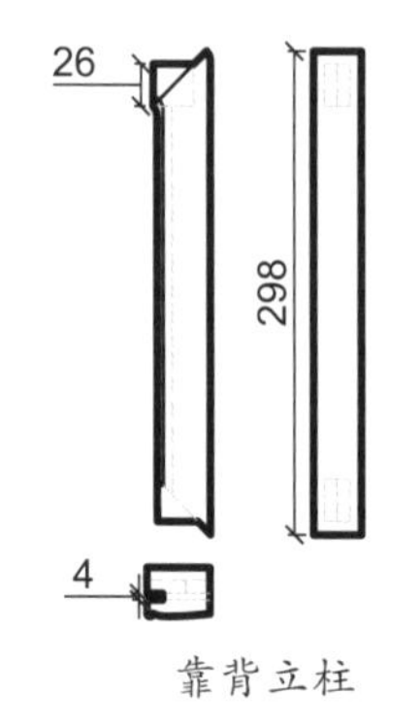
26
298
4

靠背立柱

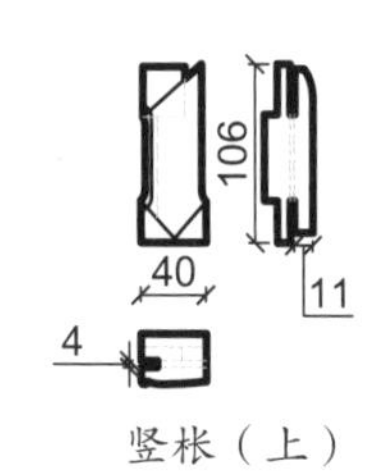
106
40
11
4

竖枨（上）

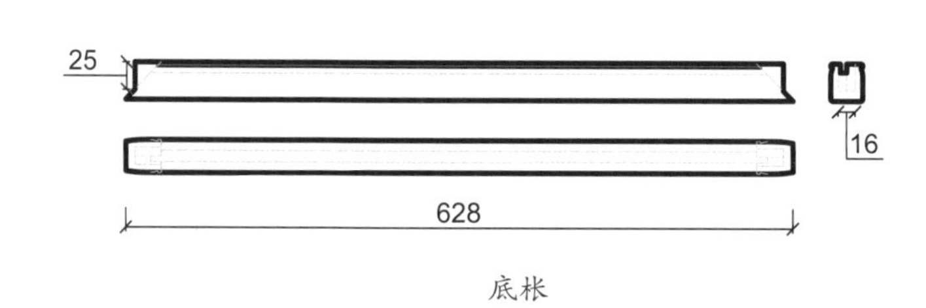
25
16
628

底枨

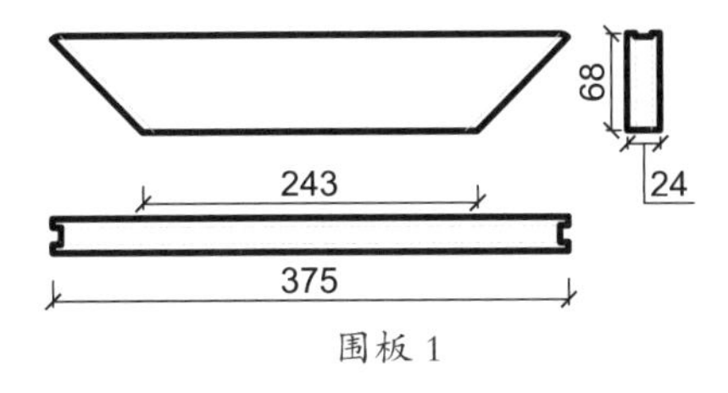
68
24
243
375

围板 1

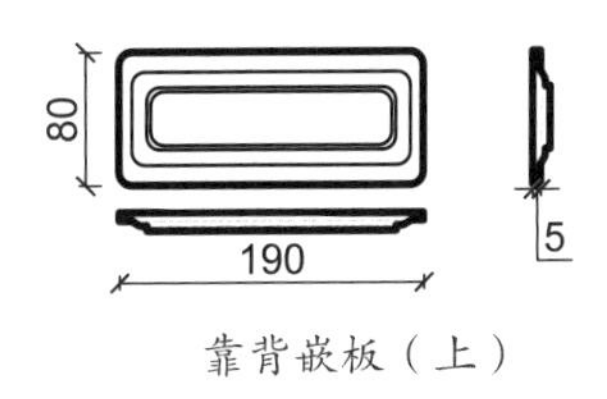
80
190
5

靠背嵌板（上）

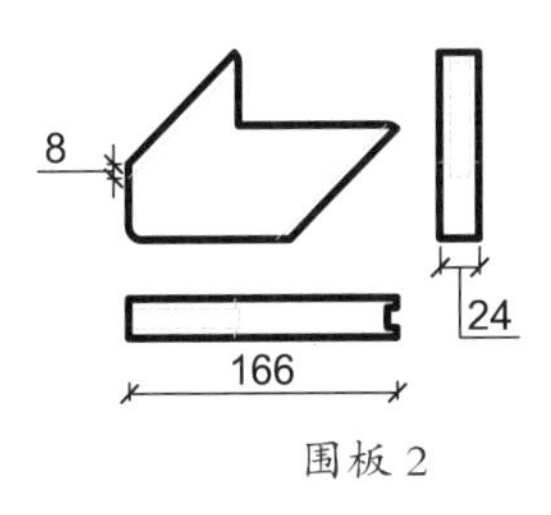
8
24
166

围板 2

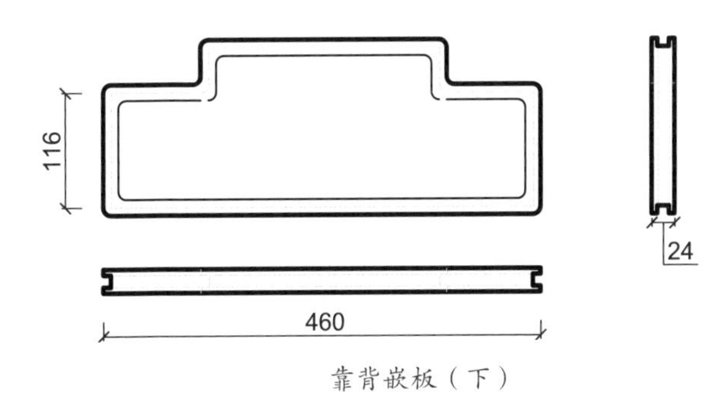
116
24
460

靠背嵌板（下）

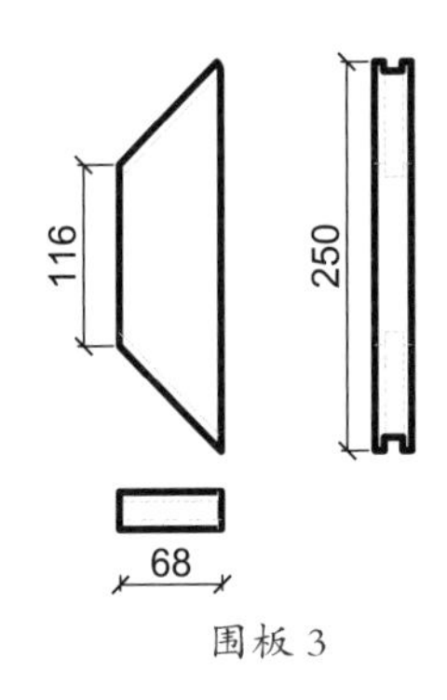
116
250
68

围板 3

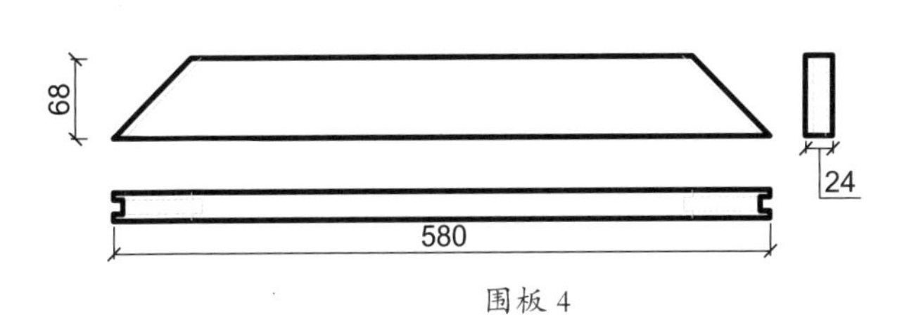
68
24
580

围板 4

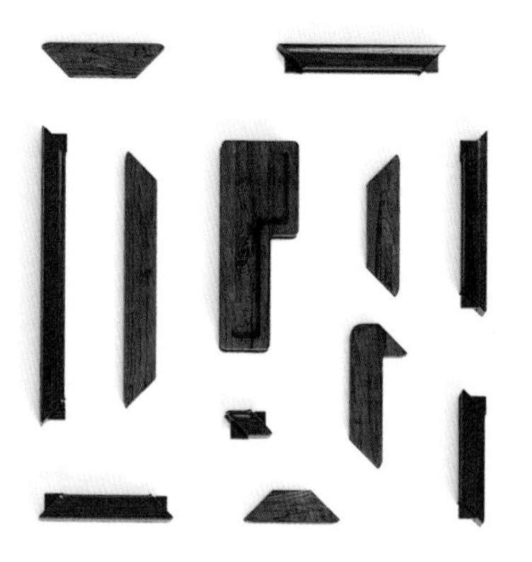

细部效果—扶手围子（效果图15）

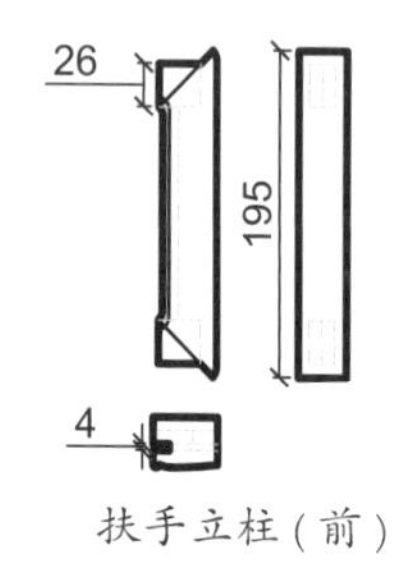
26
195
4

扶手立柱（前）

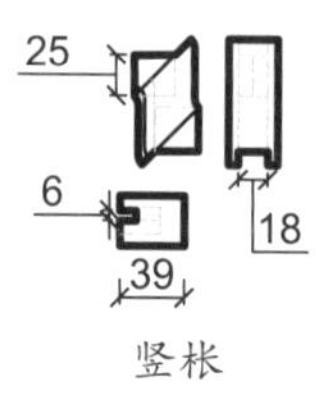
25
6
18
39

竖枨

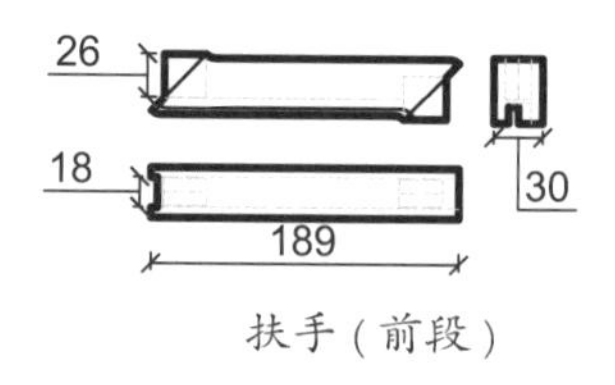
26
18
30
189

扶手（前段）

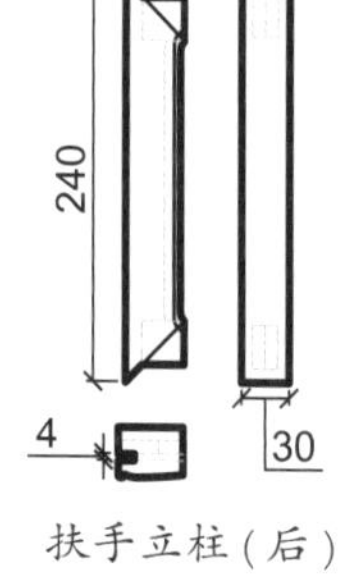
240
4
30

扶手立柱（后）

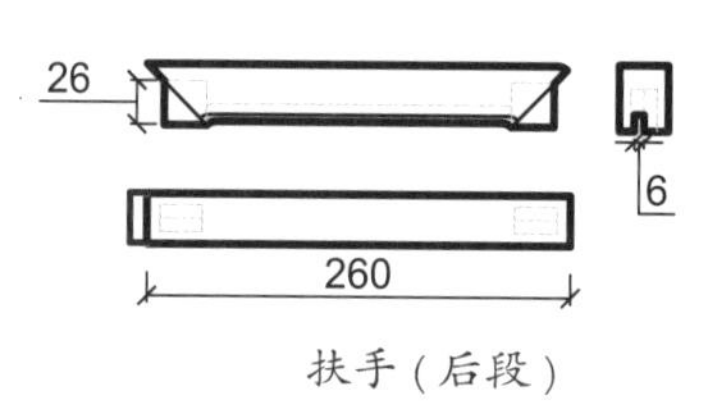
26
6
260

扶手（后段）

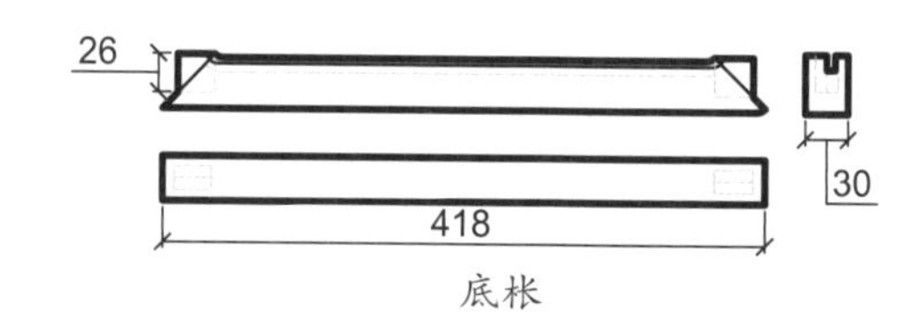
26
30
418

底枨

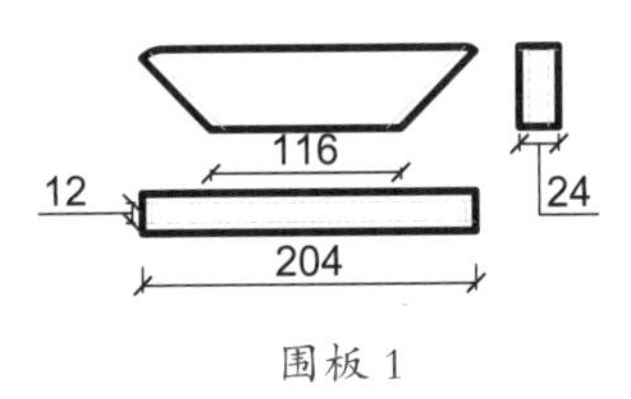
116
12
24
204

围板 1

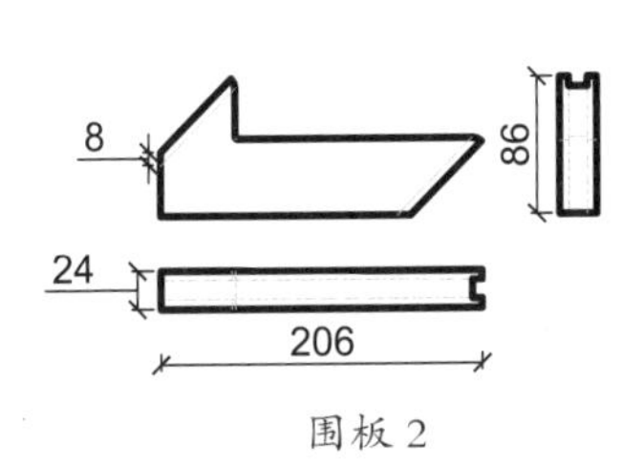
8
86
24
206

围板 2

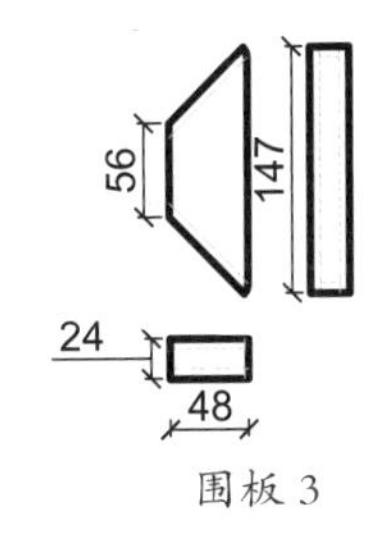
56
147
24
48

围板 3

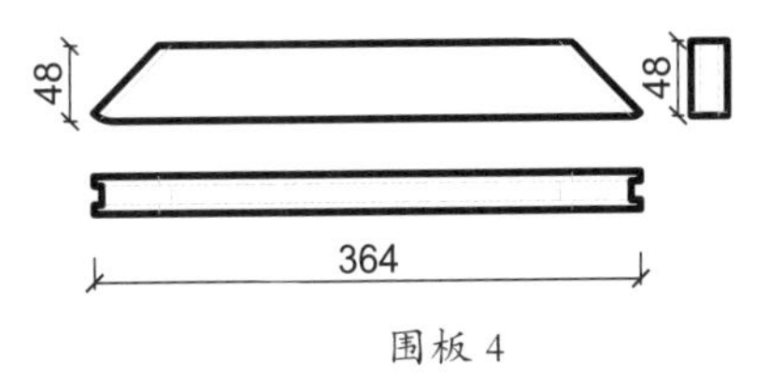
48
48
364

围板 4

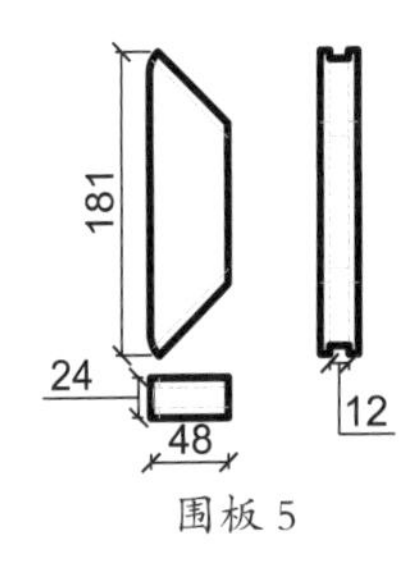
181
24
48
12

围板 5

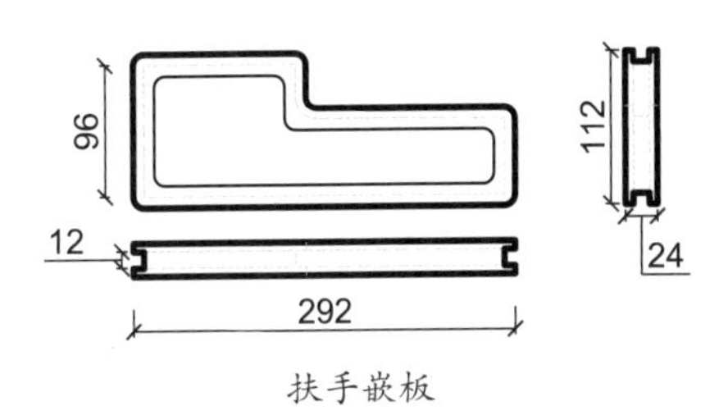
96
112
12
24
292

扶手嵌板

细部结构—扶手围子（CAD 图 15 ~图 26）

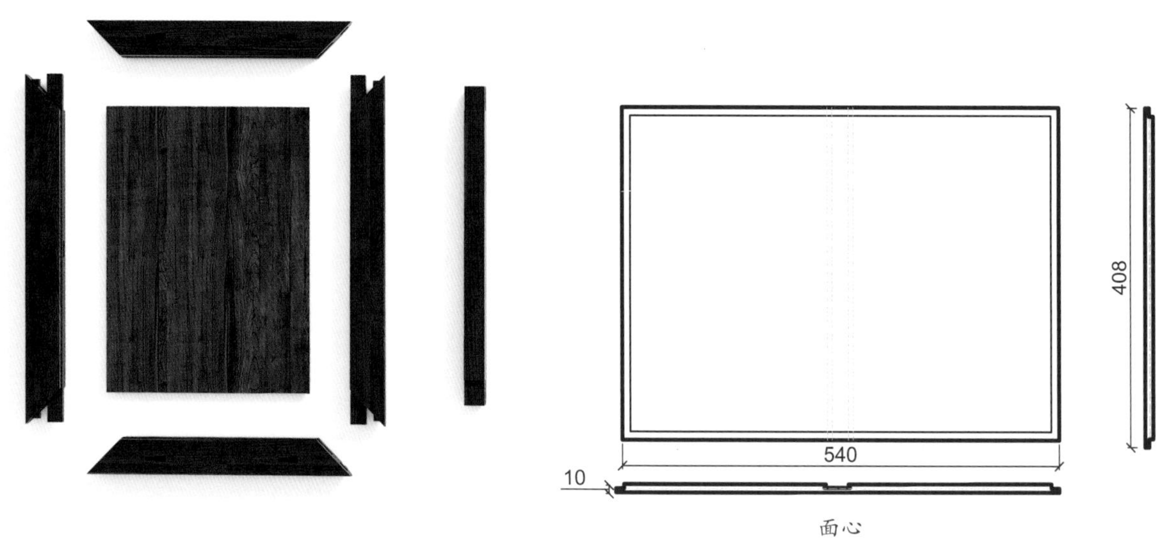
408
10
540
面心

细部效果—座面（效果图 16）

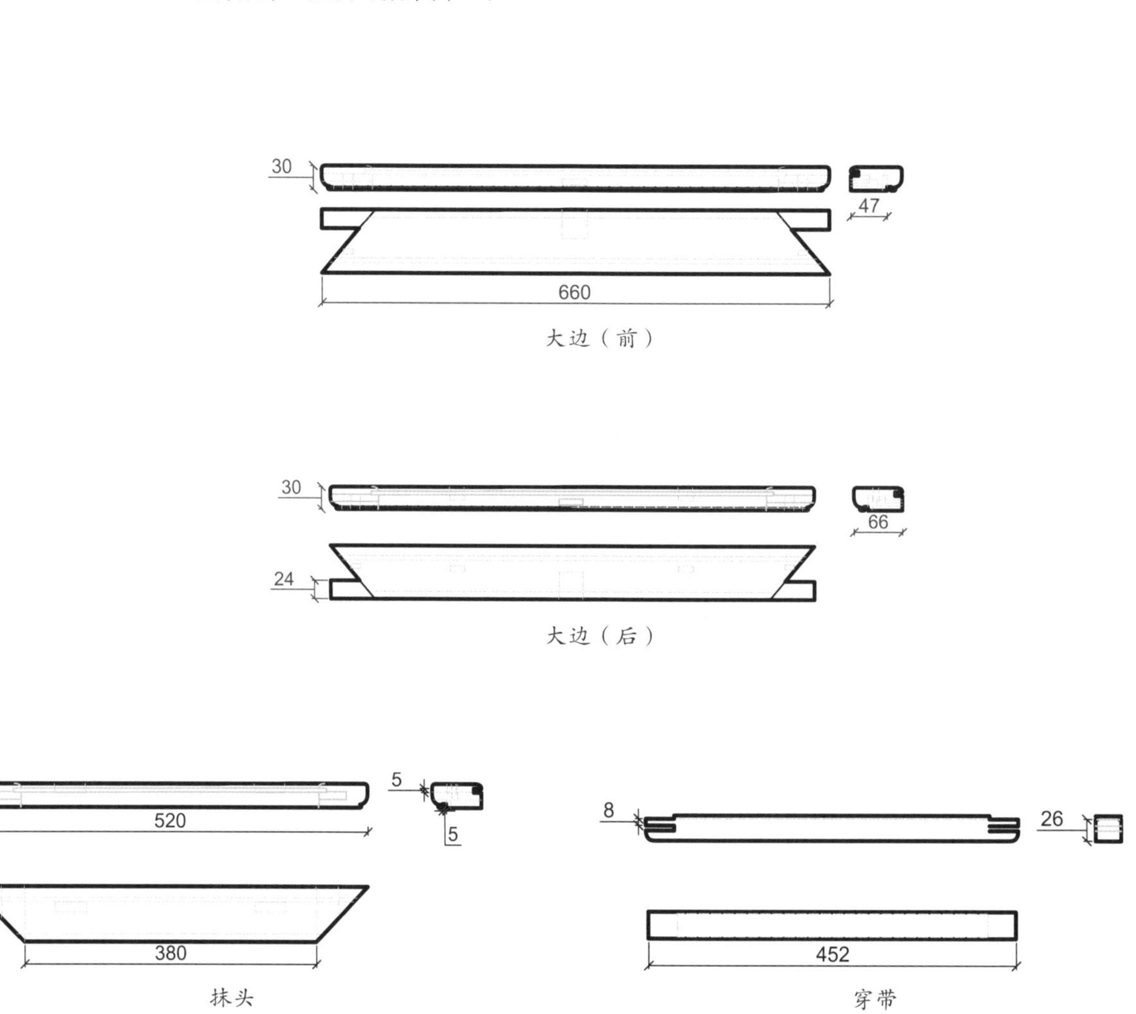
30
47
660
大边（前）
30
66
24
大边（后）
5
520
5
380
抹头
8
26
452
穿带

细部结构—座面（CAD 图 27 ~ 图 31）

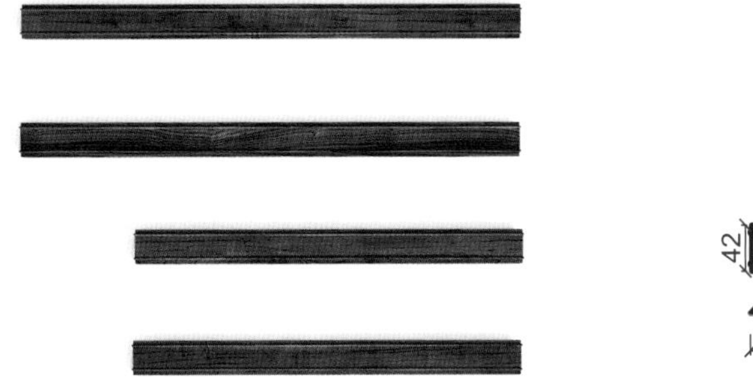

细部效果—束腰（效果图 17）

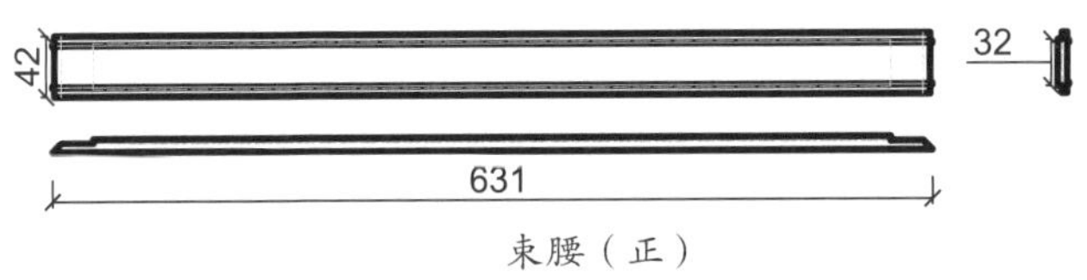
42
32
631
束腰（正）

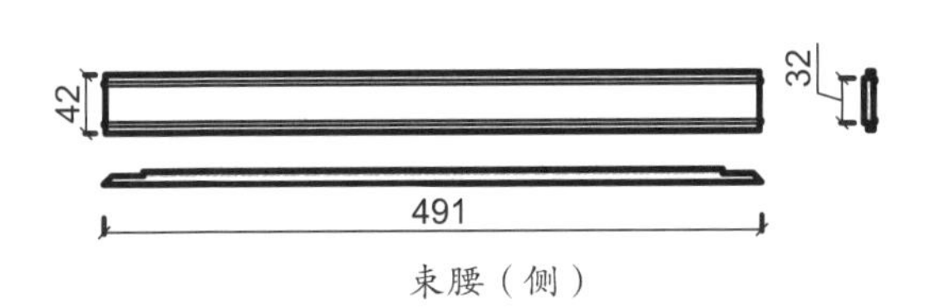
42
32
491
束腰（侧）

细部结构—束腰（CAD 图 32 ~图 33）

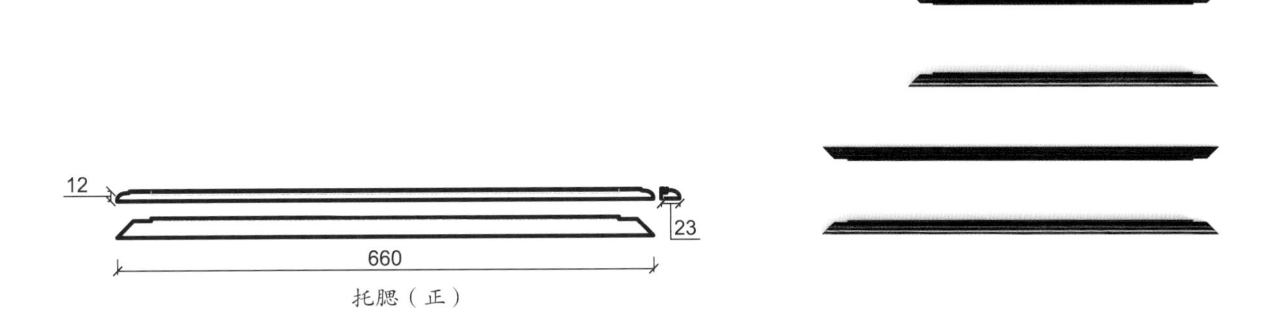
12
23
660
托腮（正）

细部效果—托腮（效果图 18）

12

23

520

托腮（侧）

细部结构—托腮（CAD 图 34 ~图 35）

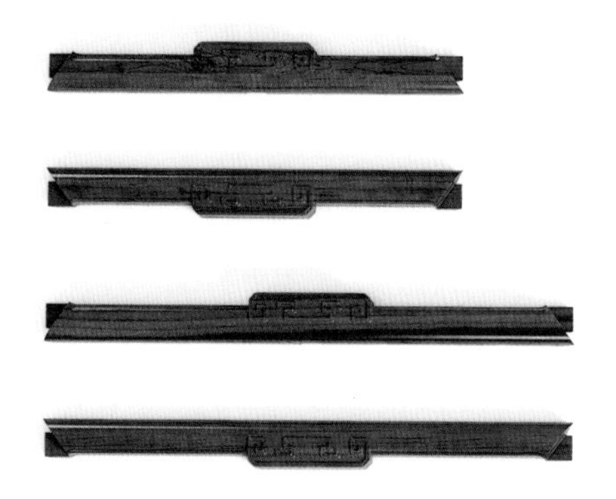

细部效果—牙板（效果图 19）

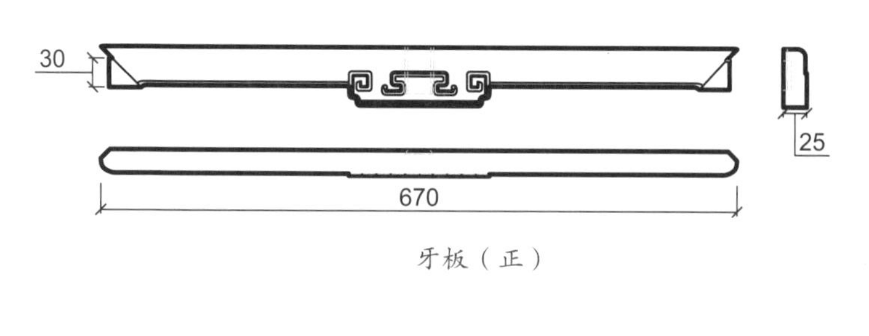

30
25
670

牙板（正）

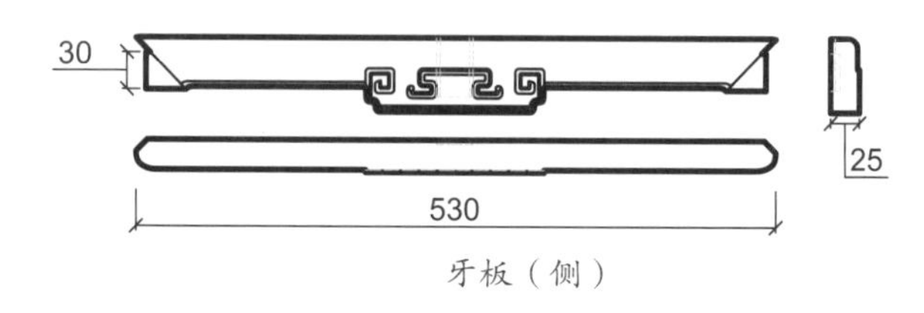

30
25
530

牙板（侧）

细部结构—牙板（CAD 图 36 ~ 图 37）

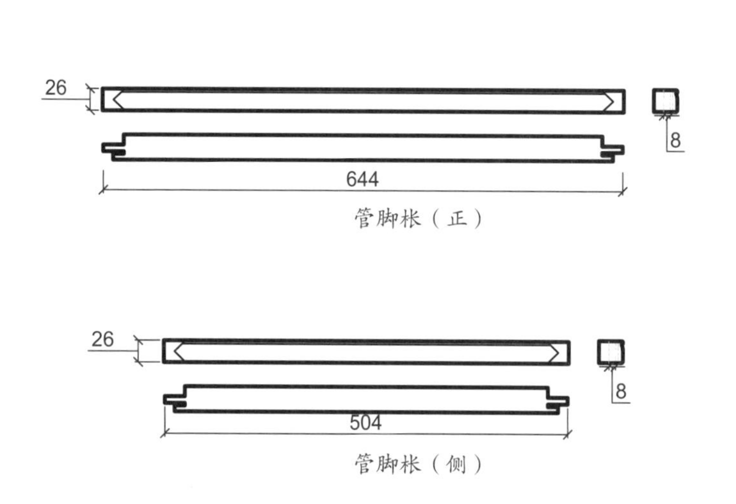

26
8
644
26
8
504

管脚枨（正）

管脚枨（侧）

细部效果—管脚枨（效果图 20）

细部结构—管脚枨（CAD 图 38 ~ 图 39）

细部效果—腿子（效果图 21）

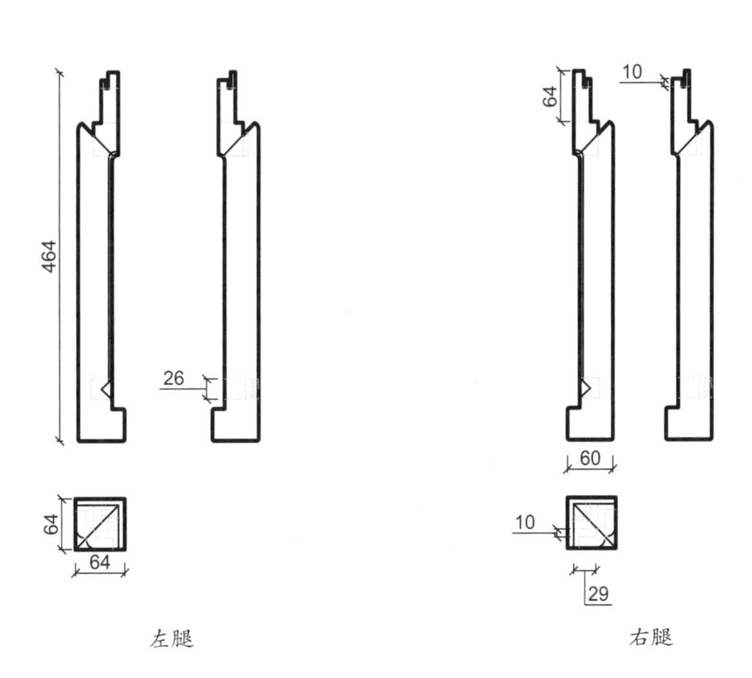
10
64
464
26
60
64
10
64
29
左腿
右腿

细部结构—腿子（CAD 图 40 ~ 图 41）

卷云纹搭脑玉璧纹扶手椅

材质：黄花梨

年款：清

整体外观（效果图1）

1. 器形点评

此椅椅围由靠背围子及两侧扶手围子组成。靠背围子搭脑及边框做成卷云纹，靠背板正中镶嵌一块圆形玉璧纹嵌板。两侧扶手为卷云形状。椅盘光素平直，牙板为素牙子。四腿为方材，直落到地，在足端安有管脚枨相连。此椅格调高古，清新雅致，不落俗套。

2. CAD 图示

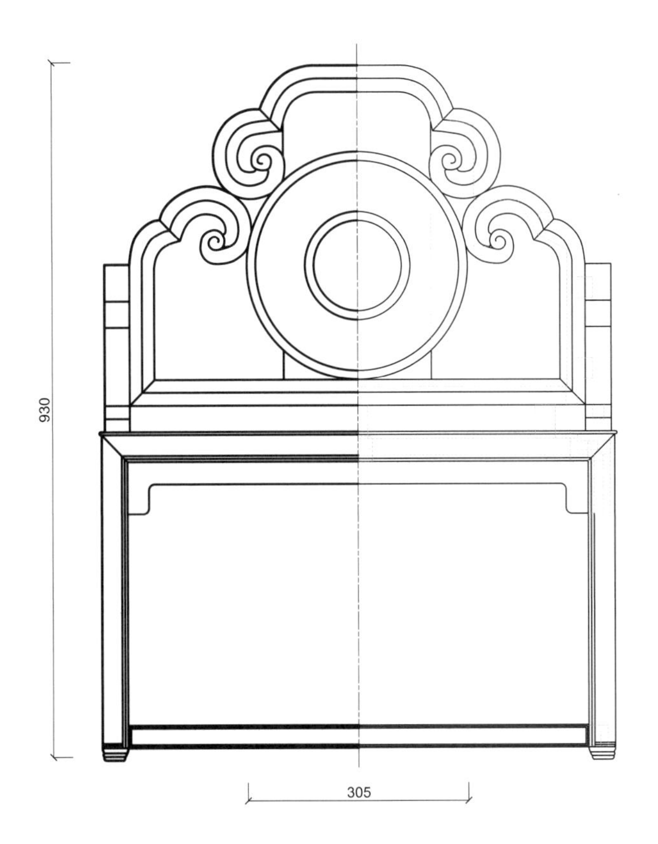

930
305

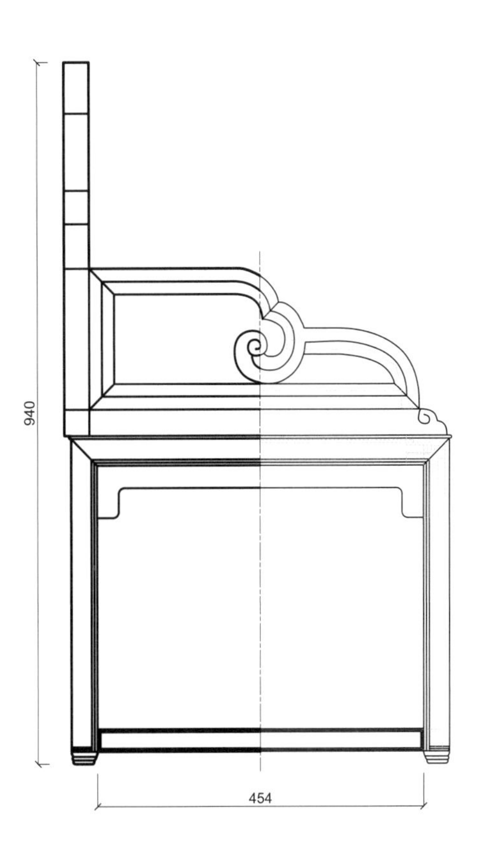

940
454

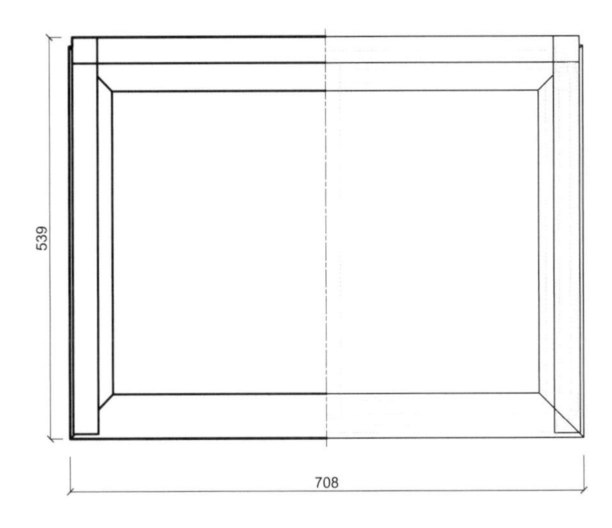

539
708

主视图
左视图
俯视图

三视结构（CAD 图 1）

注：视图中部分纹饰略去。

3. 用材效果

用材效果（材质：紫檀；效果图 2）

用材效果（材质：黄花梨；效果图 3）

用材效果（材质：红酸枝；效果图 4）

4. 结构爆炸

结构爆炸（效果图 5）

5. 部件示意

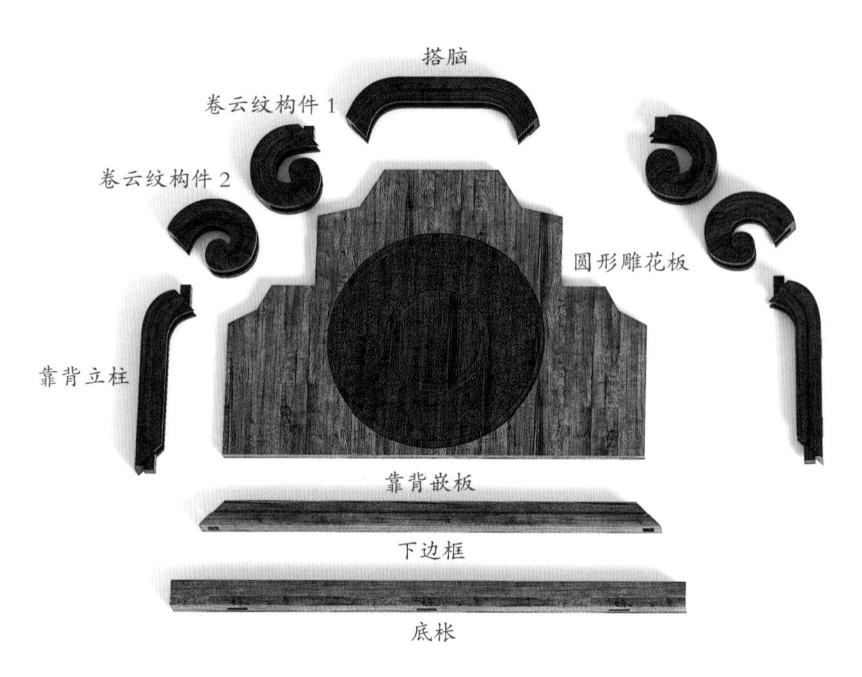
搭脑
卷云纹构件 1
卷云纹构件 2
圆形雕花板
靠背立柱
靠背嵌板
下边框
底枨

部件示意—靠背围子（效果图 6）

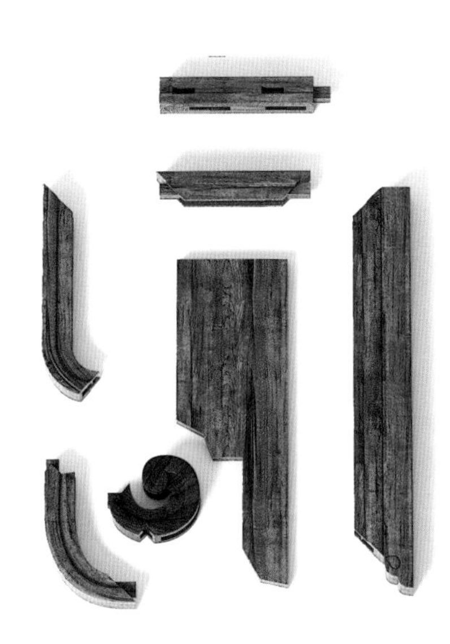

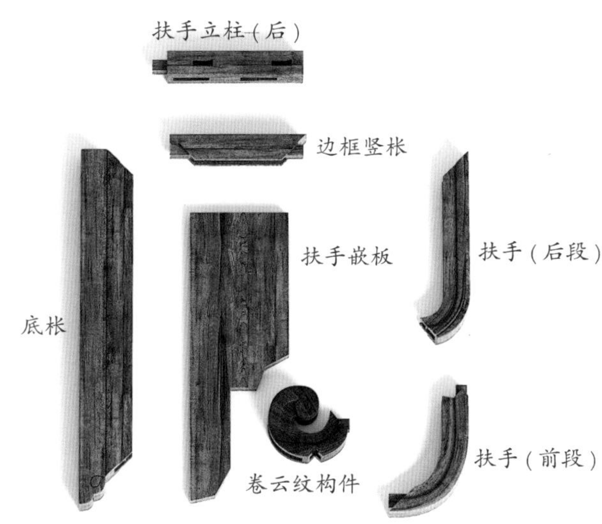
扶手立柱（后）
边框竖枨
扶手嵌板
扶手（后段）
底枨
卷云纹构件
扶手（前段）

部件示意—扶手围子（效果图 7）

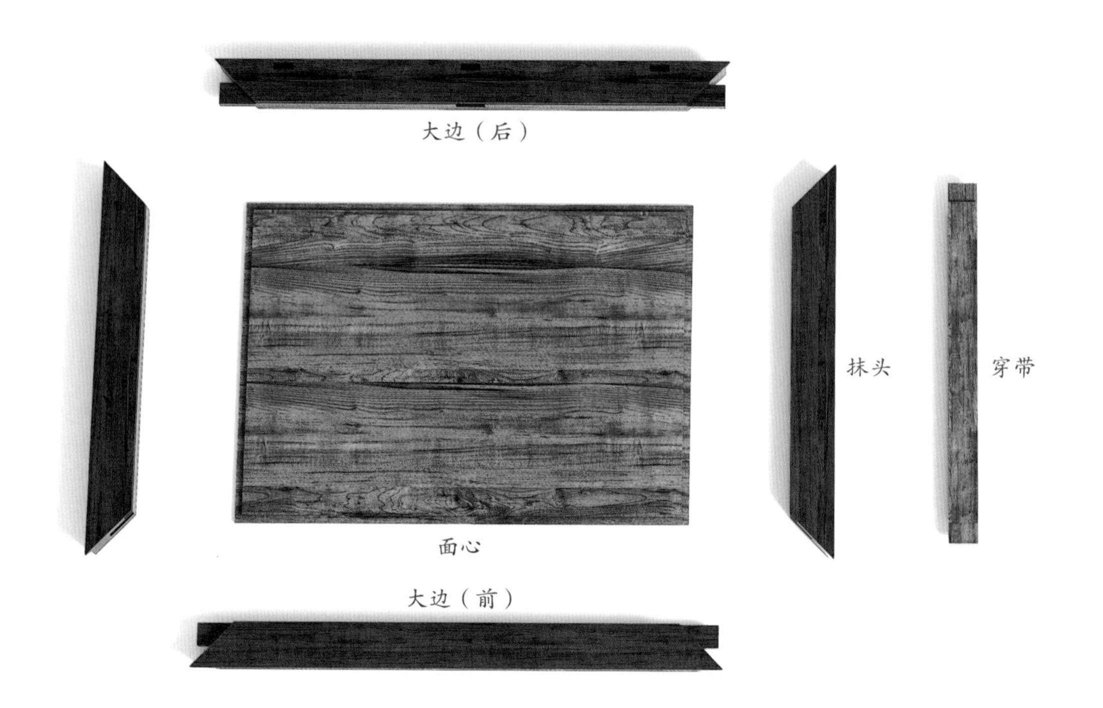
大边（后）
抹头
穿带
面心
大边（前）

部件示意—座面（效果图 8）

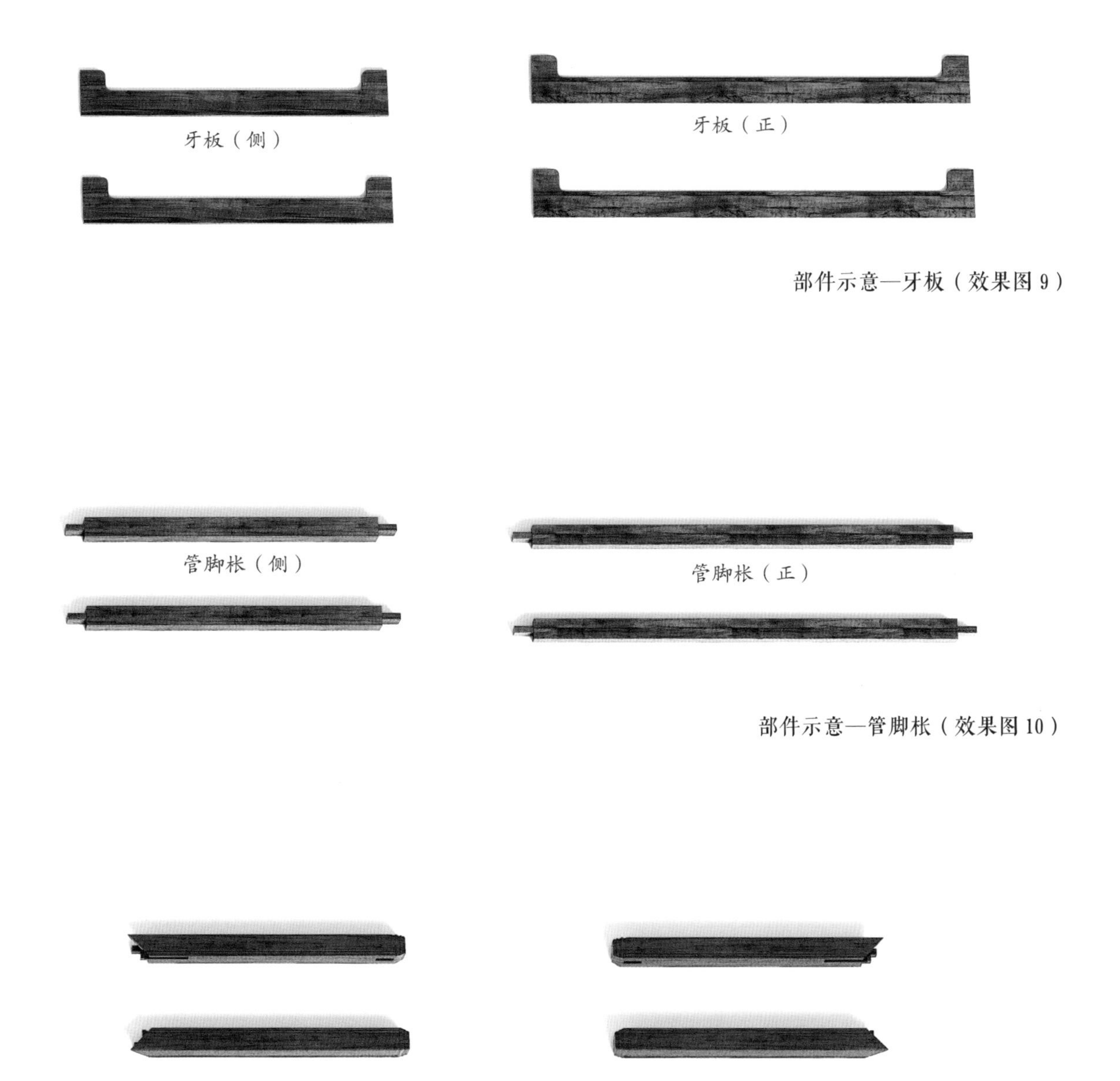
牙板（侧）
牙板（正）
管脚枨（侧）
管脚枨（正）

部件示意—牙板（效果图 9）

部件示意—管脚枨（效果图 10）

部件示意—腿子（效果图 11）

6. 细部详解

细部效果—靠背围子（效果图 12）

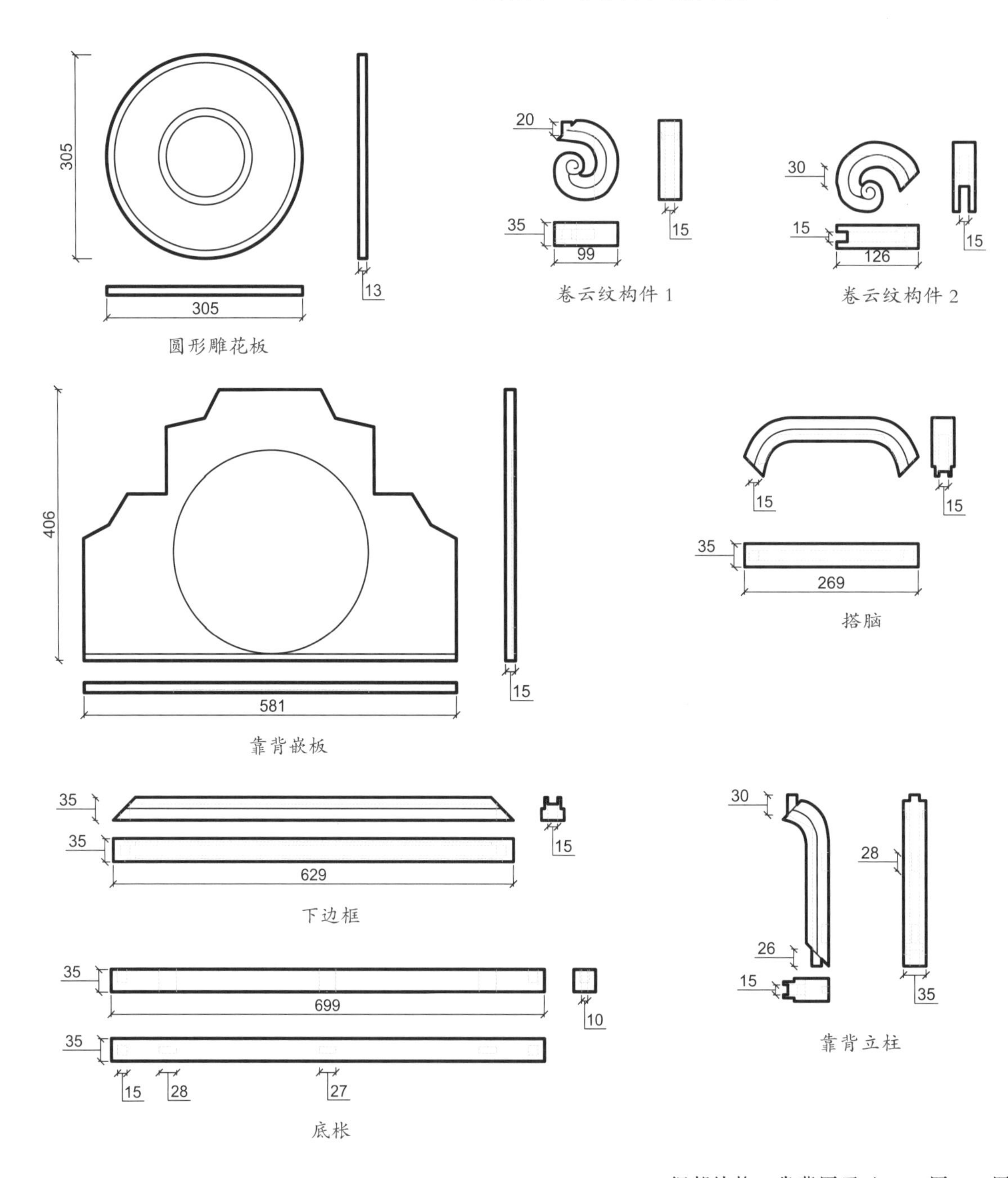

305
13
305
圆形雕花板
20
35
99
15
卷云纹构件 1
30
15
126
15
卷云纹构件 2
406
581
15
靠背嵌板
15
15
35
269
搭脑
35
35
629
15
下边框
30
28
26
15
35
靠背立柱
35
699
10
35
15
28
27
底枨

细部结构—靠背围子（CAD 图 2 ~ 图 9）

细部效果—扶手围子（效果图 13）

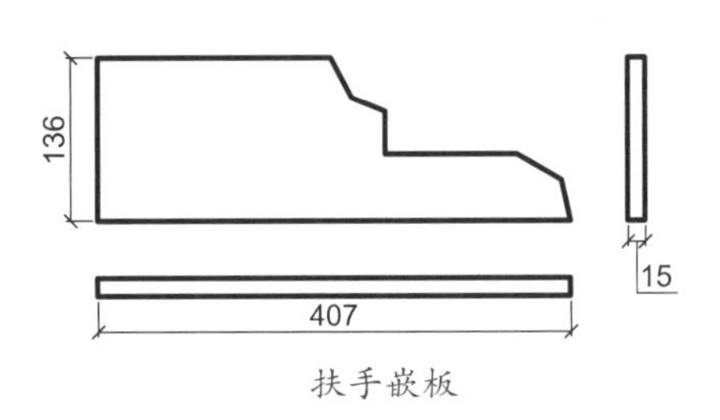
136
15
407

扶手嵌板

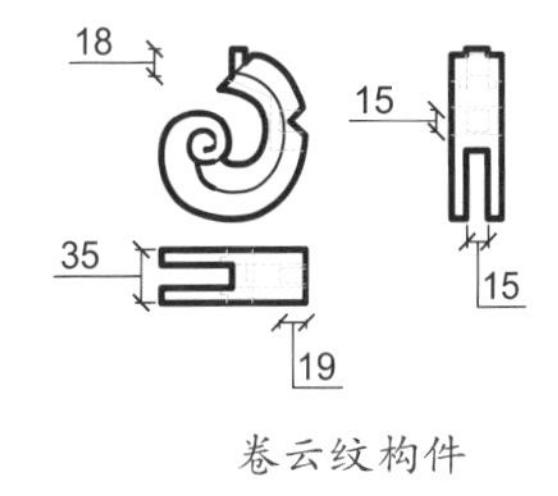
18
15
35
15
19

卷云纹构件

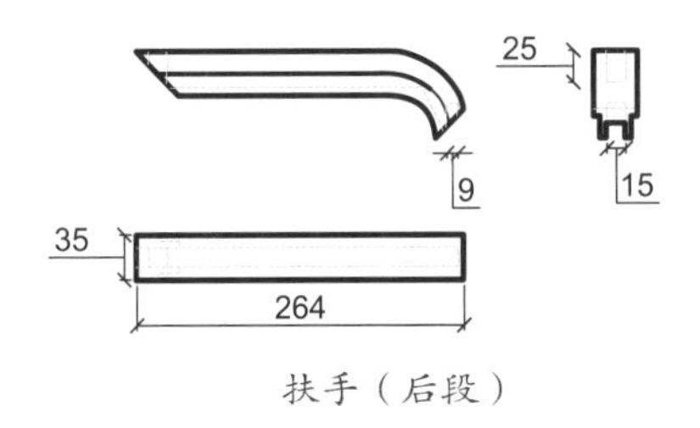
25
9
15
35
264

扶手（后段）

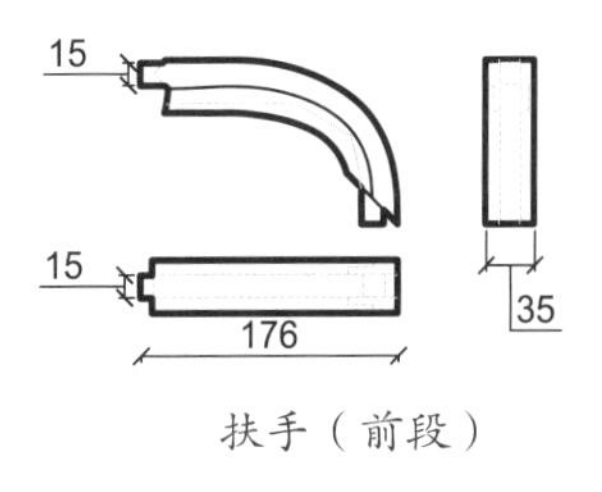
15
15
35
176

扶手（前段）

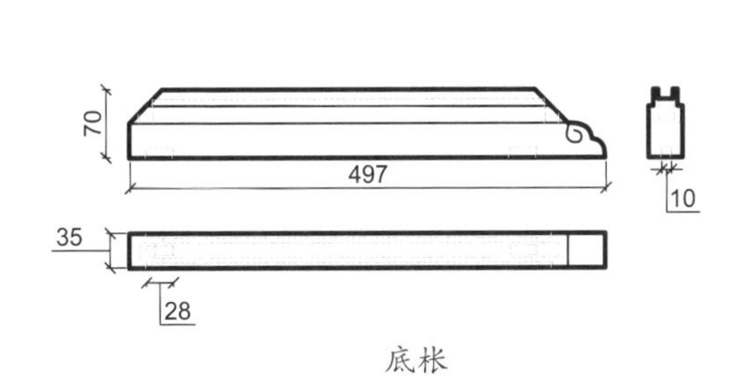
70
497
10
35
28

底枨

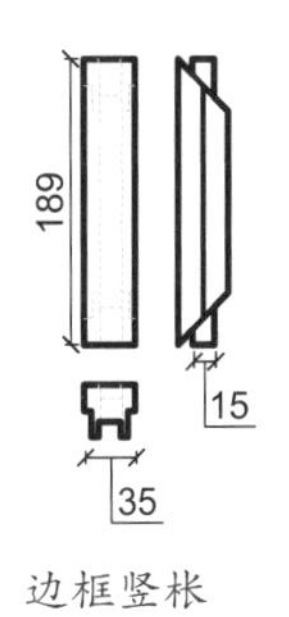
189
15
35

边框竖枨

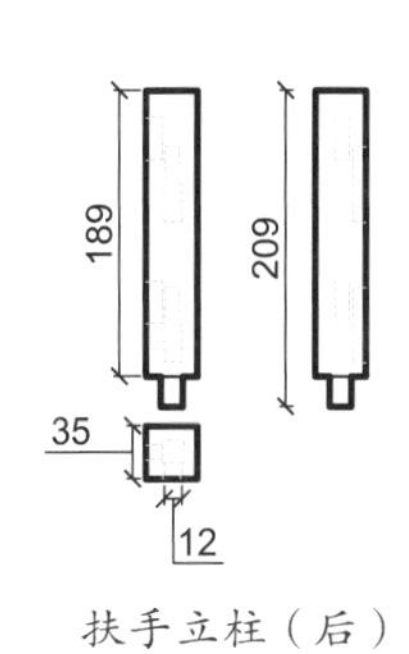
189
209
35
12

扶手立柱（后）

细部结构—扶手围子（CAD 图 10 ~ 图 16）

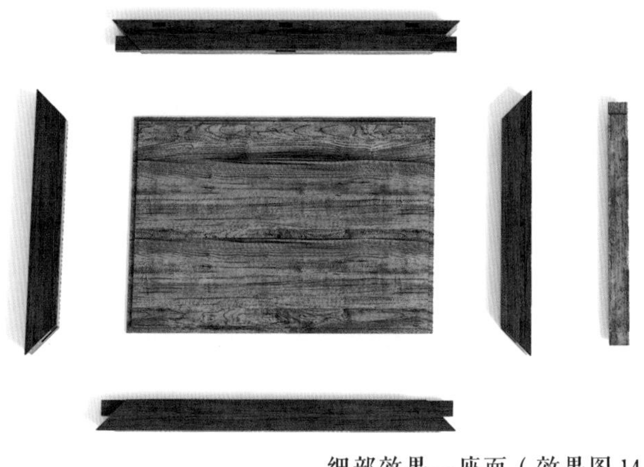

细部效果—座面（效果图 14）

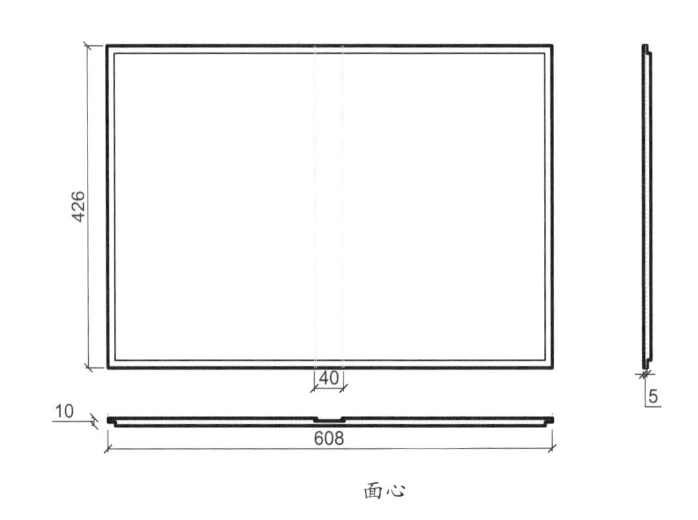
426
40
5
10
608

面心

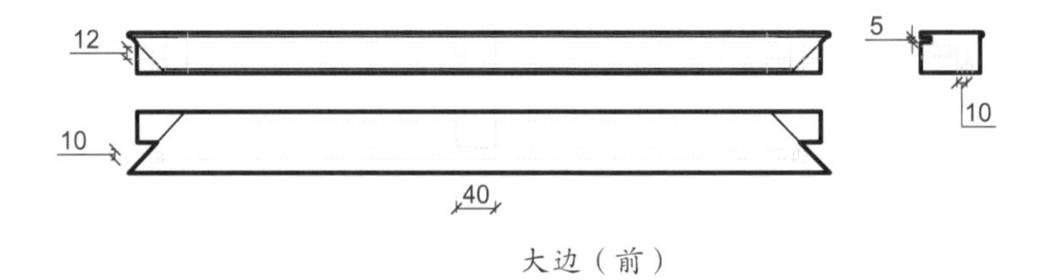
12
5
10
10
40

大边（前）

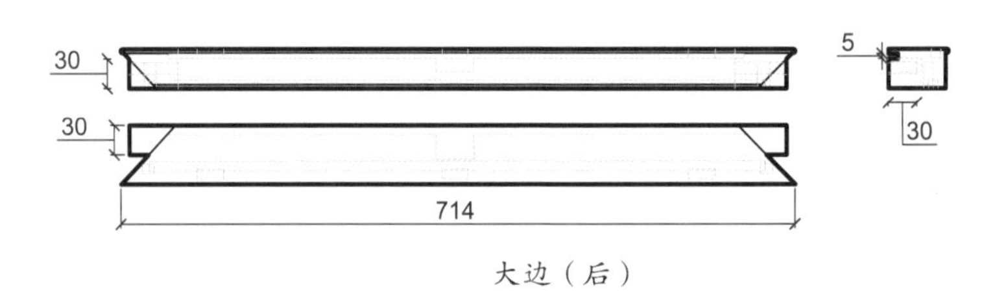
30
5
30
30
714

大边（后）

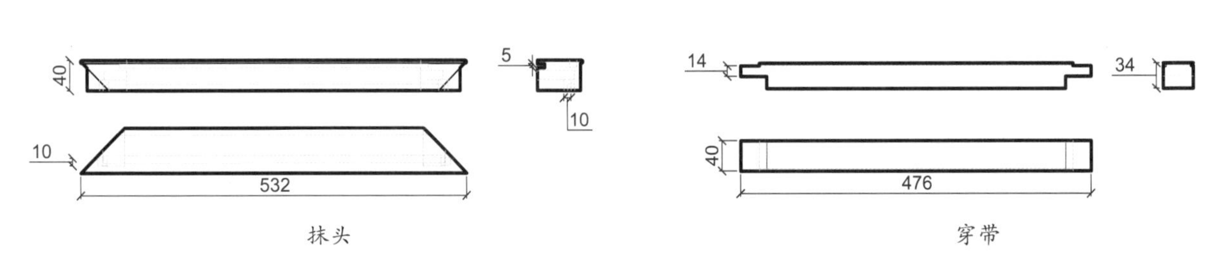
40
5
10
10
532
14
34
40
476

抹头　　　　穿带

细部结构—座面（CAD 图 17 ~ 图 21）

细部效果—牙板（效果图 15）

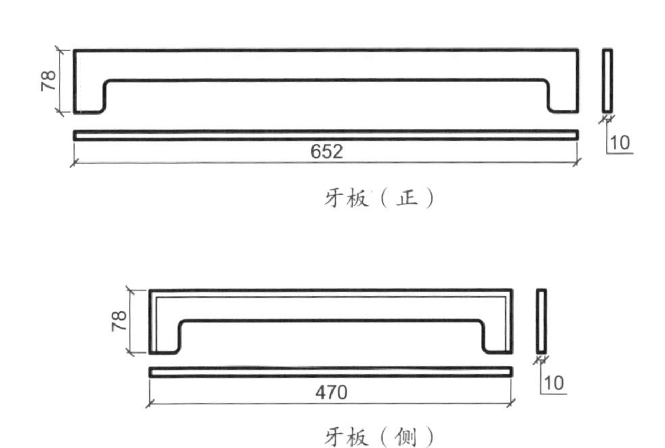
78
652
10
牙板（正）
78
470
10
牙板（侧）

细部结构—牙板（CAD 图 22 ~ 图 23）

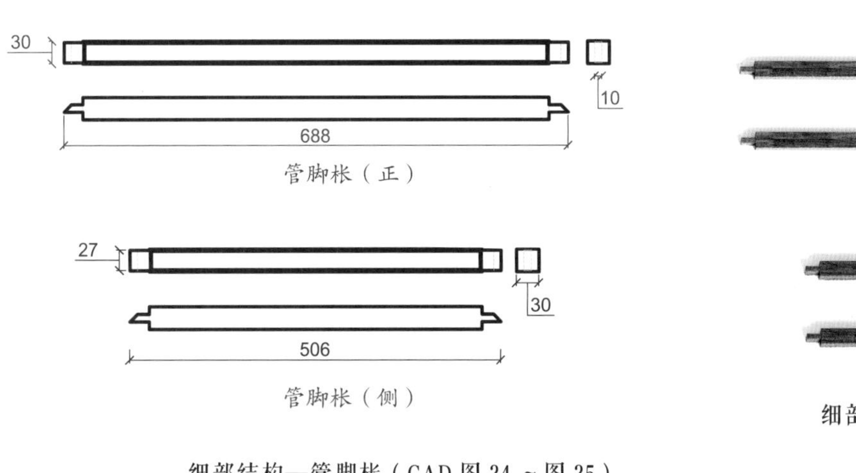
30
688
10
管脚枨（正）
27
506
30
管脚枨（侧）

细部结构—管脚枨（CAD 图 24 ~ 图 25）

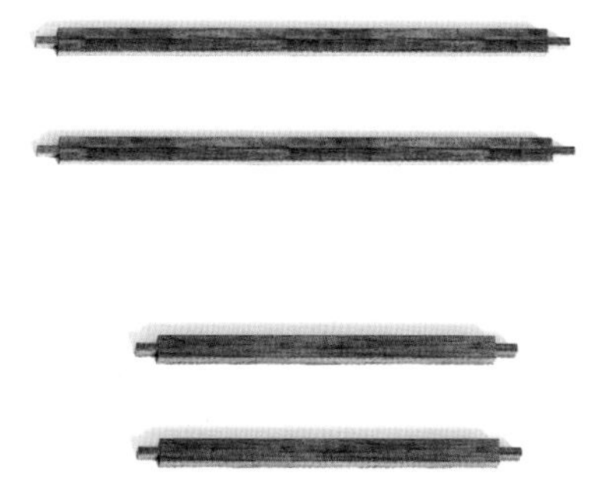

细部效果—管脚枨（效果图 16）

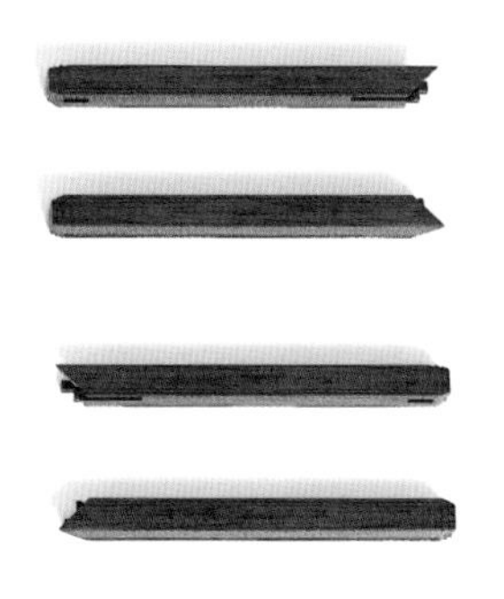

细部效果—腿子（效果图 17）

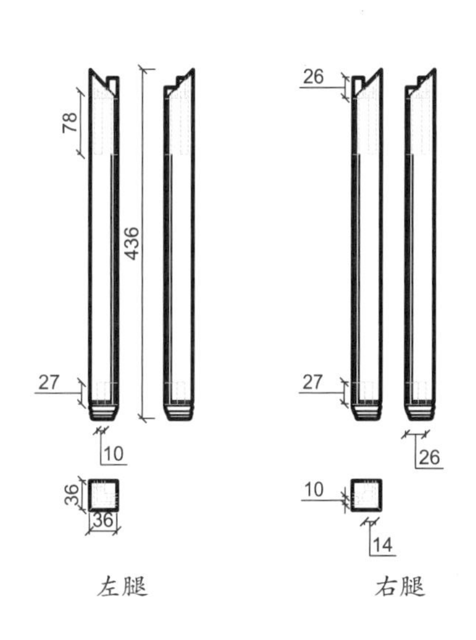
78
436
27
10
36
36
左腿
26
27
26
10
14
右腿

细部结构—腿子（CAD 图 26 ~ 图 27）

卷书式搭脑攒拐子纹矮扶手椅

材质：黄花梨

年款：清

整体外观（效果图1）

1. 器形点评

此椅靠背搭脑为卷书式。椅围高度自搭脑向两侧扶手依次递减，搭脑两侧的边框及扶手围子均做成攒拐子纹。靠背板光素。椅盘攒框打槽，中装木板贴席硬屉。座面下有束腰，束腰下又安透雕蝠纹拐子纹牙子。四腿为方材，足端雕成内翻马蹄足，下踩托泥。此椅形体较低，类似于今日的沙发，在装饰上雕饰丰富，卷书式搭脑与拐子纹装饰相映成趣，美观耐用。

2. CAD 图示

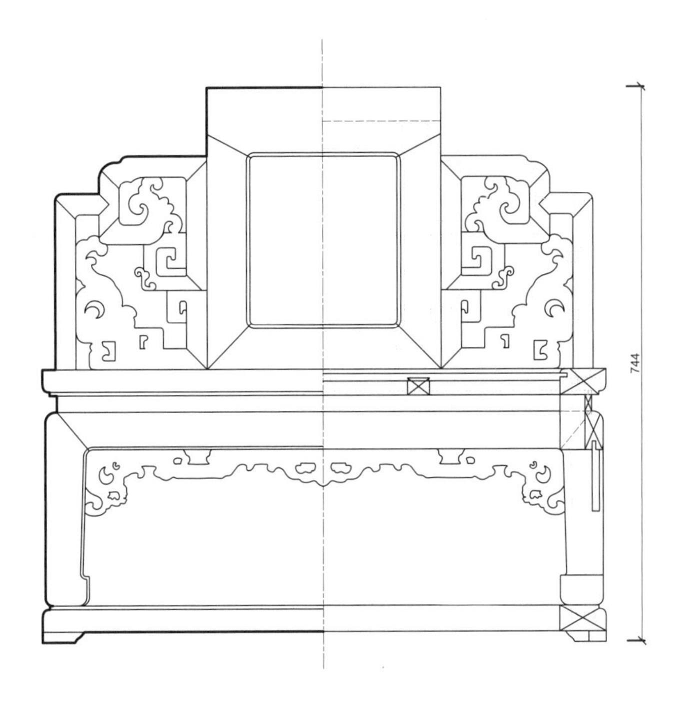

744

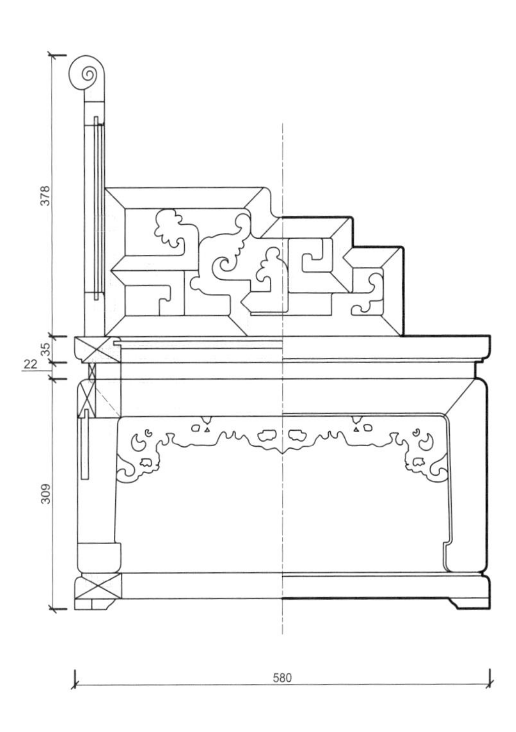

378
35
22
309
580

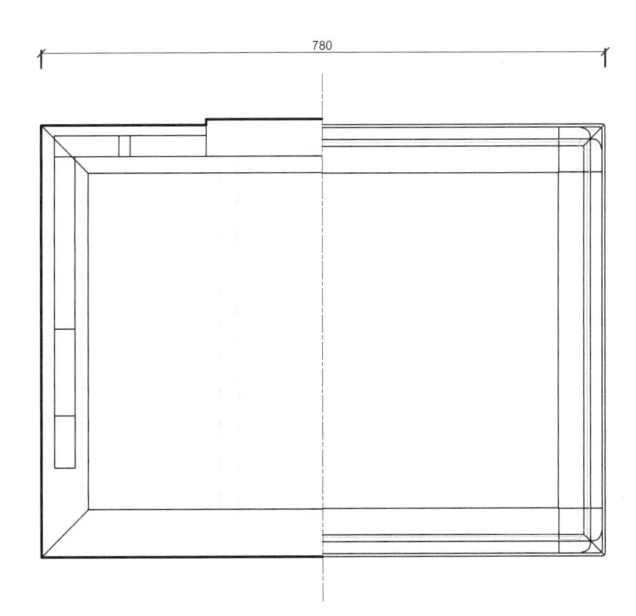

780

主视图
左视图
俯视图

三视结构（CAD 图 1）

3. 用材效果

用材效果（材质：紫檀；效果图 2）

用材效果（材质：黄花梨；效果图 3）

用材效果（材质：红酸枝；效果图 4）

4. 结构爆炸

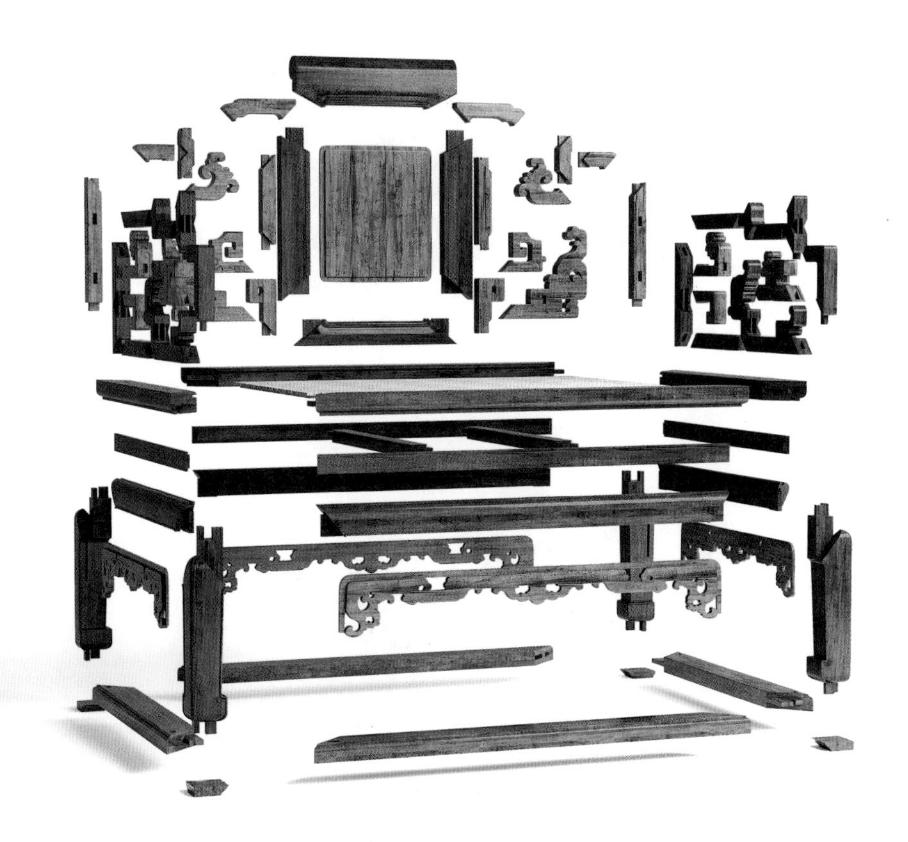

结构爆炸（效果图 5）

5. 部件示意

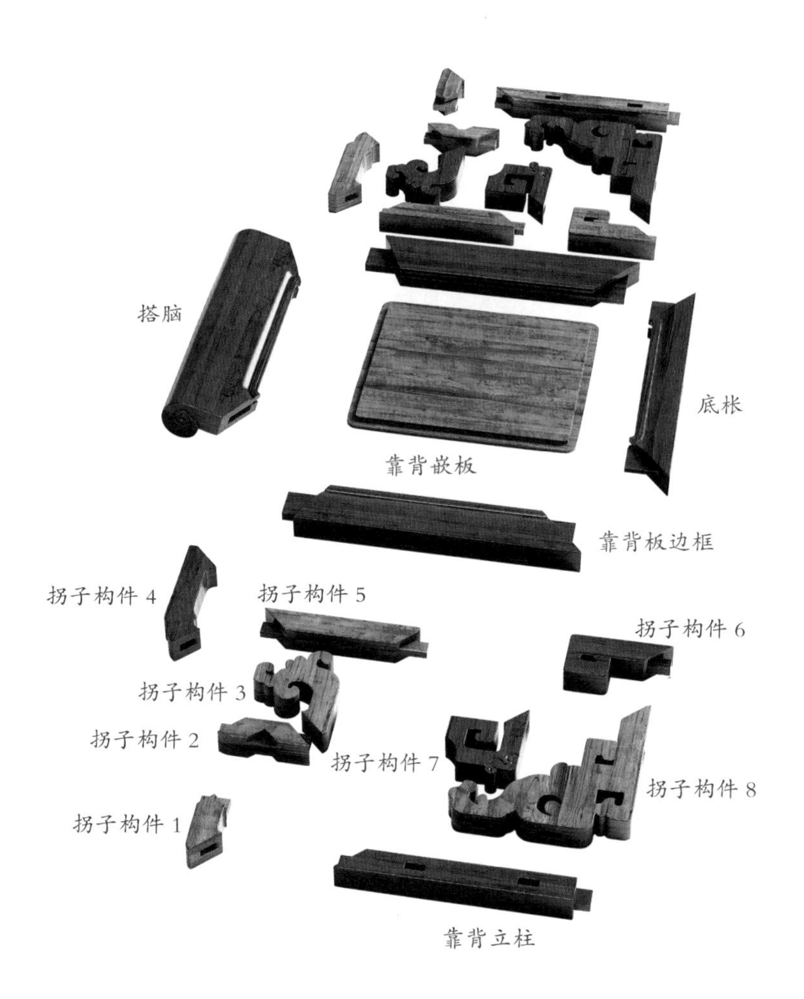
搭脑
底枨
靠背嵌板
靠背板边框
扔子构件 4
扔子构件 5
扔子构件 6
扔子构件 3
扔子构件 2
扔子构件 7
扔子构件 8
扔子构件 1
靠背立柱

部件示意—靠背围子（效果图 6）

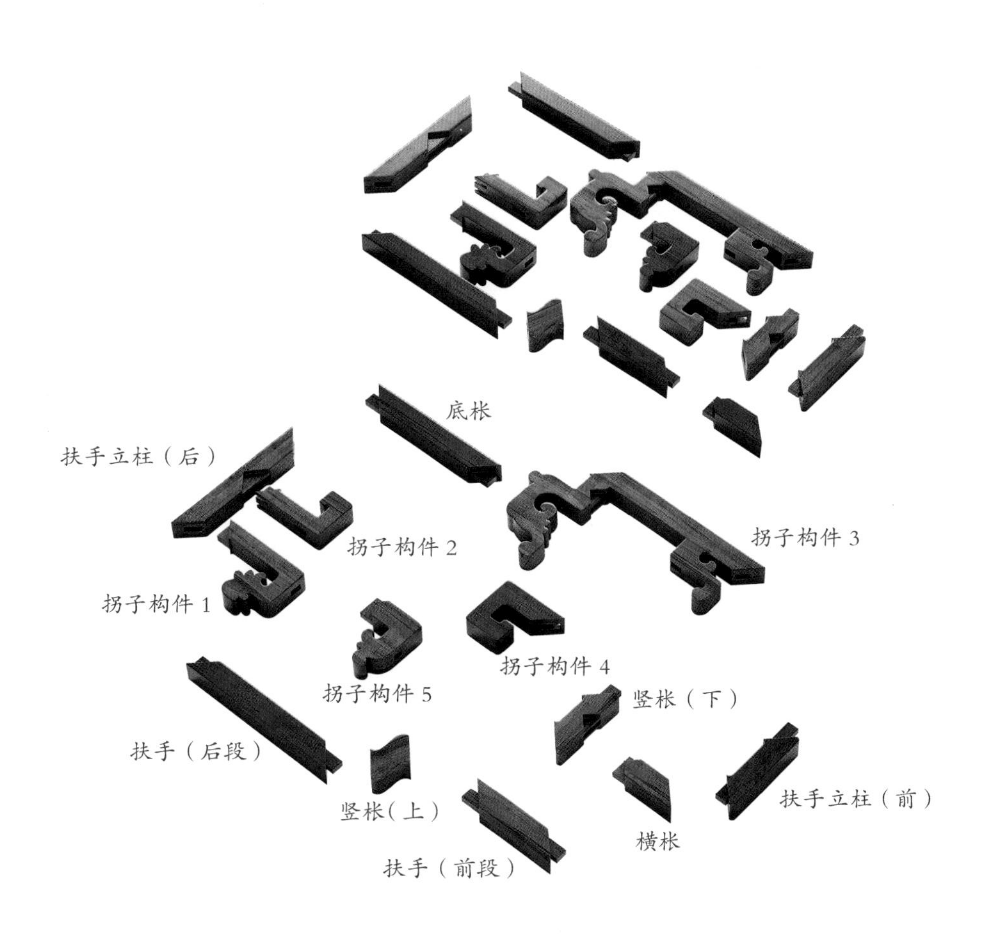
底枨
扶手立柱（后）
拐子构件 2
拐子构件 3
拐子构件 1
拐子构件 4
拐子构件 5
竖枨（下）
扶手（后段）
竖枨（上）
扶手立柱（前）
横枨
扶手（前段）

部件示意—扶手围子（效果图 7）

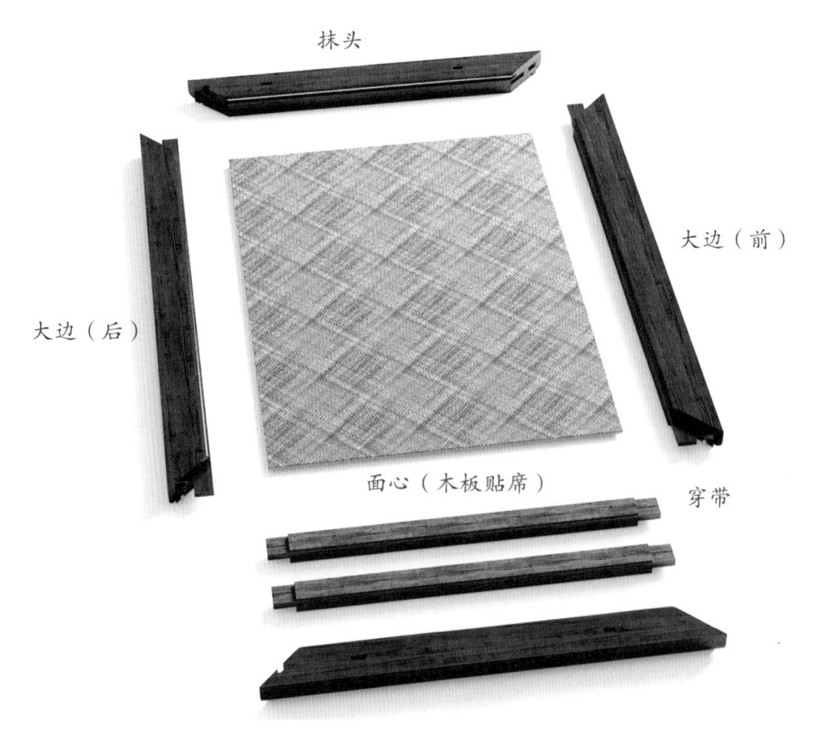
抹头
大边（前）
大边（后）
面心（木板贴席）
穿带

部件示意—座面（效果图 8）

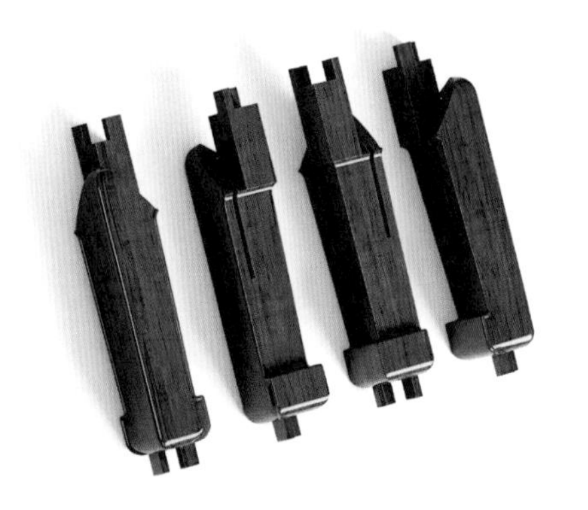

部件示意—腿子（效果图 9）

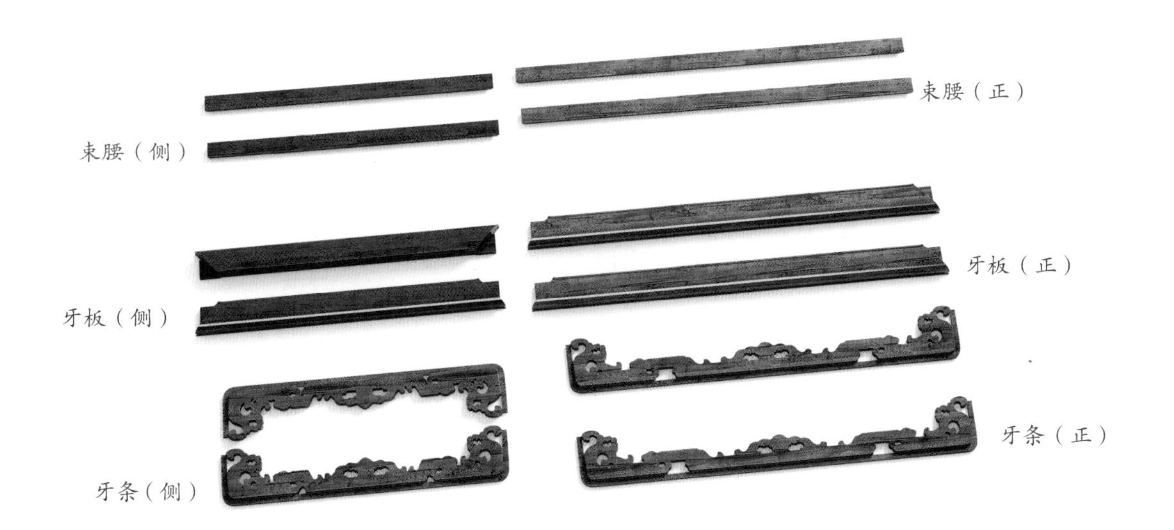
束腰（正）
束腰（侧）
牙板（正）
牙板（侧）
牙条（正）
牙条（侧）

部件示意—束腰和牙子（效果图 10）

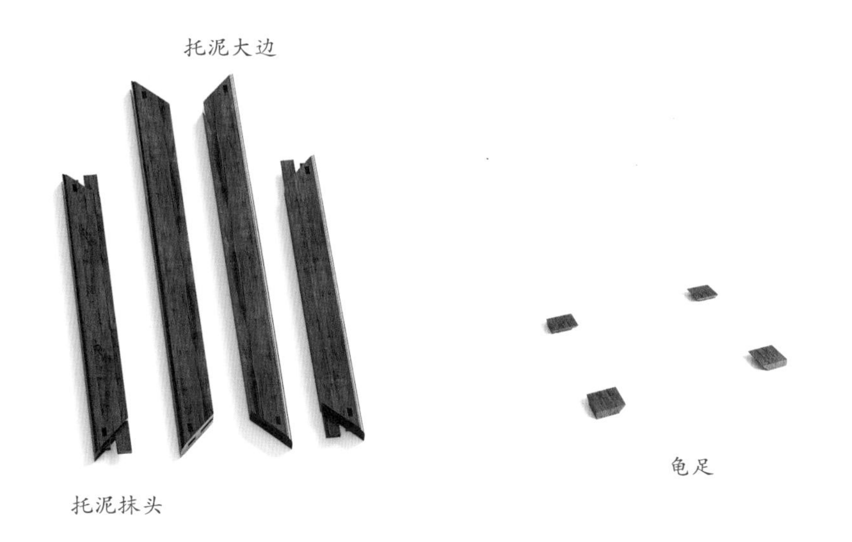
托泥大边
托泥抹头
龟足

部件示意—托泥和龟足（效果图 11）

6. 细部详解

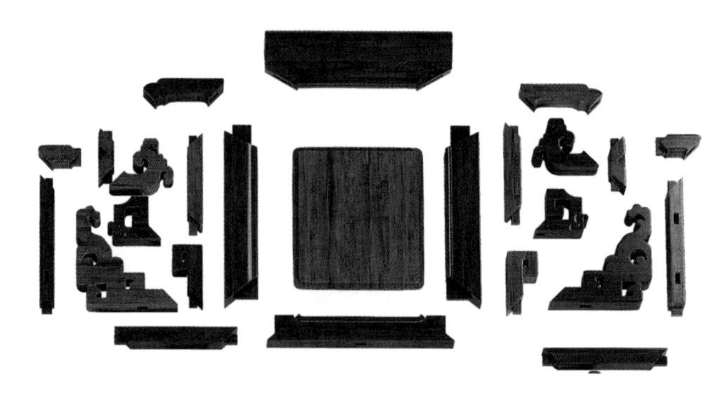

细部效果—靠背围子（效果图12）

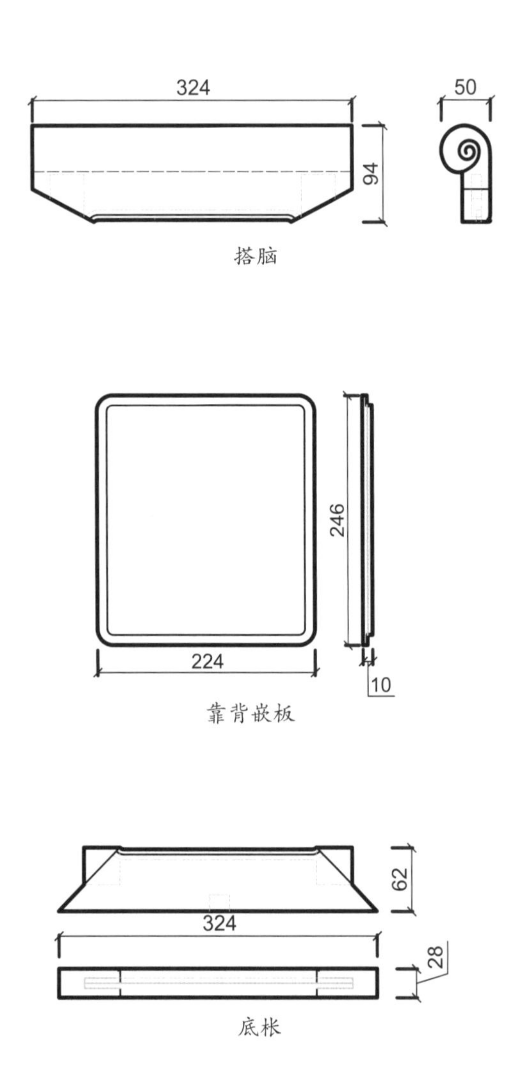
324
94
50
246
224
10
62
324
28

搭脑

靠背嵌板

底枨

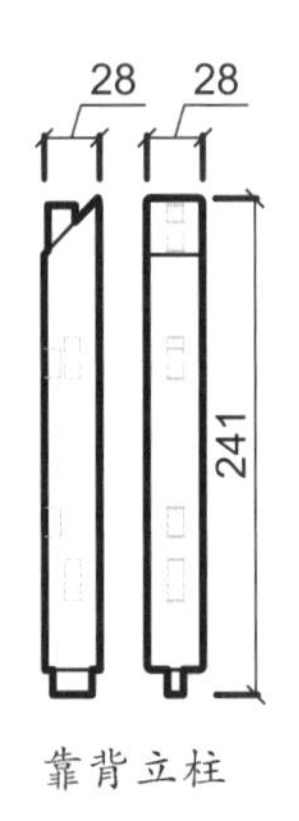
28
28
241

靠背立柱

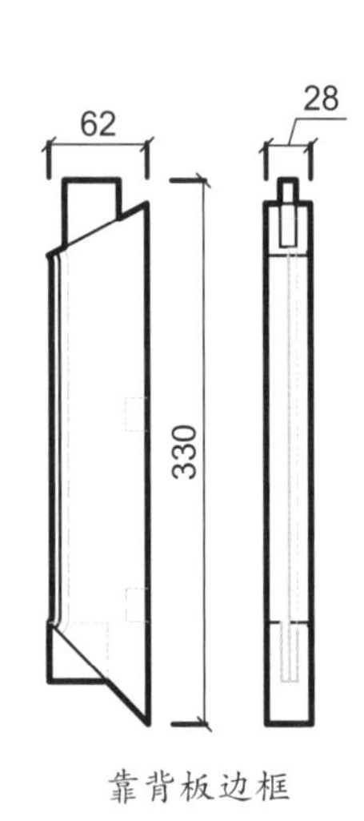
62
28
330

靠背板边框

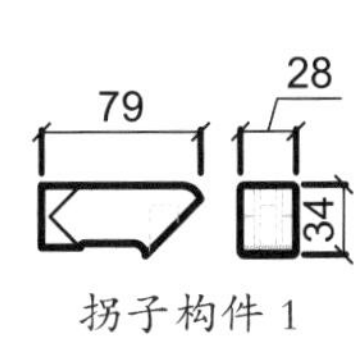
79
28
34
拐子构件 1

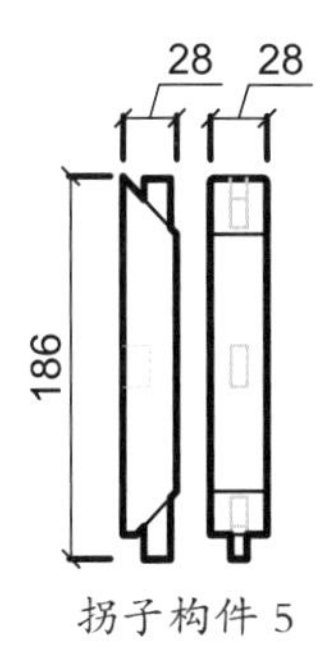
28
28
186
拐子构件 5

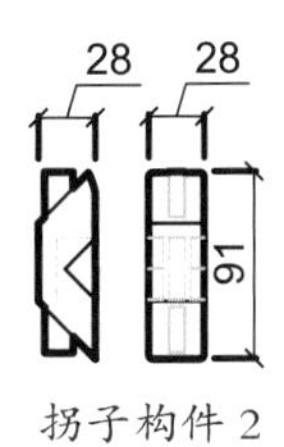
28
28
91
拐子构件 2

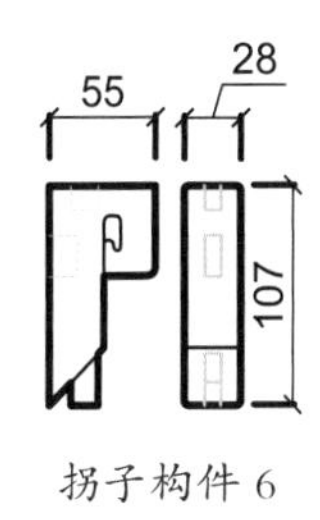
55
28
107
拐子构件 6

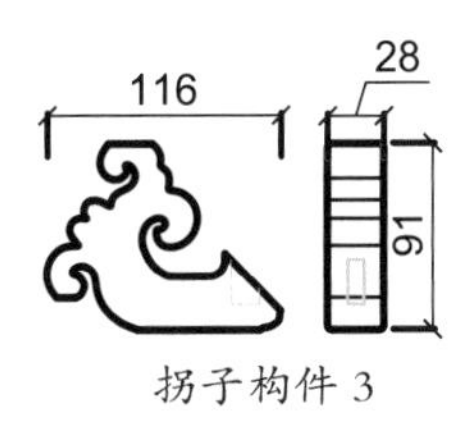
116
28
91
拐子构件 3

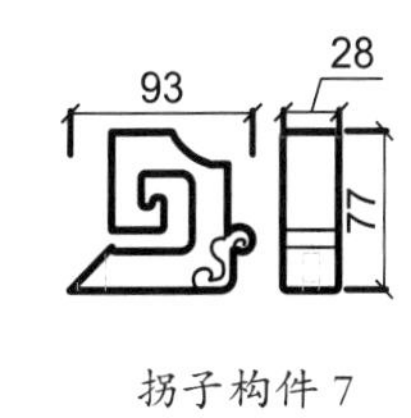
93
28
77
拐子构件 7

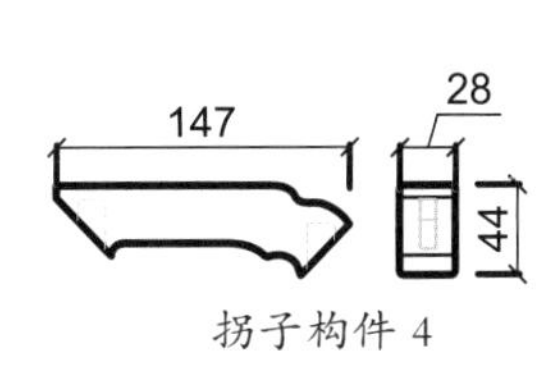
147
28
44
拐子构件 4

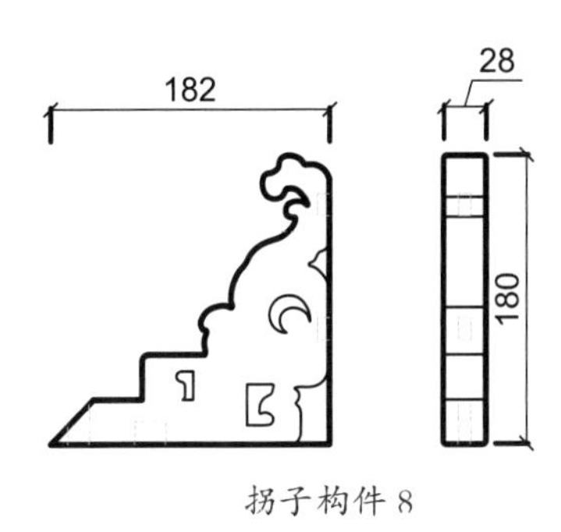
182
28
180
拐子构件 8

细部效果—扶手围子（效果图 13）

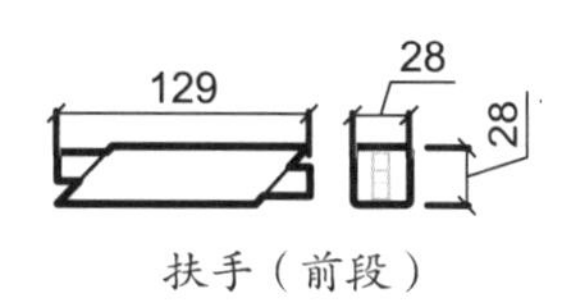
129
28
28

扶手（前段）

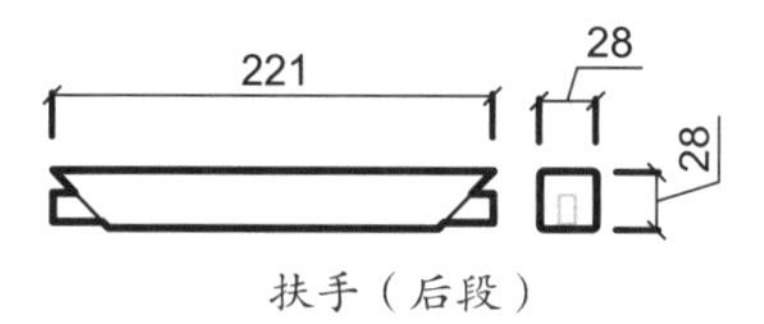
221
28
28

扶手（后段）

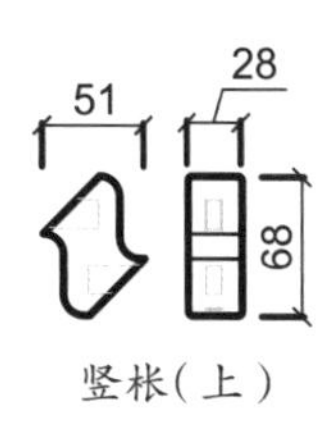
51
28
68

竖枨(上)

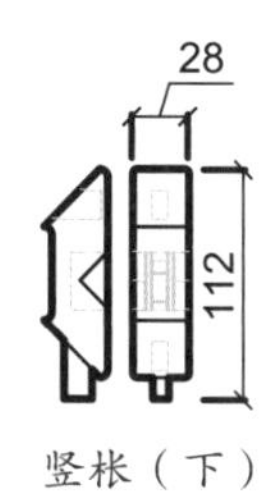
28
112

竖枨（下）

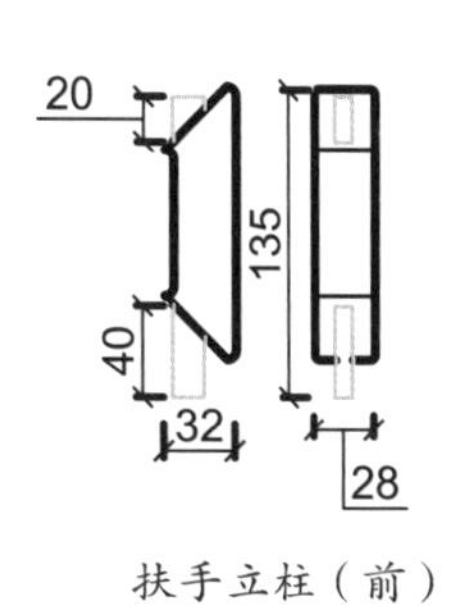
20
135
40
32
28

扶手立柱（前）

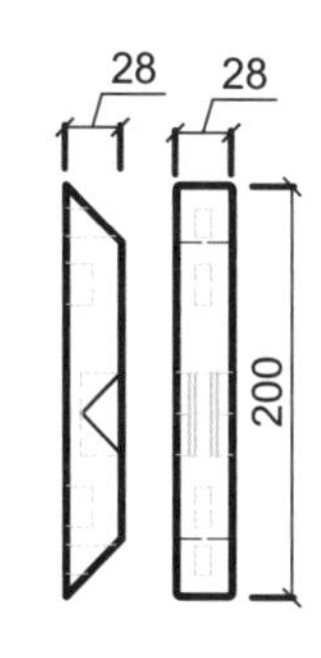
28
28
200

扶手立柱（后）

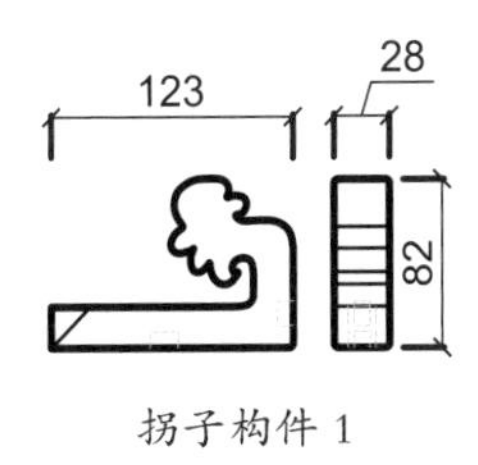
123
28
82

拐子构件 1

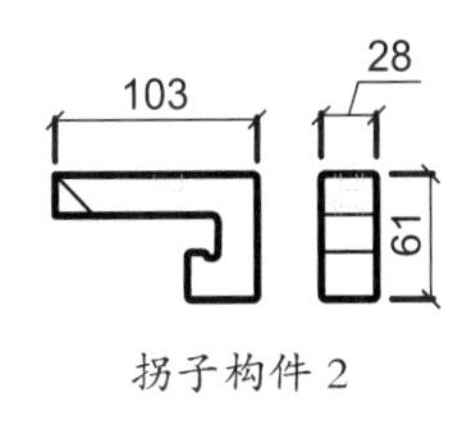
103
28
61

拐子构件 2

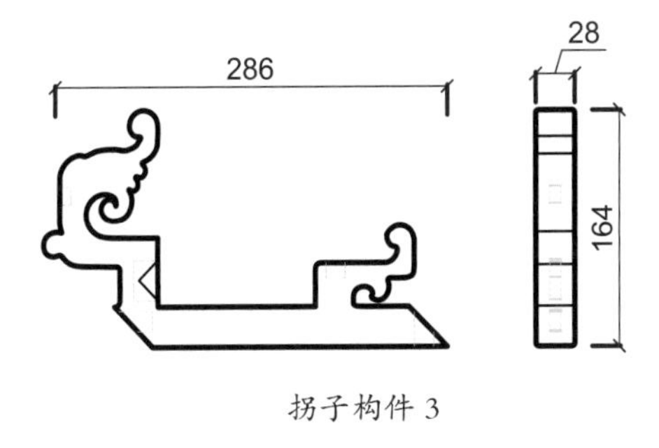
286
28
164

拐子构件 3

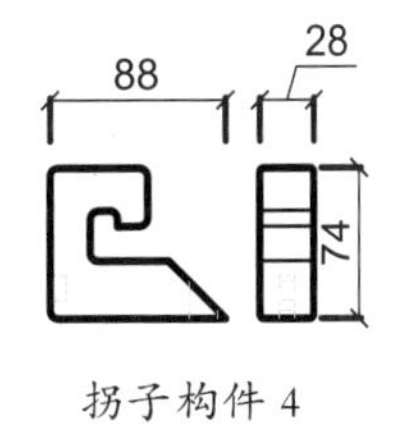
88
28
74

拐子构件 4

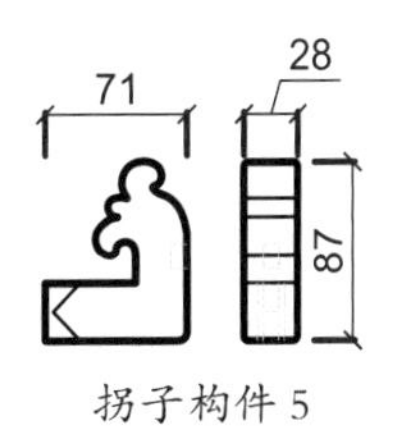
71
28
87

拐子构件 5

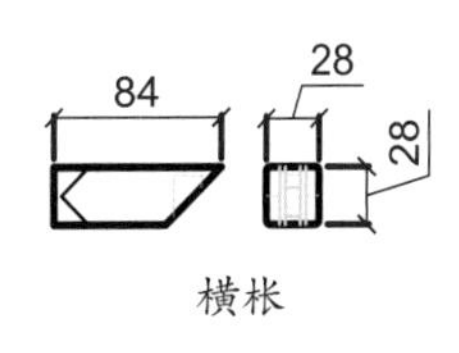
84
28
28

横枨

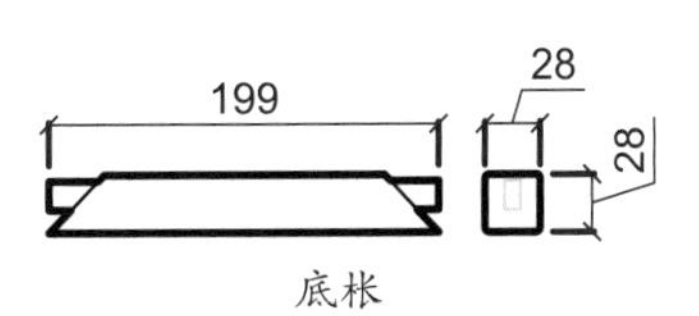
199
28
28

底枨

细部效果—座面（效果图14）

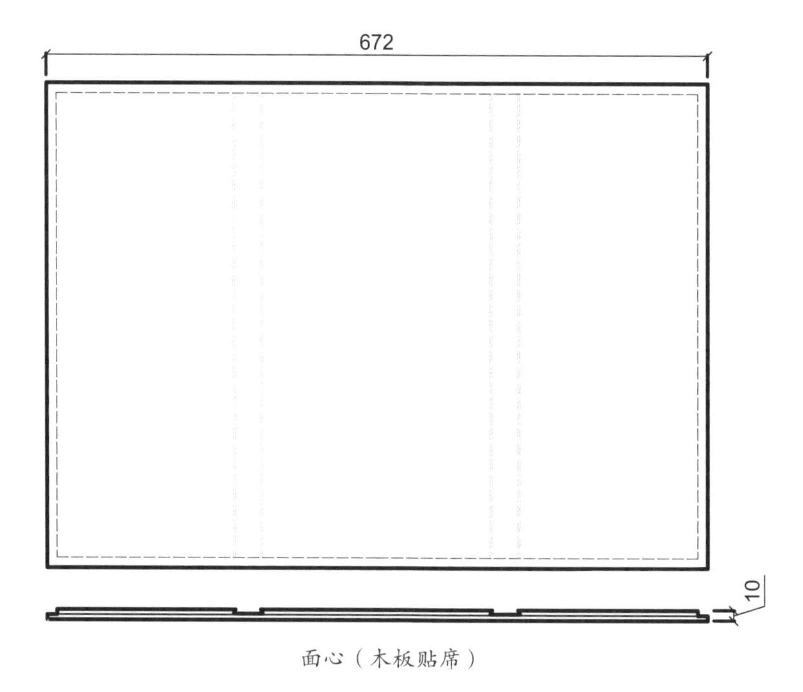
672
10

面心（木板贴席）

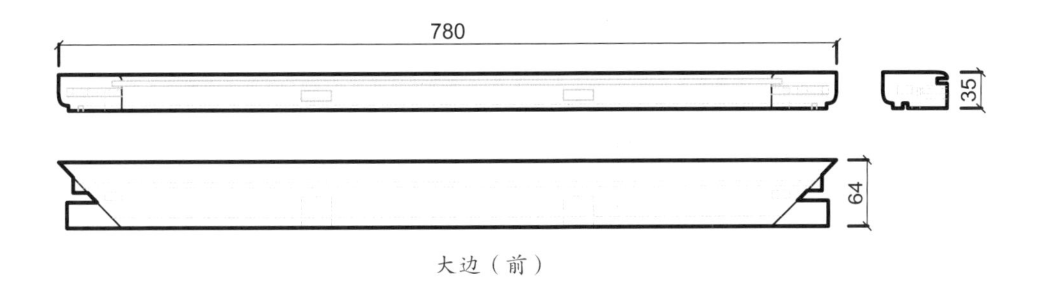
780
35
64

大边（前）

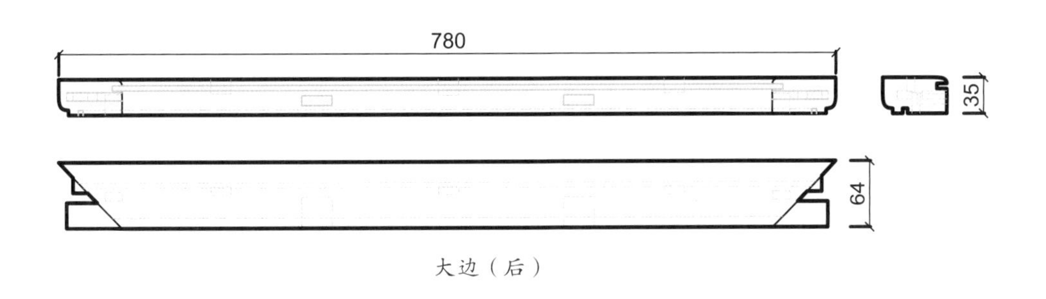
780
35
64

大边（后）

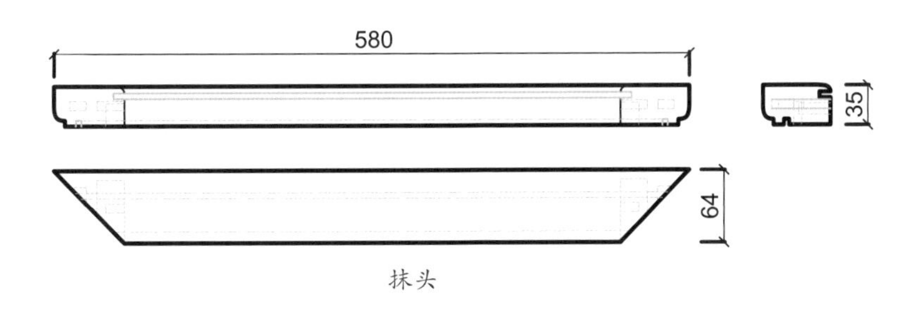
580
35
64

抹头

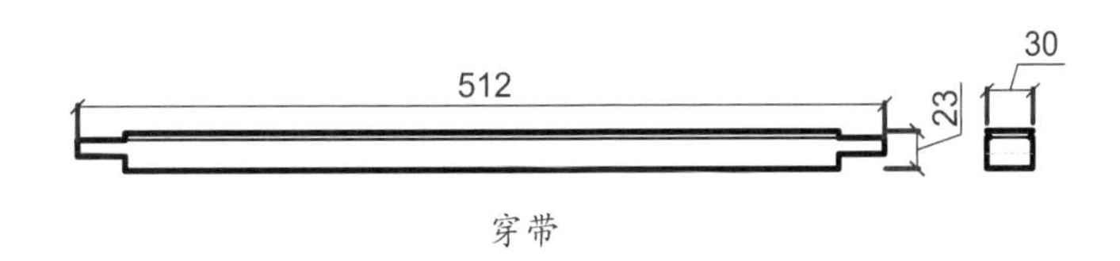
512
23
30

穿带

细部结构—座面（CAD 图 28 ~ 图 32）

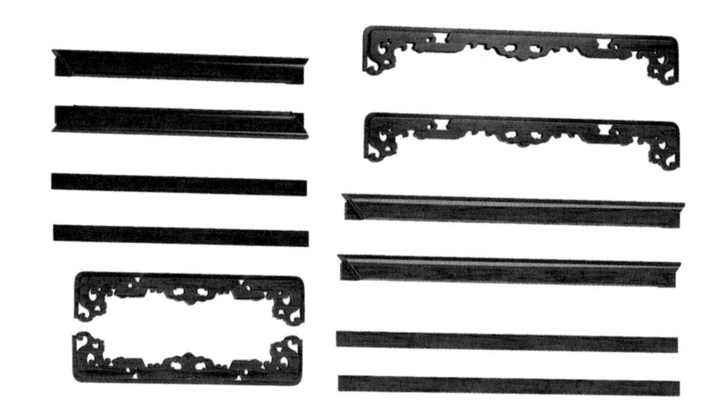

细部效果—束腰和牙子（效果图 15）

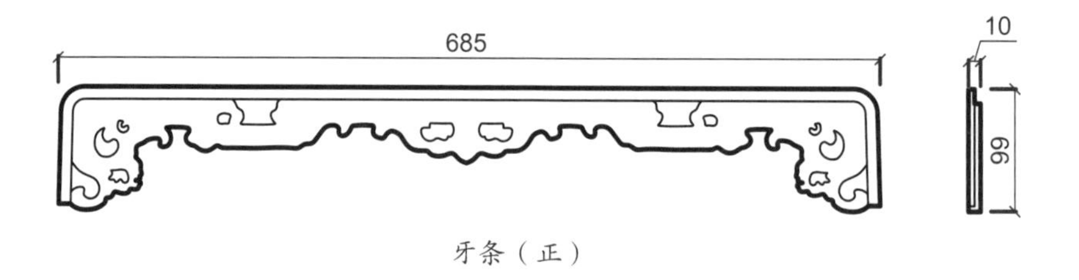
685
10
99

牙条（正）

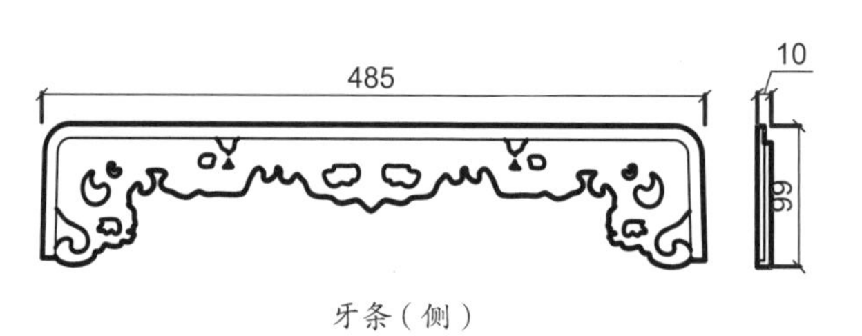
485
10
99

牙条（侧）

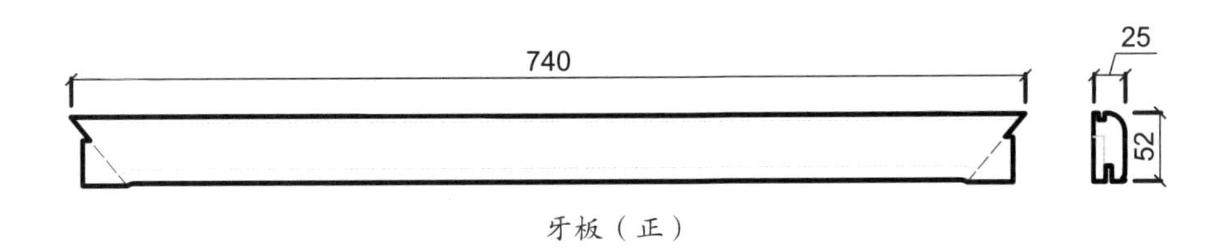
740
25
52
牙板（正）

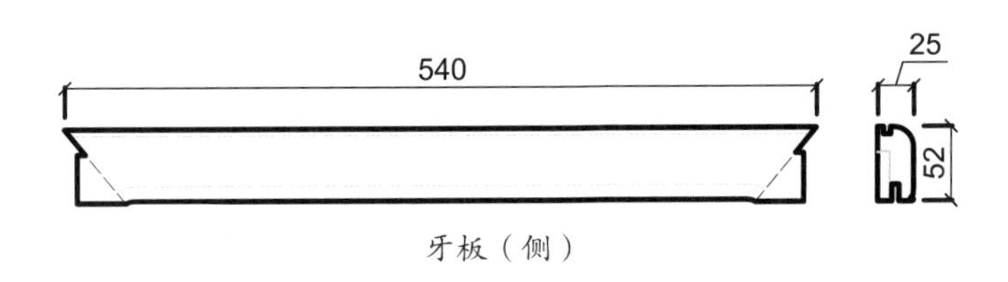
540
25
52
牙板（侧）

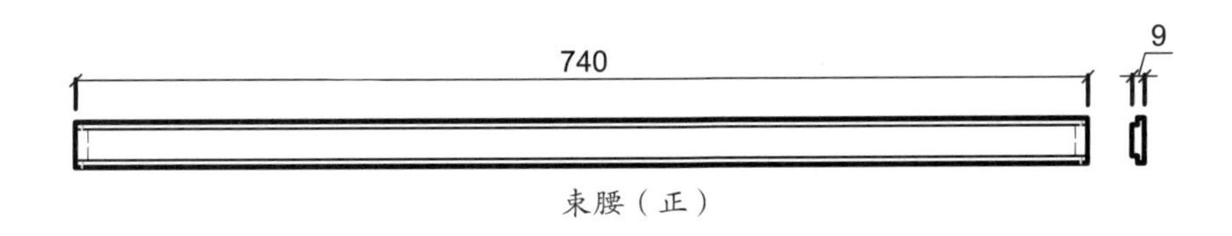
740
9
束腰（正）

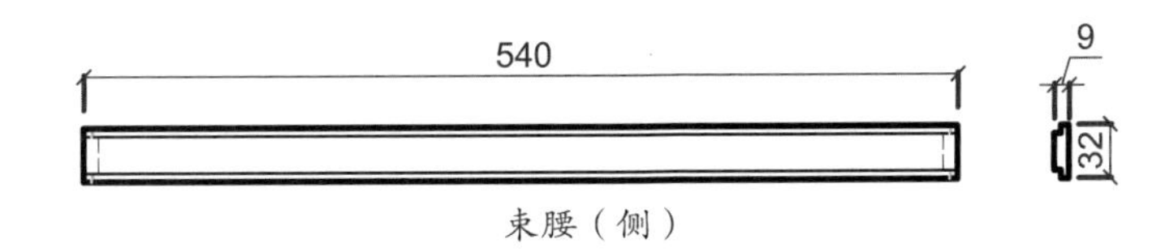
540
9
32
束腰（侧）

细部结构—束腰和牙子（CAD 图 33 ~图 38）

细部效果—托泥和龟足（效果图 16）

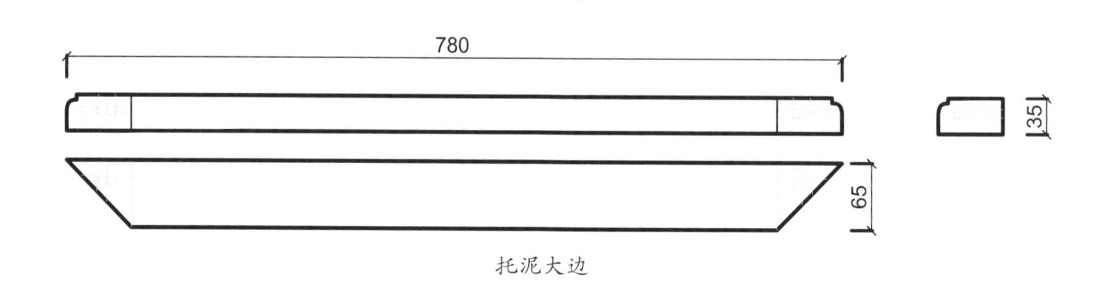

780
35
65

托泥大边

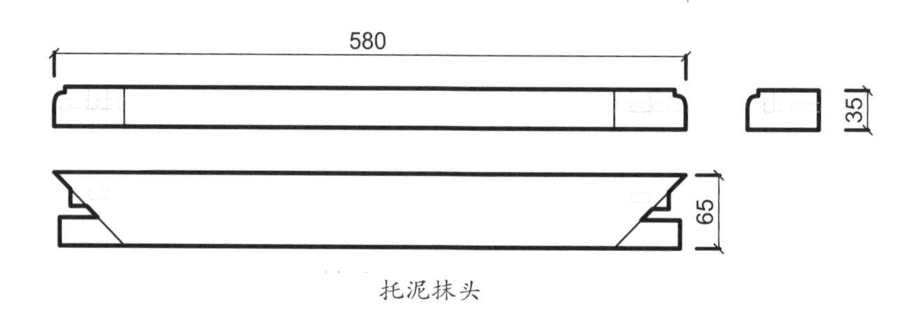

580
35
65

托泥抹头

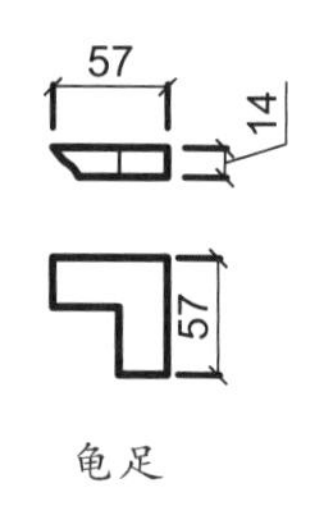

57
14
57

龟足

细部结构—托泥和龟足（CAD 图 39 ~ 图 41）

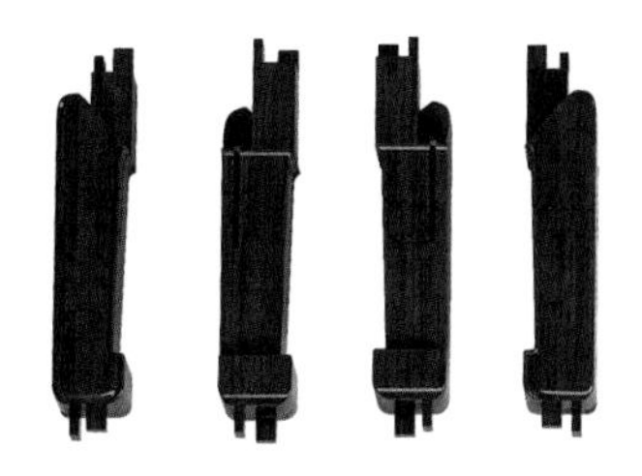

细部效果—腿子（效果图 17）

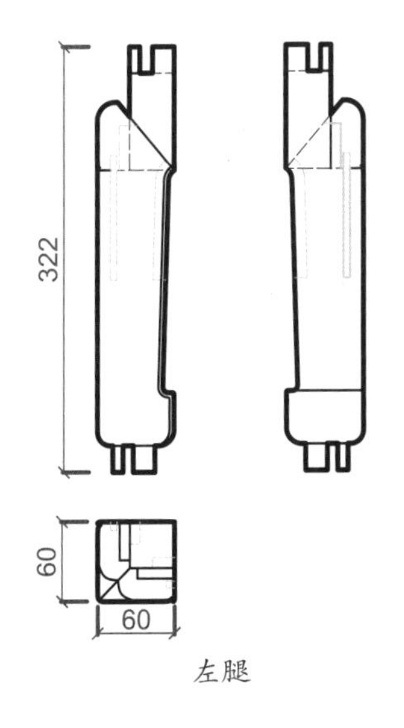
322
60
60
左腿

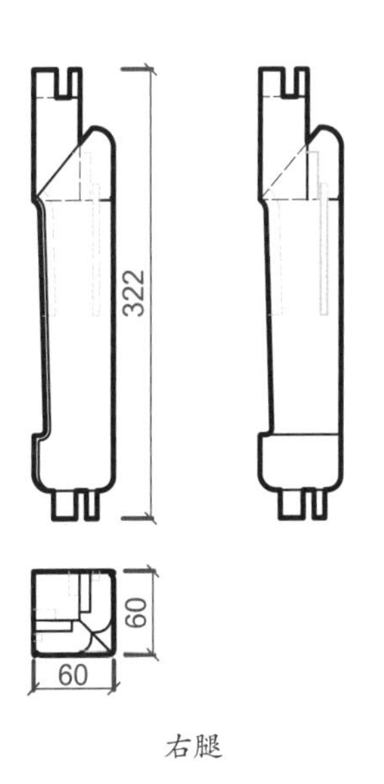
322
60
60
右腿

细部结构—腿子（CAD 图 42 ~图 43）

荷花纹三屏式太师椅

材质：紫檀

年款：清

整体外观（效果图1）

1. 器形点评

此太师椅为三屏式，椅围高度自靠背搭脑向两侧扶手依次递减。靠背搭脑上有高起的卷云纹屏帽。靠背板正中雕饰长方形开光。开光边沿饰扯不断纹，开光内浮雕荷花纹。座面长方形，边沿立面饰上下两匝长方形开光线。四腿为方材，两看面每面亦饰两匝长方形开光线。四腿直下，下踩柱础，足端装四面平管脚枨，枨子做成直牙板样式，两端有云纹牙头。此椅雕饰精美，线脚变化丰富，稳重大气。

2. CAD 图示

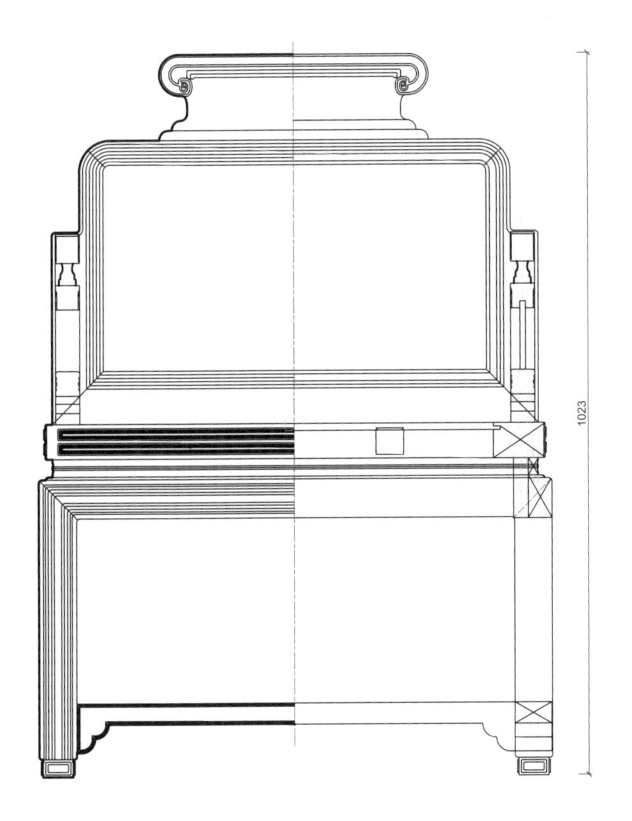

1023

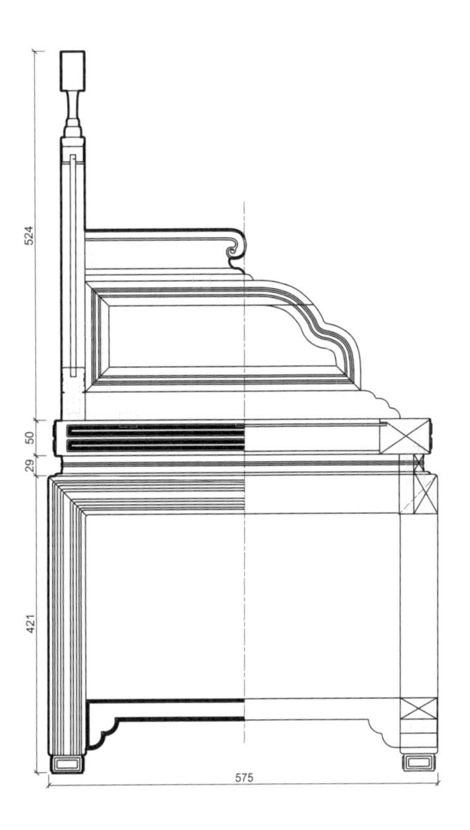

524
50
29
421
575

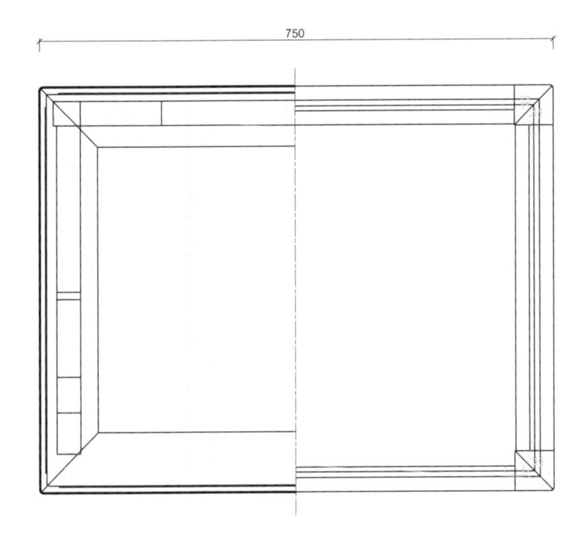

750

主视图
左视图
俯视图

三视结构（CAD 图 1）

注：视图中部分纹饰略去。

3. 用材效果

用材效果（材质：紫檀；效果图 2）

用材效果（材质：黄花梨；效果图 3）

用材效果（材质：红酸枝；效果图 4）

4. 结构爆炸

结构爆炸（效果图 5）

5. 部件示意

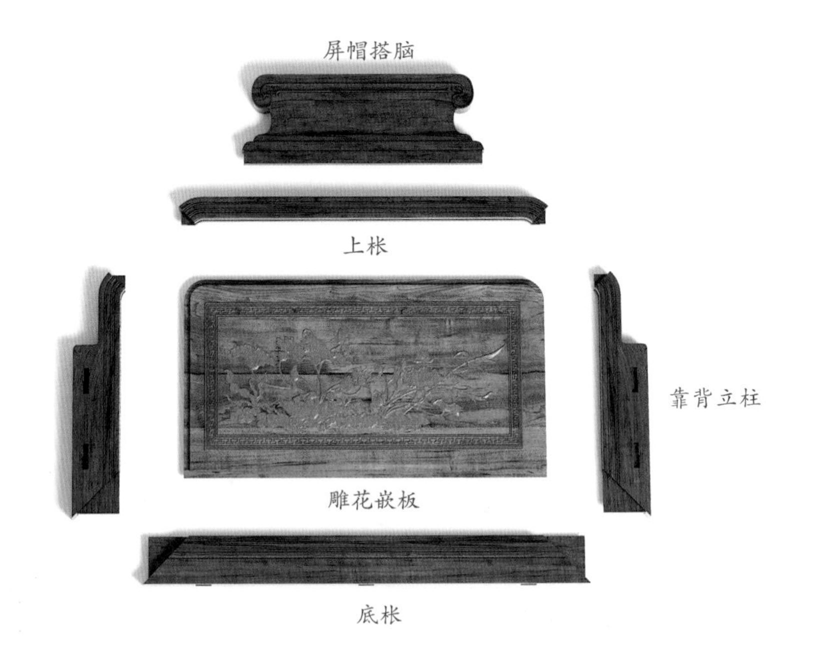
屏帽搭脑
上枨
靠背立柱
雕花嵌板
底枨

部件示意—靠背围子（效果图 6）

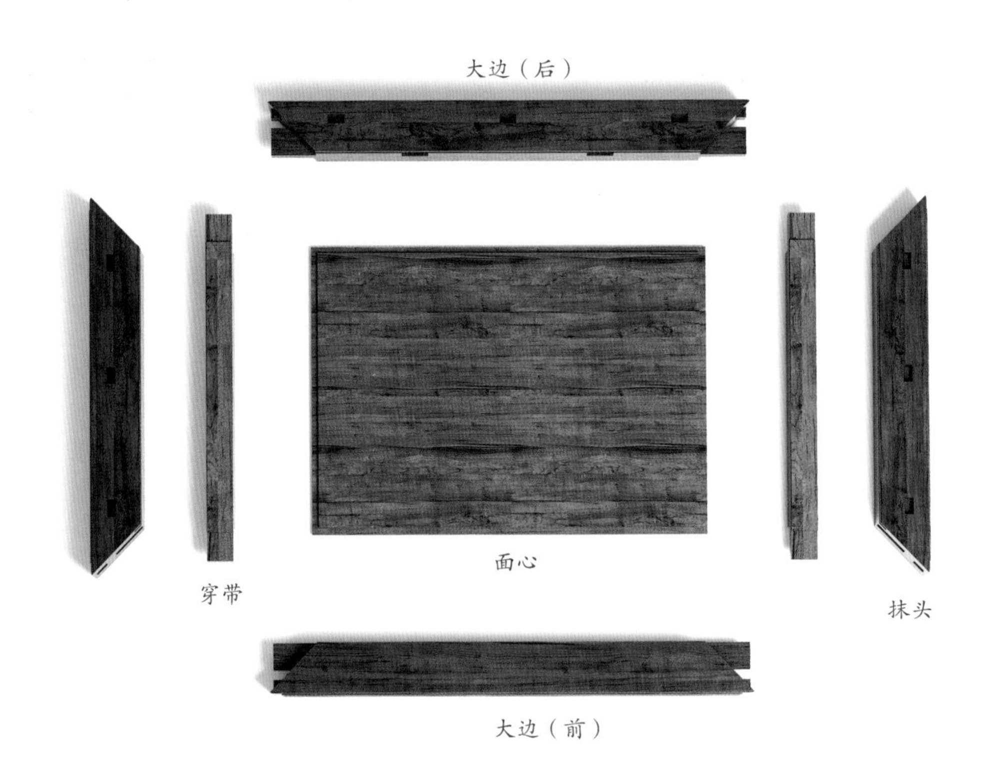
大边（后）
面心
穿带
抹头
大边（前）

部件示意—座面（效果图 7）

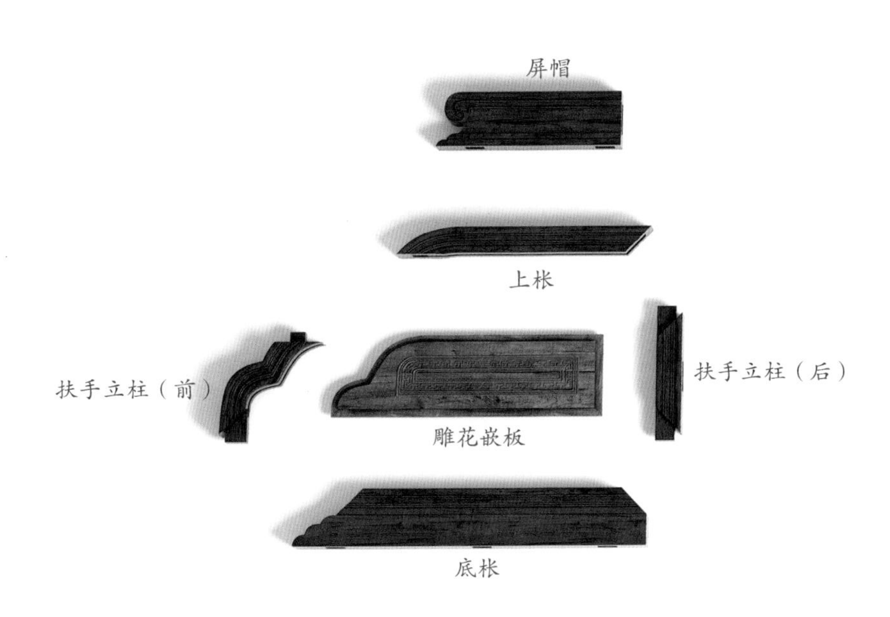
屏帽
上枨
扶手立柱（前）
雕花嵌板
扶手立柱（后）
底枨

部件示意—扶手围子（效果图 8）

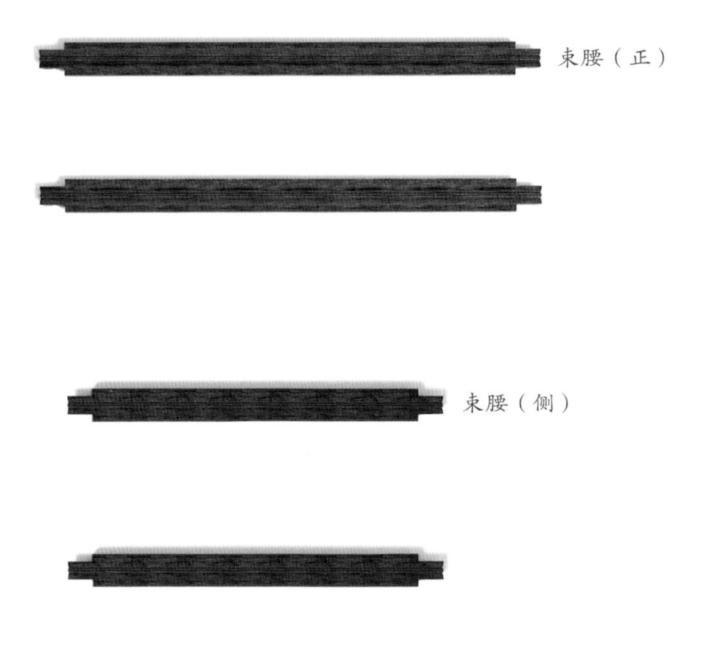
束腰（正）
束腰（侧）
部件示意—束腰（效果图 9）

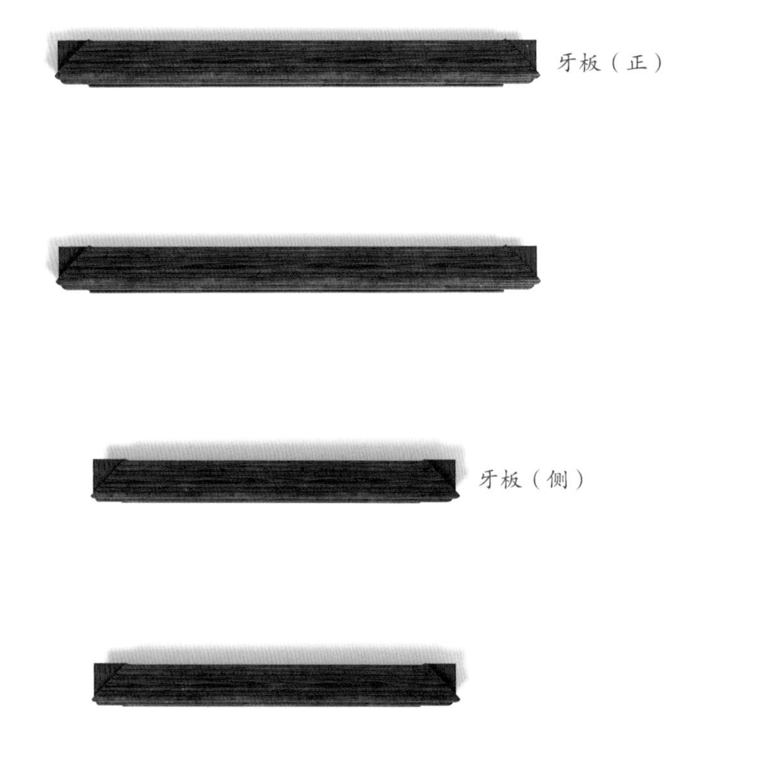
牙板（正）
牙板（侧）
部件示意—牙板（效果图 10）

管脚枨（正）

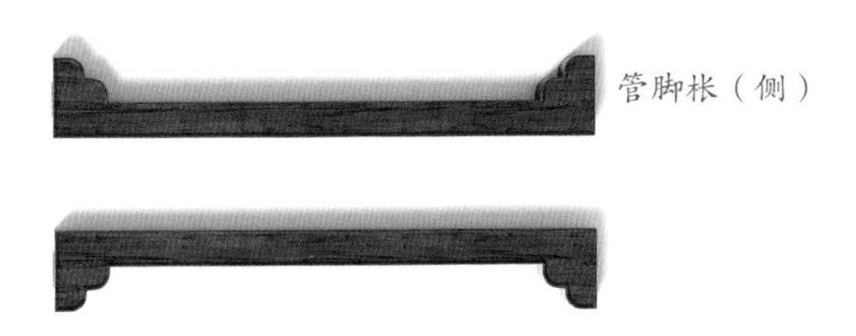
管脚枨（侧）

部件示意—管脚枨（效果图 11）

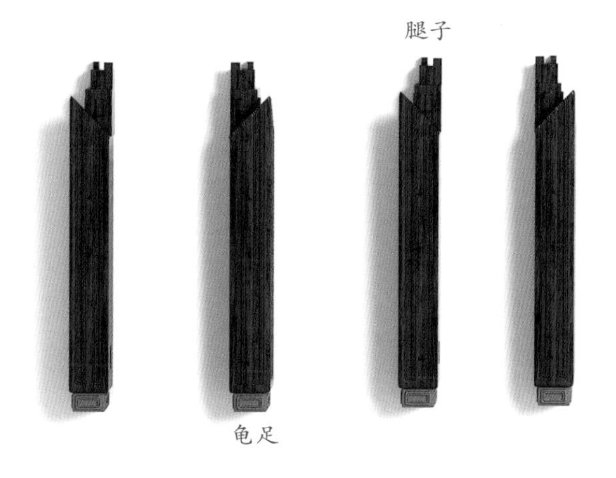
腿子
龟足

部件示意—腿子和龟足（效果图 12）

6. 细部详解

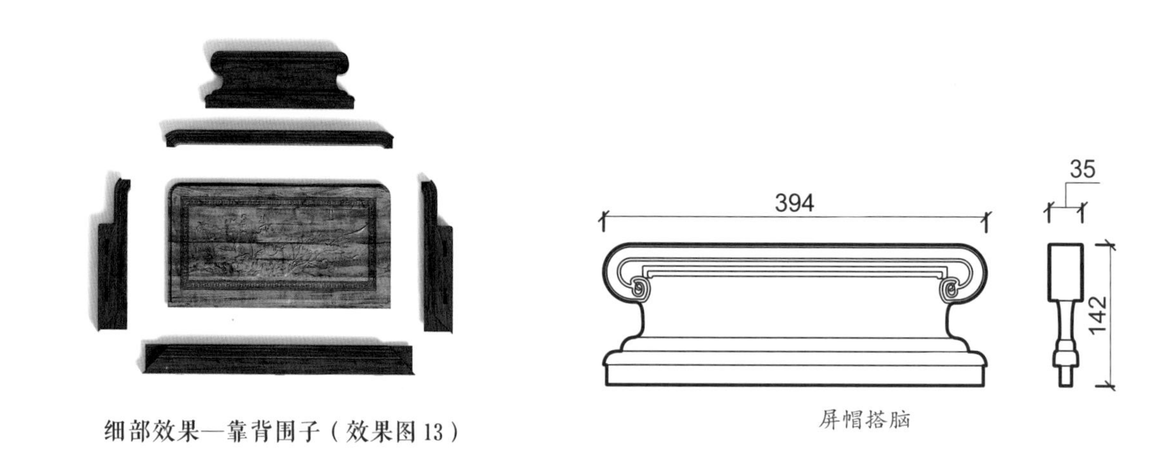
394
35
142
屏帽搭脑

细部效果—靠背围子（效果图13）

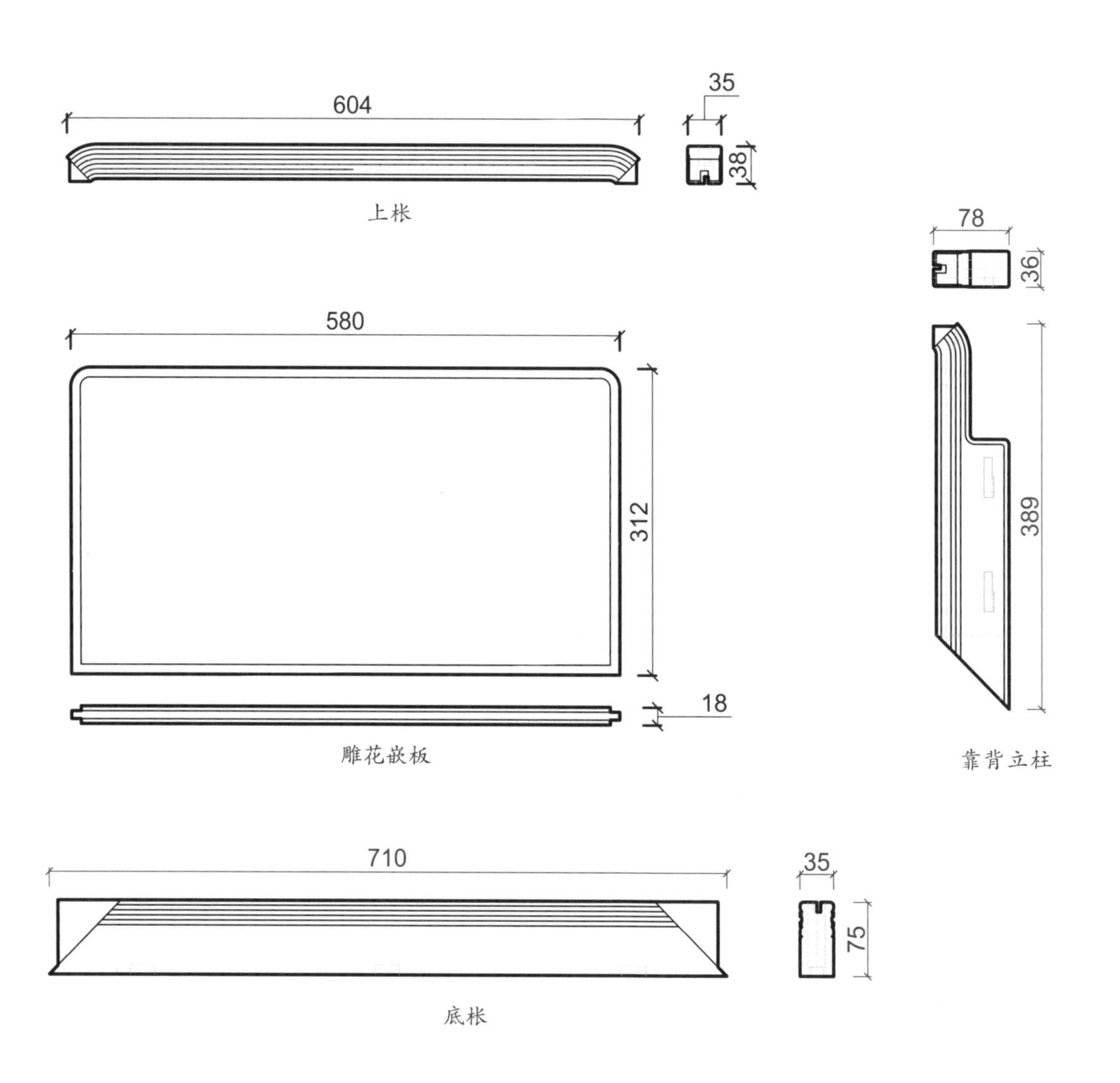
604
35
38
上枨
78
36
580
312
389
18
雕花嵌板
靠背立柱
710
35
75
底枨

细部结构—靠背围子（CAD图2～图6）

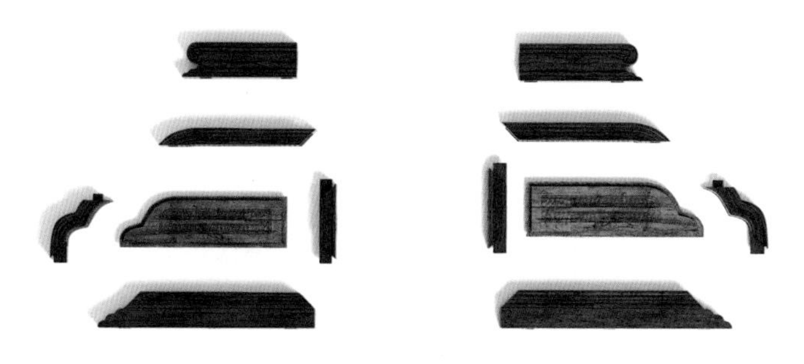

细部效果—扶手围子（效果图 14）

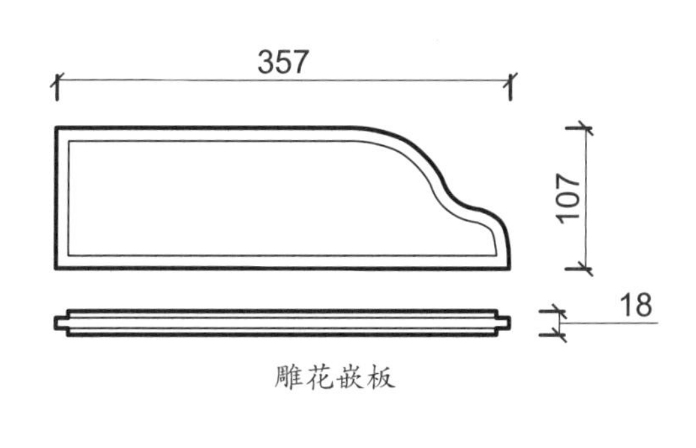
357
107
18
雕花嵌板

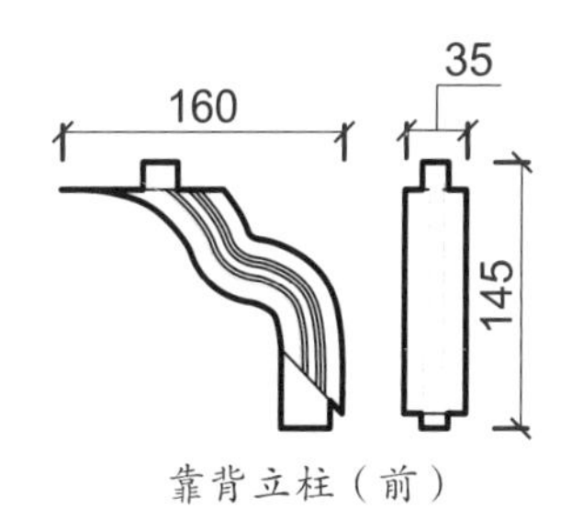
160
35
145
靠背立柱（前）

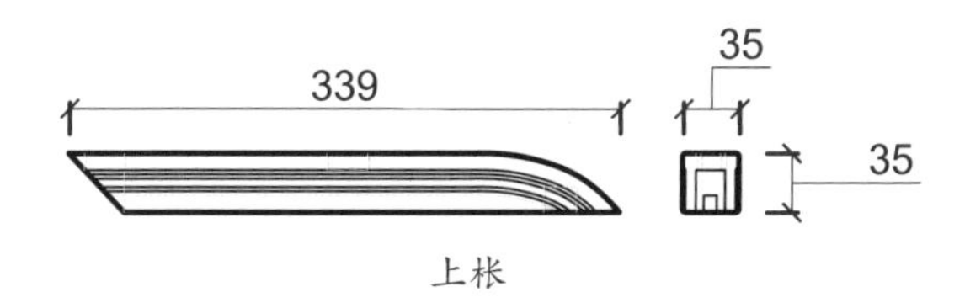
339
35
35
上枨

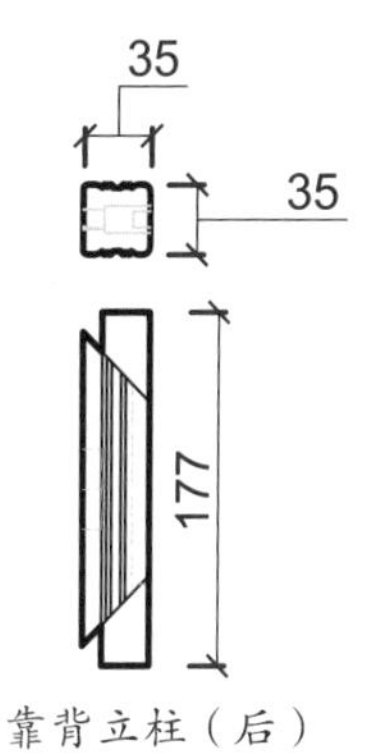
35
35
177
靠背立柱（后）

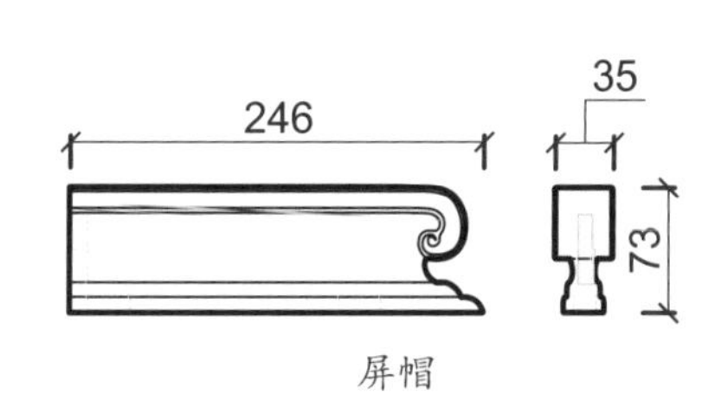
246
35
73
屏帽

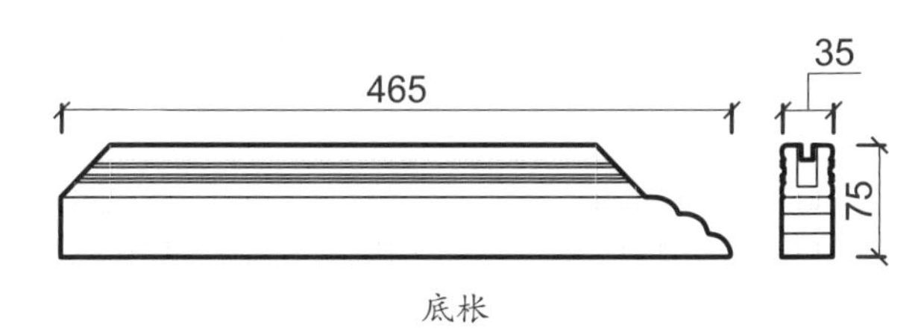
465
35
75
底枨

细部结构—扶手围子（CAD 图 7 ~图 12）

细部效果—座面（效果图 15）

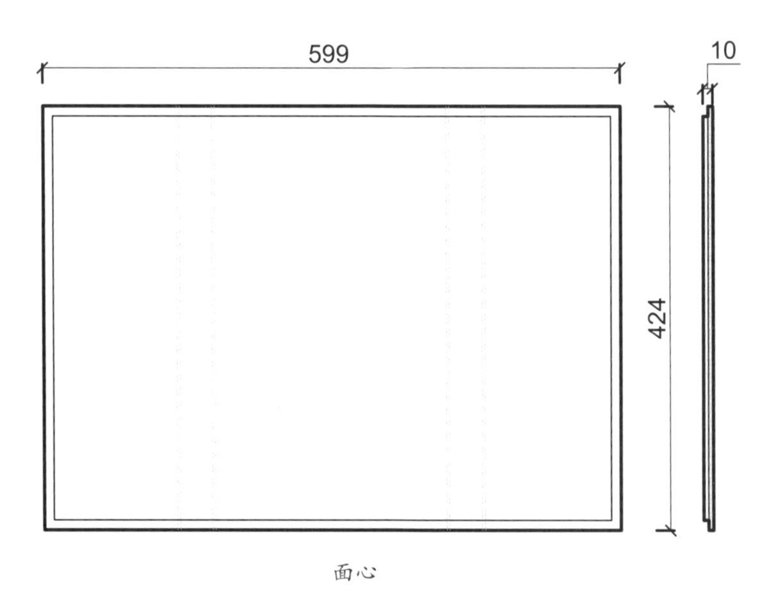
599
10
424

面心

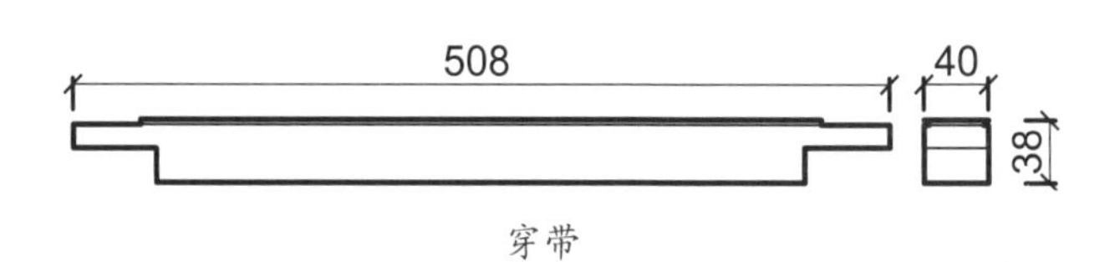
508
40
38

穿带

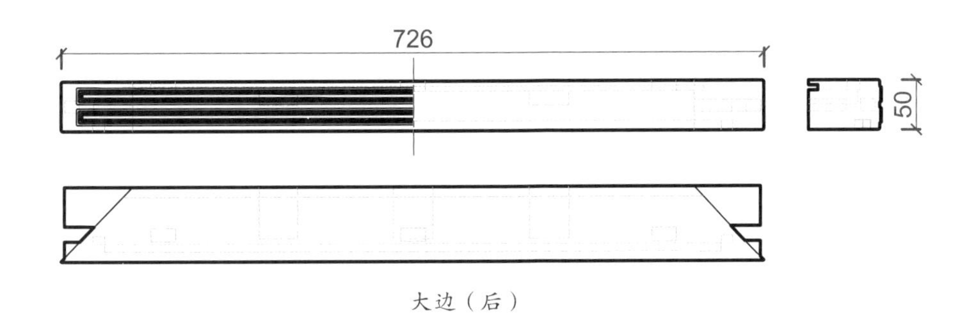

726
50

大边（后）

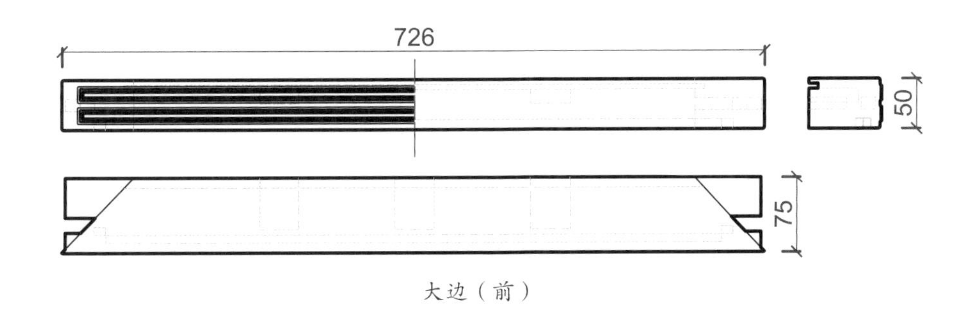

726
50
75

大边（前）

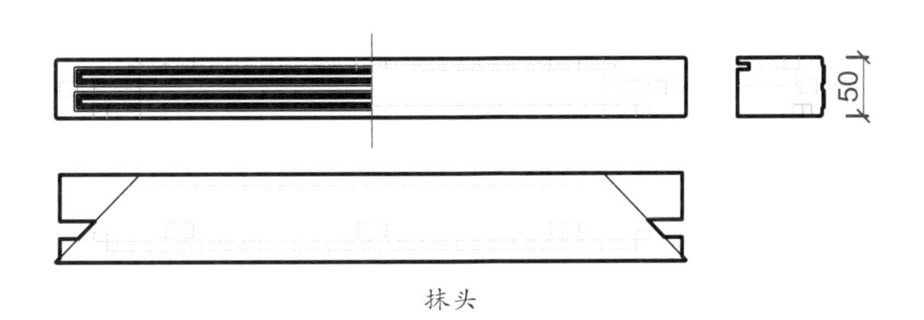

50

抹头

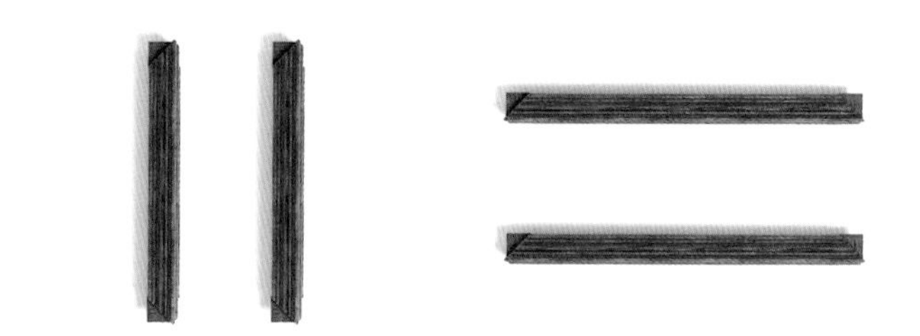

细部效果—牙板（效果图 16）

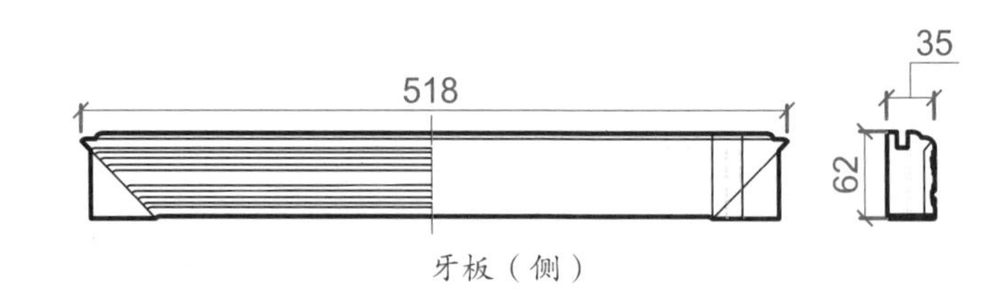
518
35
62
牙板（侧）

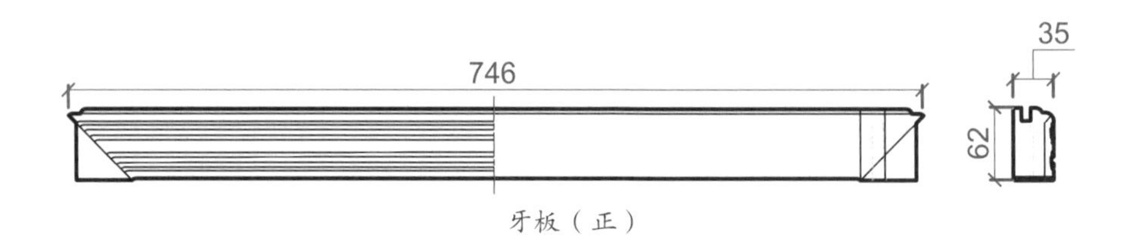
746
35
62
牙板（正）

细部结构—牙板（CAD 图 18 ～图 19）

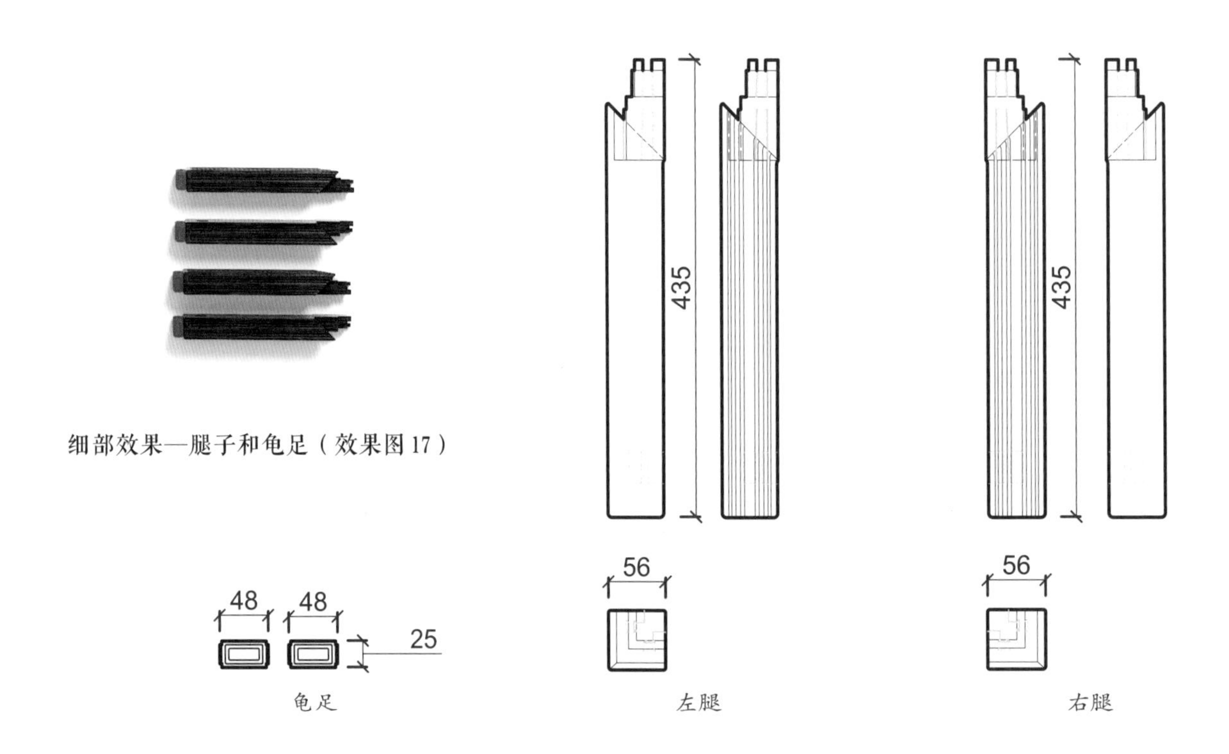
435
435
56
56
48
48
25
龟足
左腿
右腿

细部效果—腿子和龟足（效果图 17）

细部结构—腿子和龟足（CAD 图 20 ～图 22）

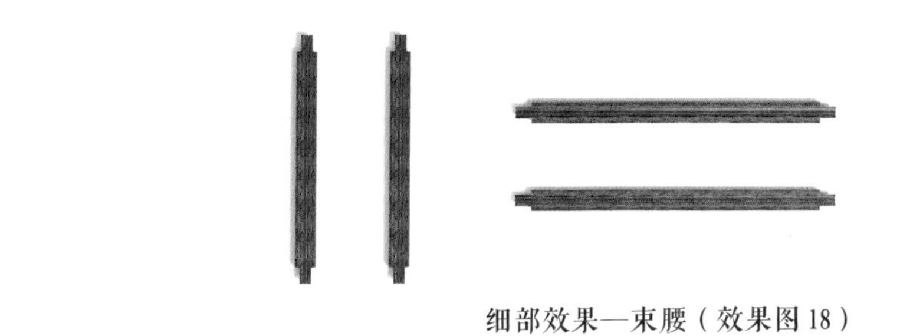

细部效果—束腰（效果图 18）

708
15
45

束腰（正）

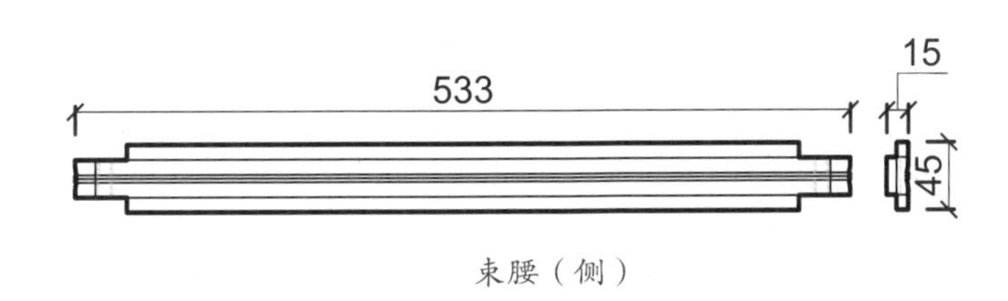

533
15
45

束腰（侧）

细部结构—束腰（CAD 图 23 ~ 图 24）

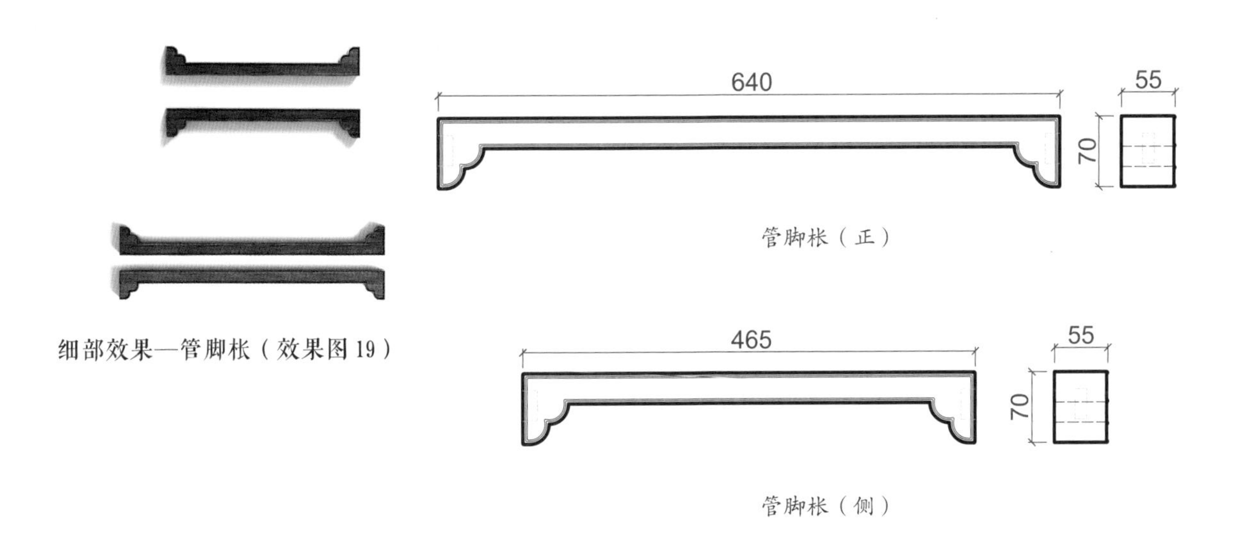

640
55
70
465
55
70

细部效果—管脚枨（效果图 19）

管脚枨（正）

管脚枨（侧）

细部结构—管脚枨（CAD 图 25 ~ 图 26）

云龙纹鼓腿彭牙式宝座

材质：紫檀

年款：清

整体外观（效果图 1）

1. 器形点评

此宝座为九屏式，宝座高度由靠背围子的搭脑向两侧扶手依次递减。搭脑为卷书式，靠背及扶手围子上均浮雕龙纹。座面木板贴席做法，束腰上开鱼门洞，洼堂肚牙板。四腿为鼓腿，内翻云足。足下有托泥相承。此宝座通体雕饰龙纹，形象生动，栩栩如生，颇具威仪之态。

2. CAD 图示

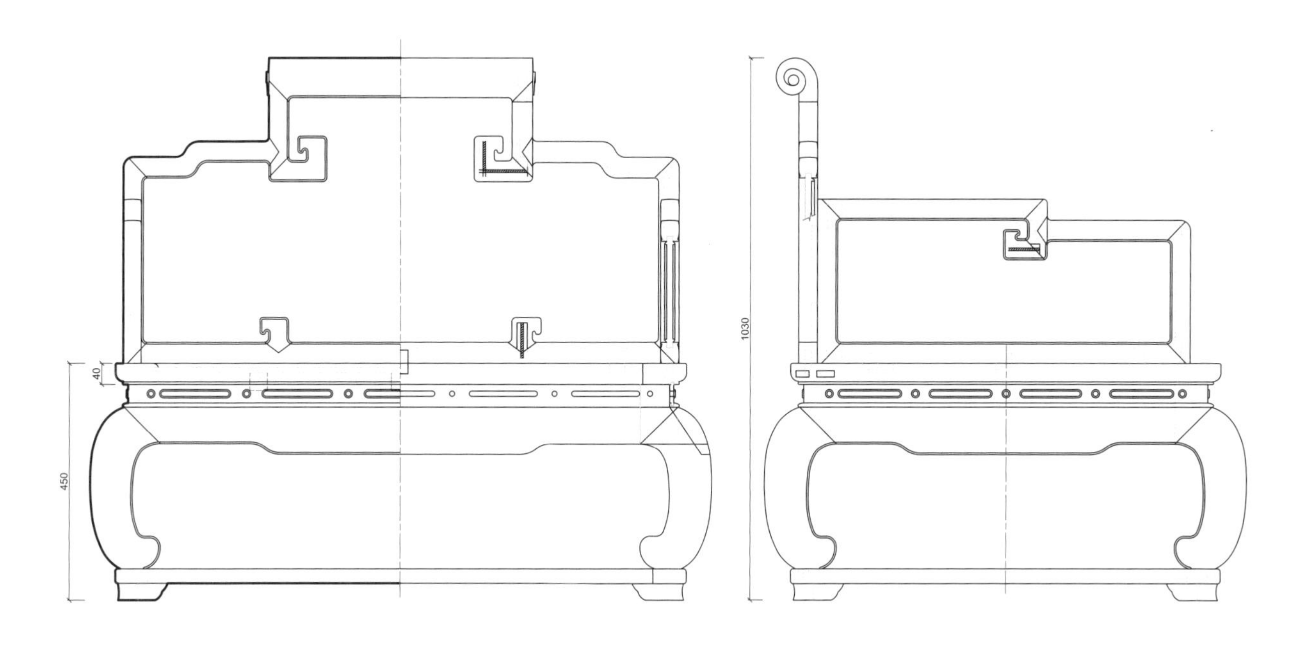

40
450
1030

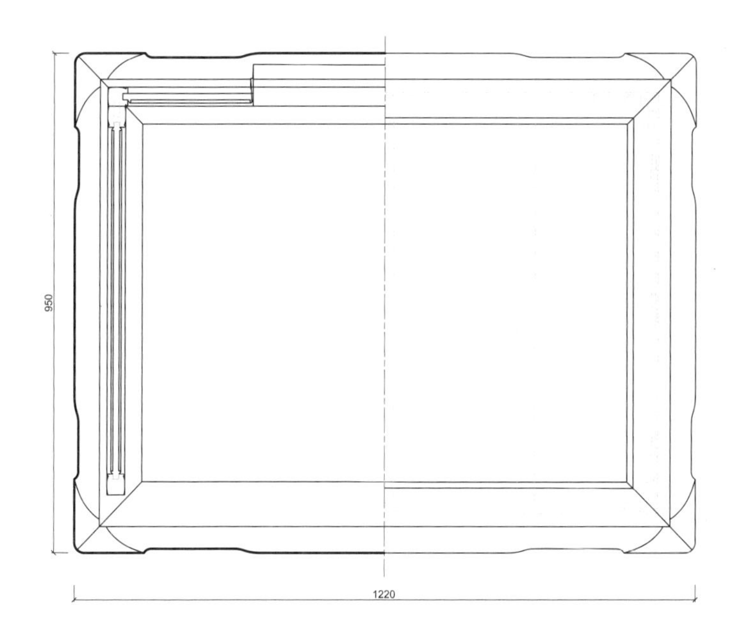

950
1220

主视图
左视图
俯视图

三视结构（CAD 图 1）

注：视图中部分纹饰略去。

3. 用材效果

用材效果（材质：紫檀；效果图 2）

用材效果（材质：黄花梨；效果图 3）

用材效果（材质：红酸枝；效果图 4）

4. 结构爆炸

结构爆炸（效果图5）

5. 部件示意

搭脑
横枨
扔子构件 1
扔子构件 2
靠背立柱
靠背嵌板
扔子构件 3
底枨

部件示意—靠背围子（效果图 6）

拐子构件 2
拐子构件 1
扶手（后段）
扶手立柱（前）
底枨
扶手立柱（后）
扶手嵌板
扶手（前段）

部件示意—扶手围子（效果图 7）

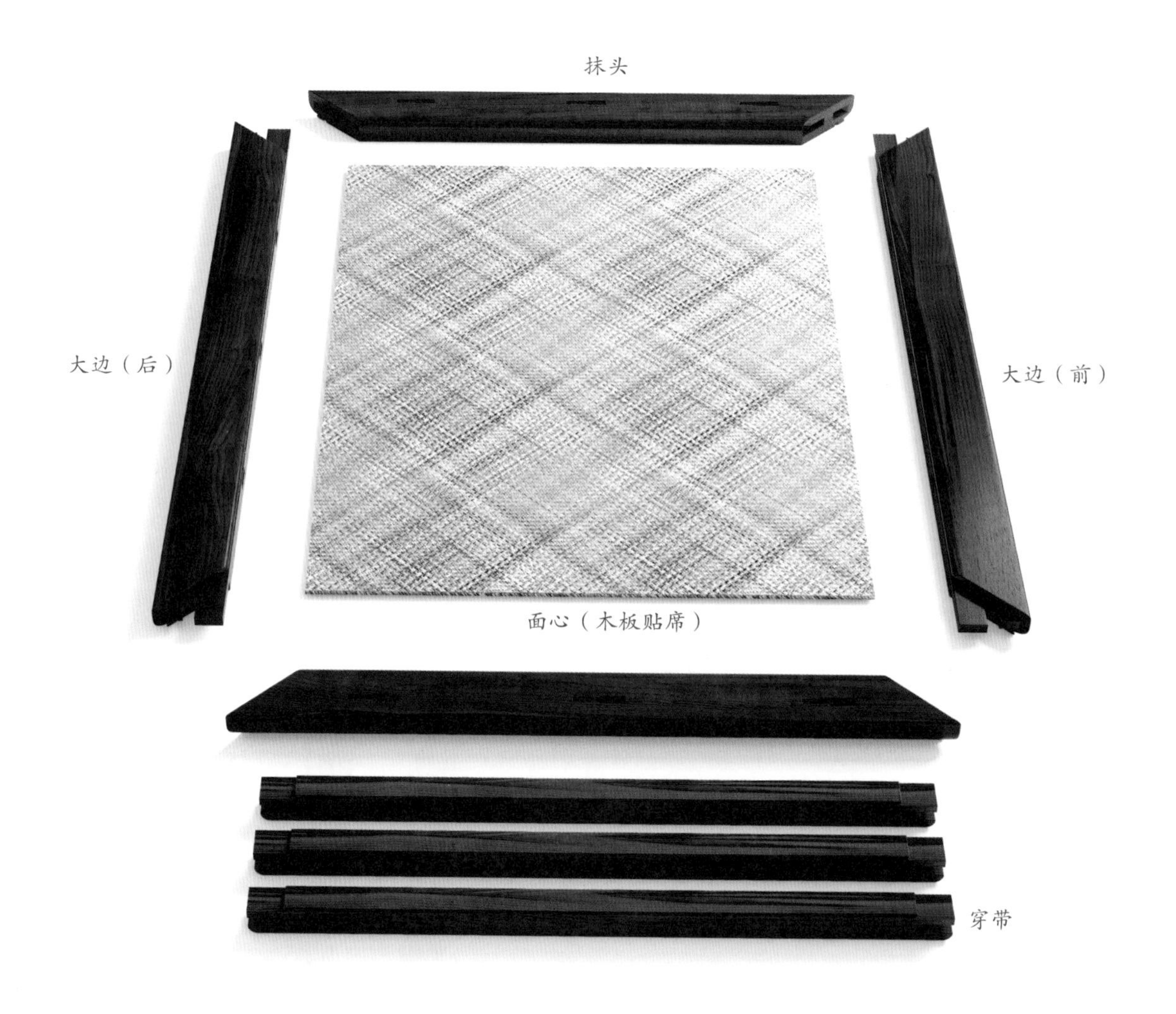
抹头
大边（后）
大边（前）
面心（木板贴席）
穿带

部件示意—座面（效果图8）

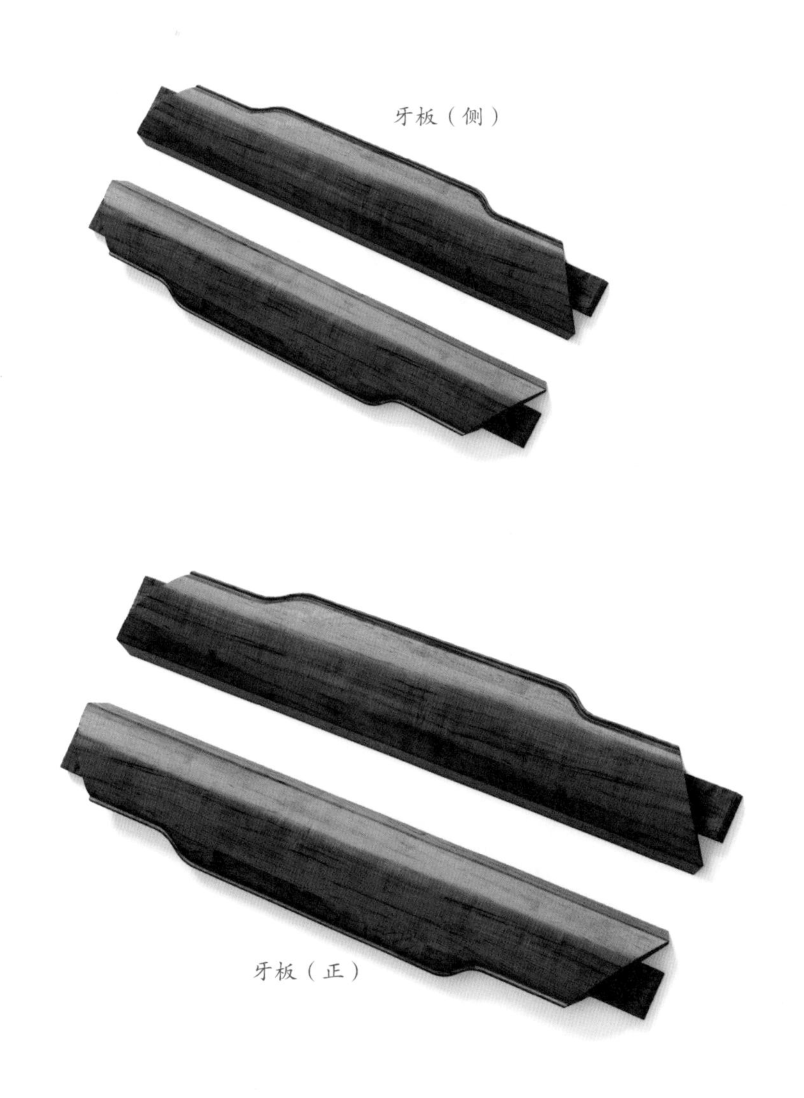
牙板（侧）
牙板（正）

部件示意—牙板（效果图 9）

束腰（正）
托腮（侧）
束腰（侧）
托腮（正）

部件示意—束腰和托腮（效果图 10）

部件示意—腿子（效果图 11）

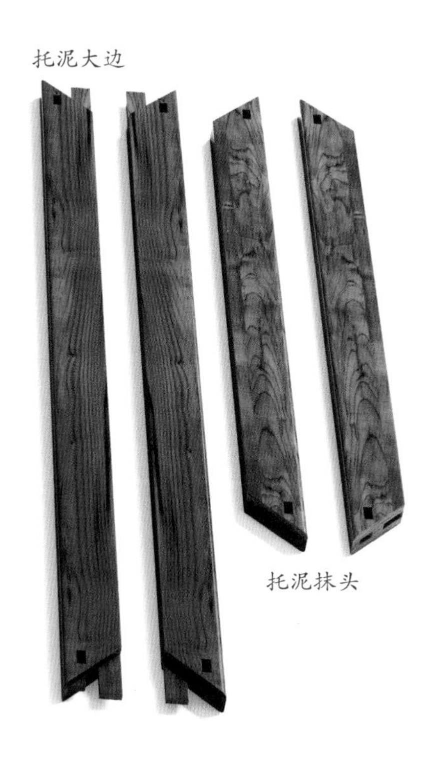
托泥大边
托泥抹头

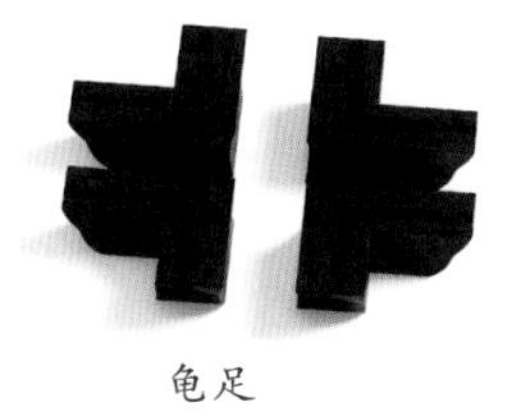
龟足

部件示意—托泥和龟足（效果图 12）

6. 细部详解

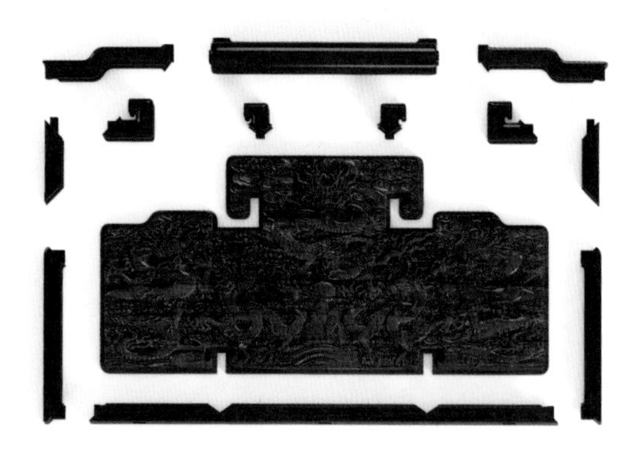

细部效果—靠背围子（效果图13）

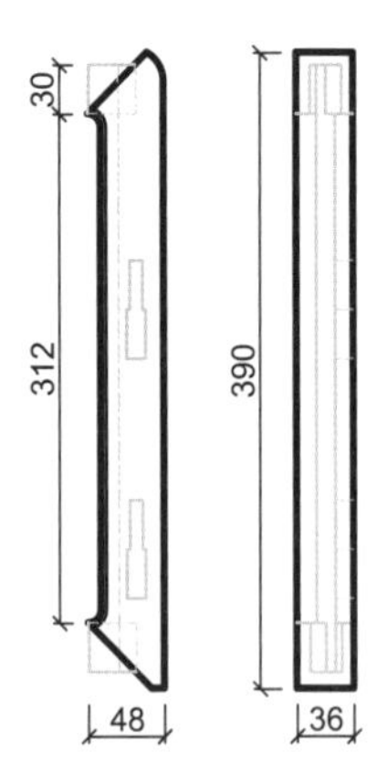
30
312
390
48
36

靠背立柱

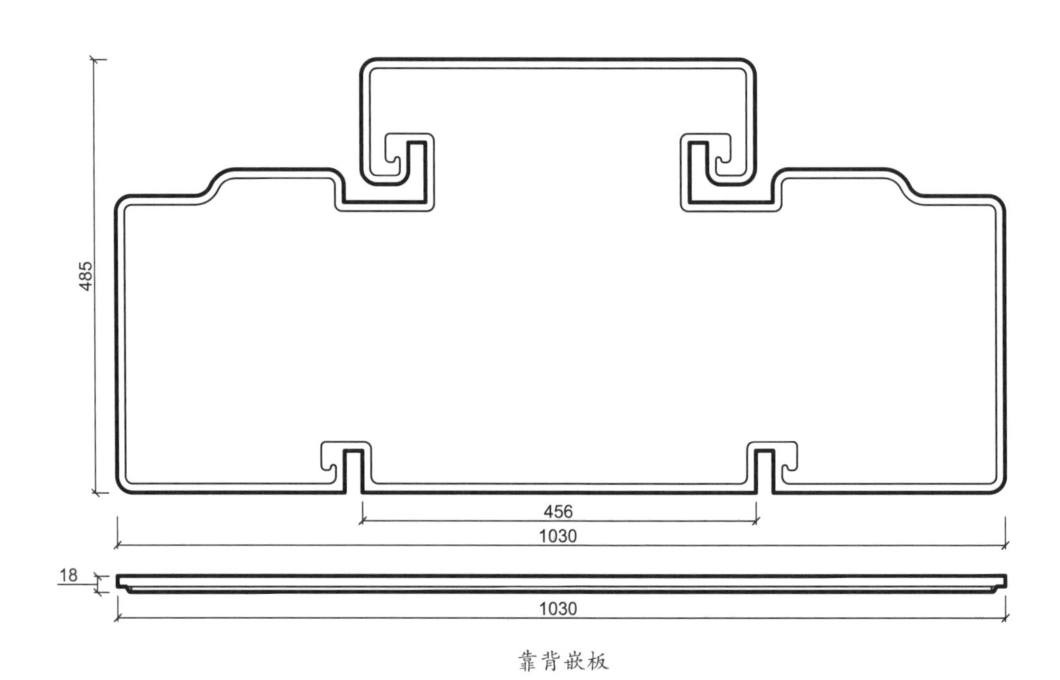
485
456
1030
18
1030

靠背嵌板

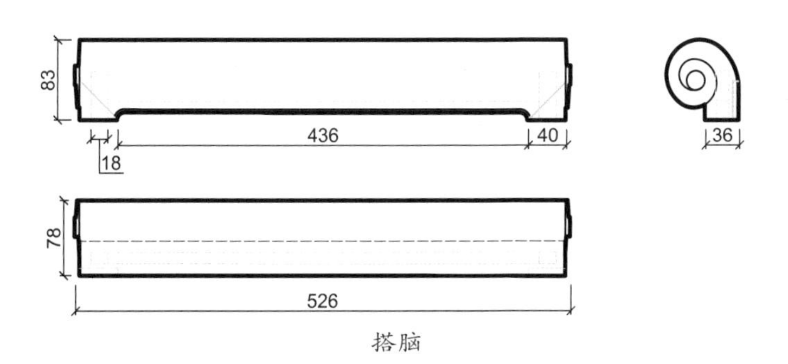
83
436
40
18
36
78
526

搭脑

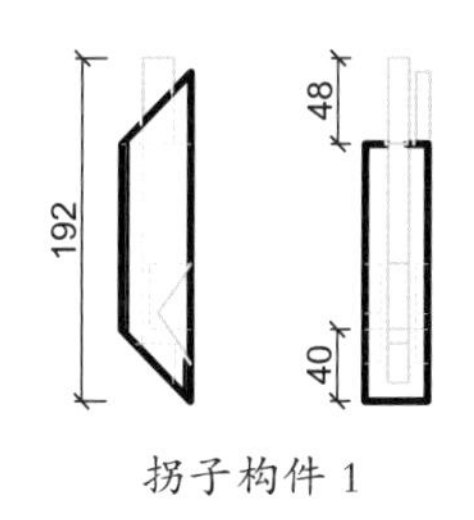
192
48
40

拐子构件 1

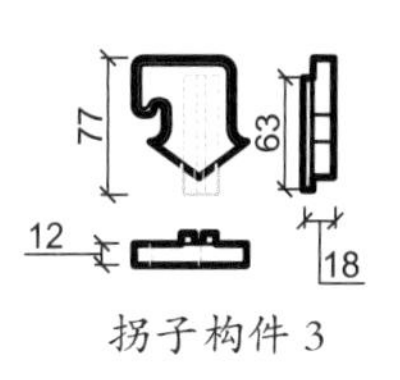
77
63
12
18

拐子构件 3

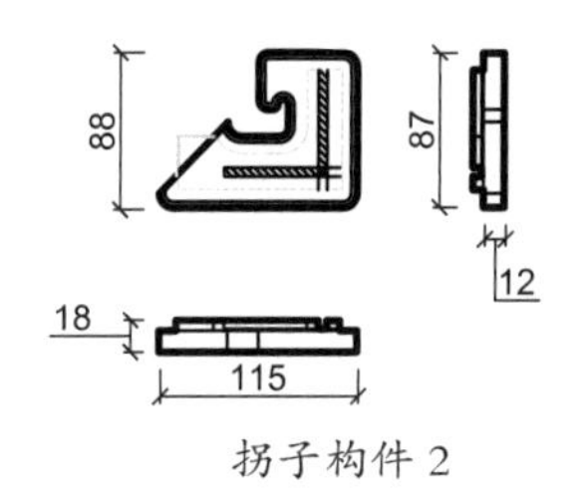
88
87
12
18
115

拐子构件 2

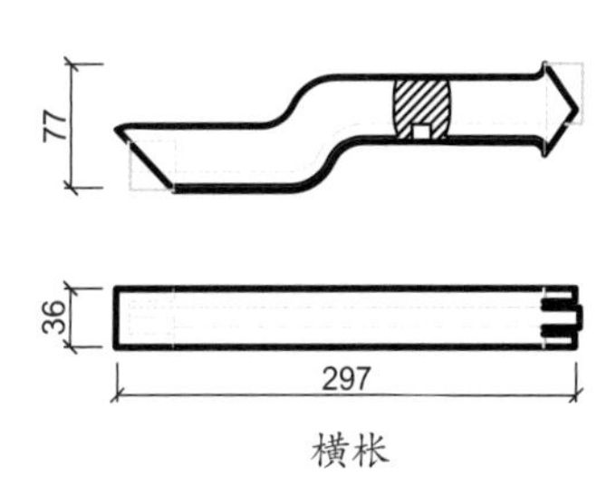
77
36
297

横枨

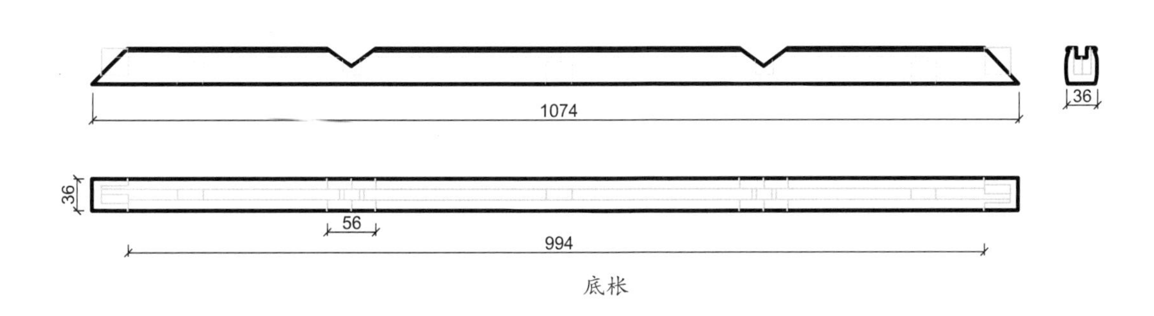
1074
36
36
56
994

底枨

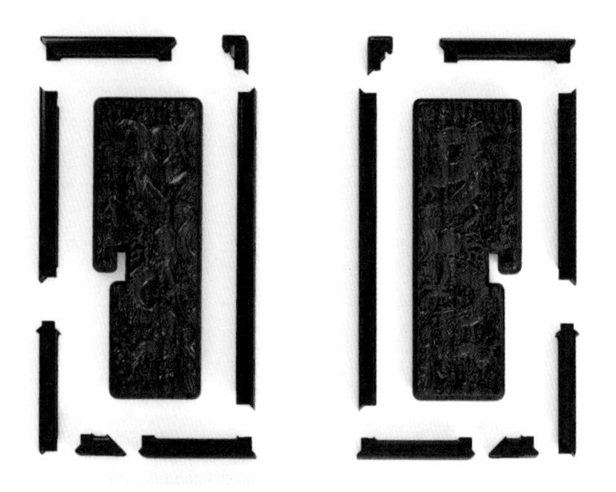

细部效果—扶手围子（效果图 14）

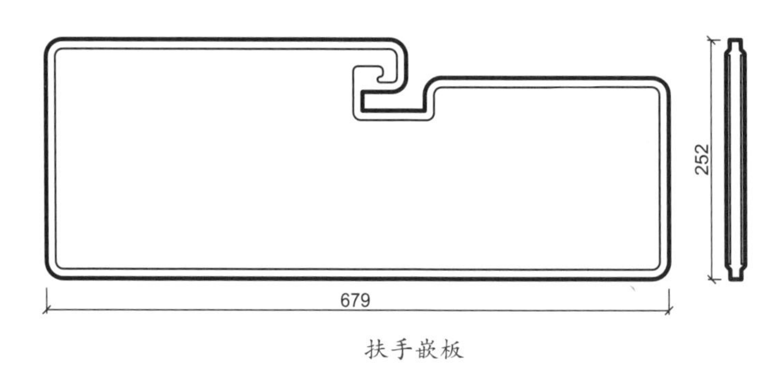
252
679

扶手嵌板

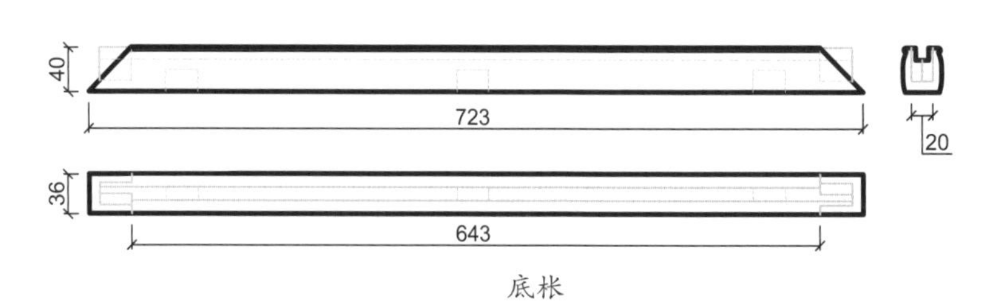
40
723
20
36
643

底枨

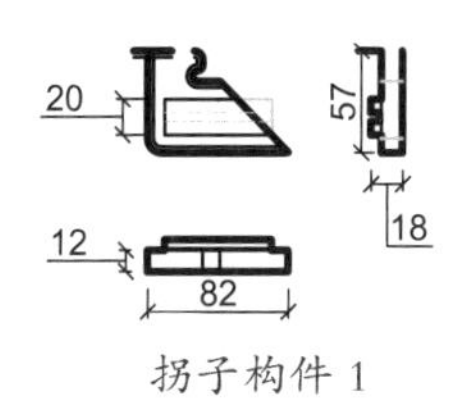
20
57
18
12
82

拐子构件 1

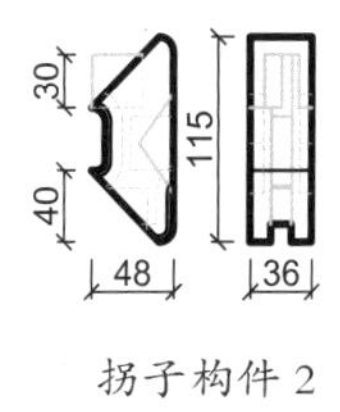
30
40
115
48
36

拐子构件 2

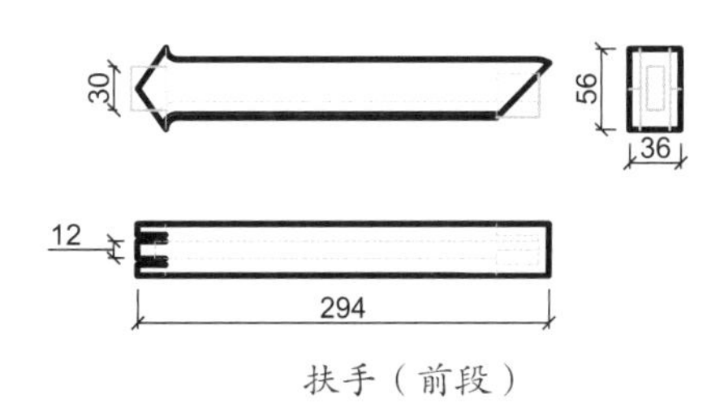
30
56
36
12
294

扶手（前段）

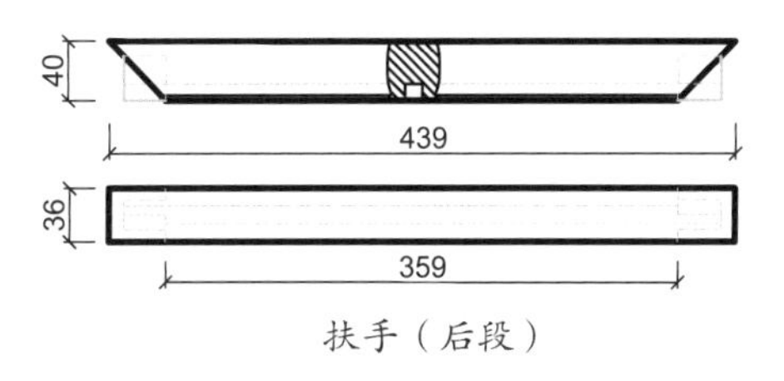
40
439
36
359

扶手（后段）

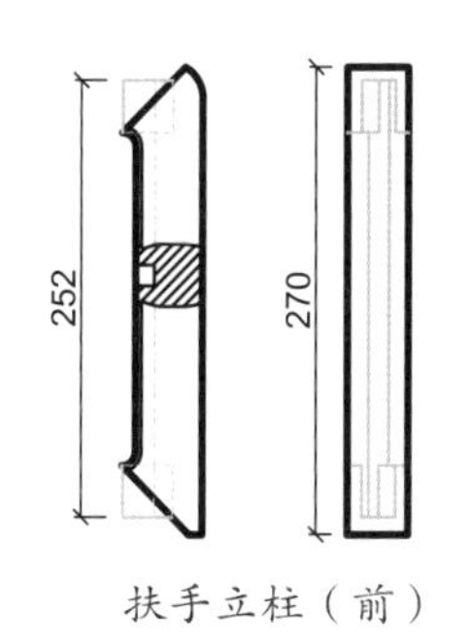
252
270

扶手立柱（前）

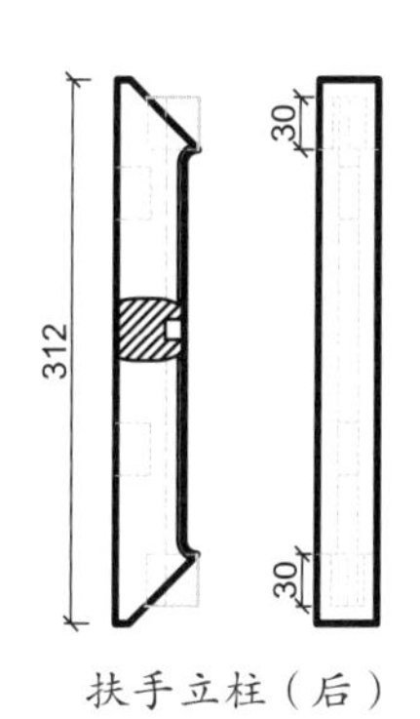
312
30
30

扶手立柱（后）

细部结构—扶手围子（CAD 图 10 ~图 17）

细部效果—座面（效果图 15）

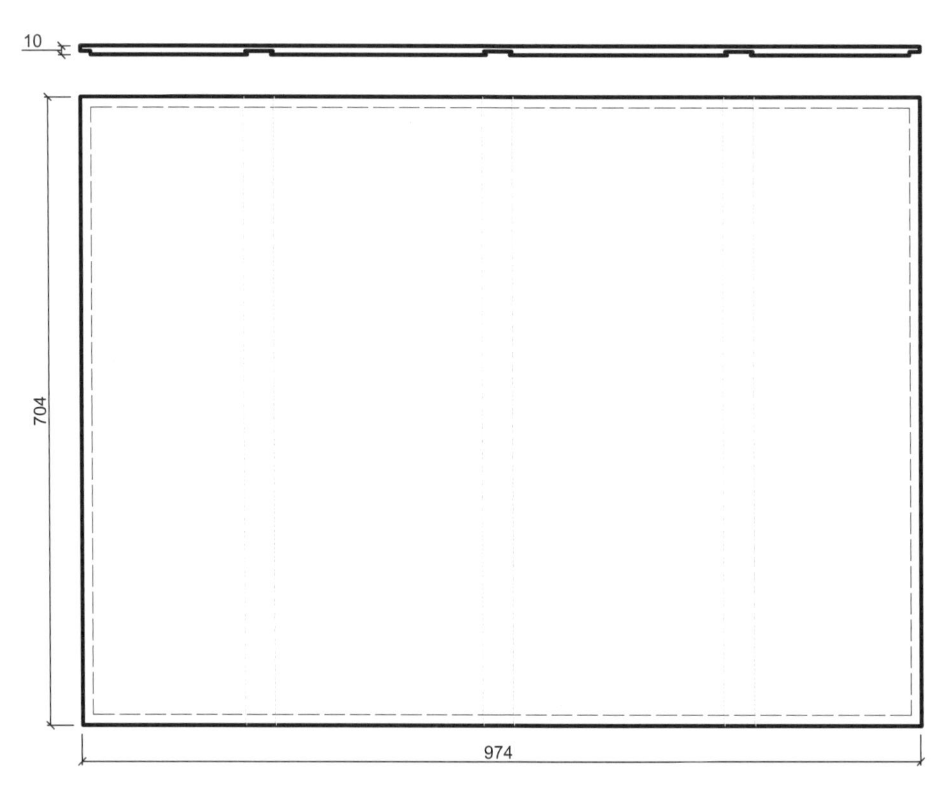
10
704
974

面心（木板贴席）

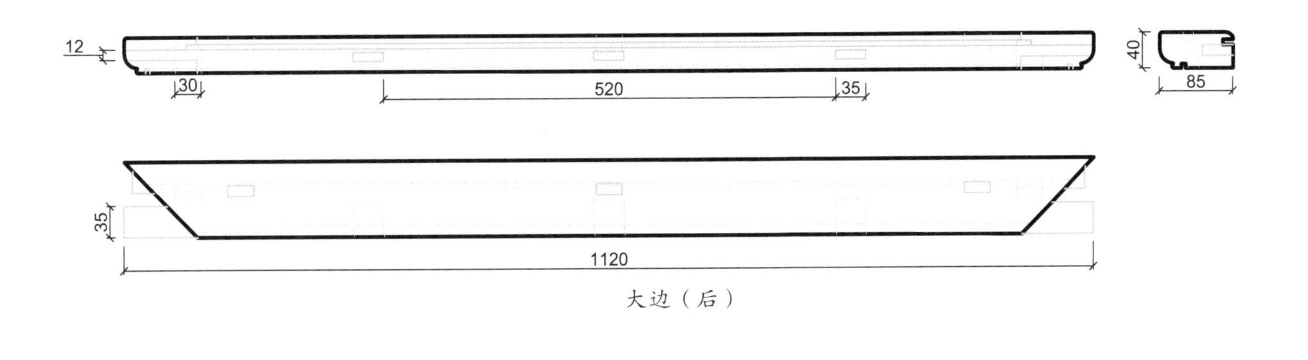
12
30
520
35
40
85
35
1120
大边（后）

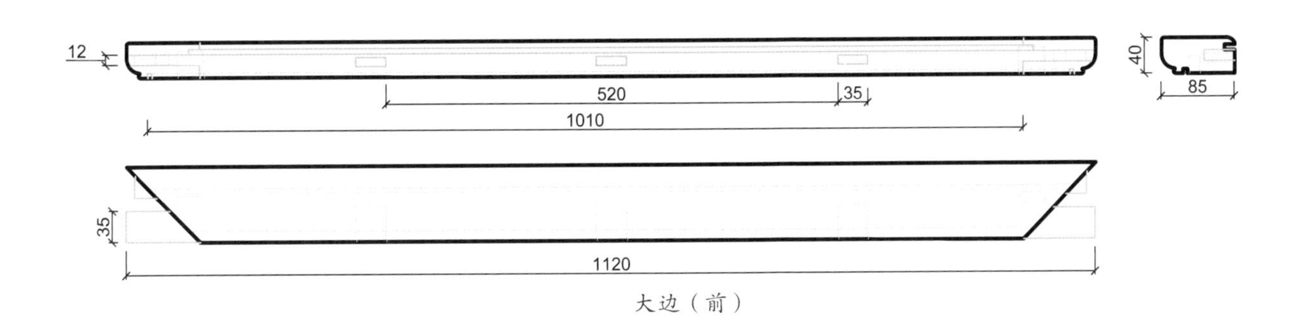
12
520
35
1010
40
85
35
1120
大边（前）

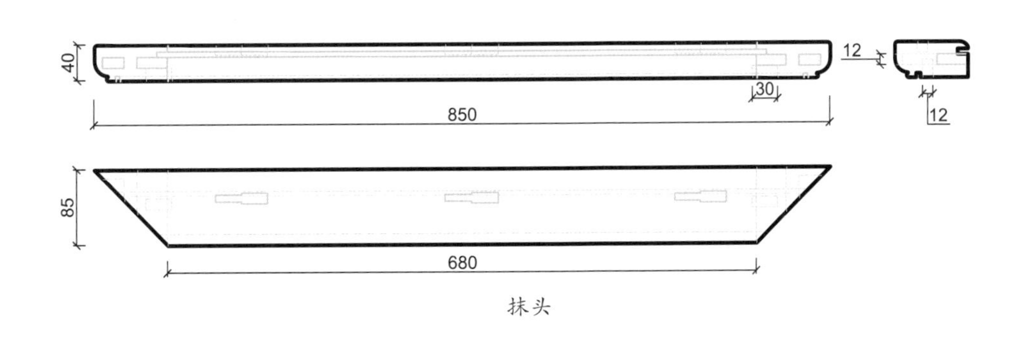
40
30
850
12
12
85
680
抹头

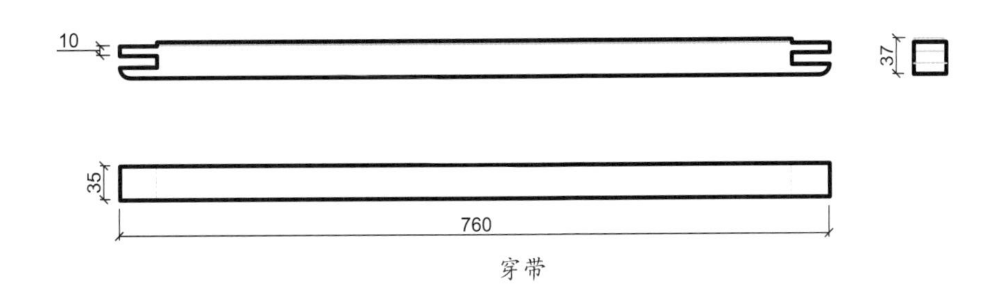
10
37
35
760
穿带

细部结构—座面（CAD 图 18 ~ 图 22）

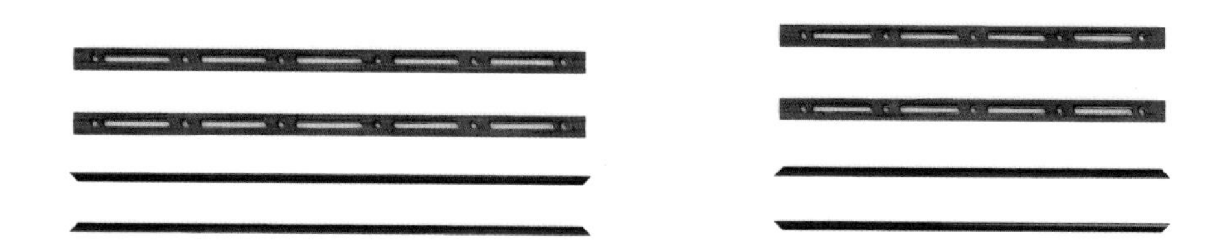

细部效果—束腰和托腮（效果图16）

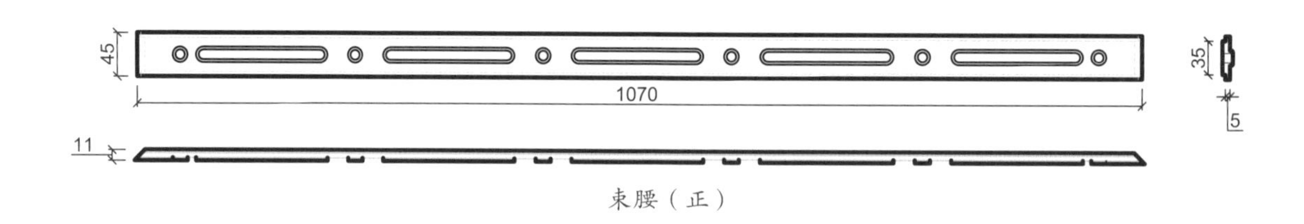
45
1070
11
35
5

束腰（正）

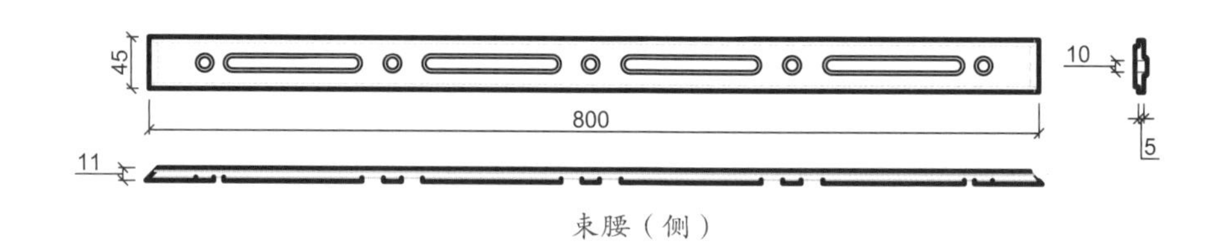
45
800
11
10
5

束腰（侧）

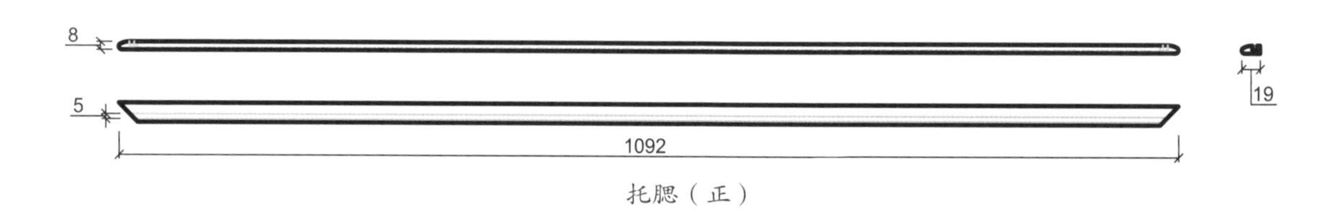
8
5
1092
19

托腮（正）

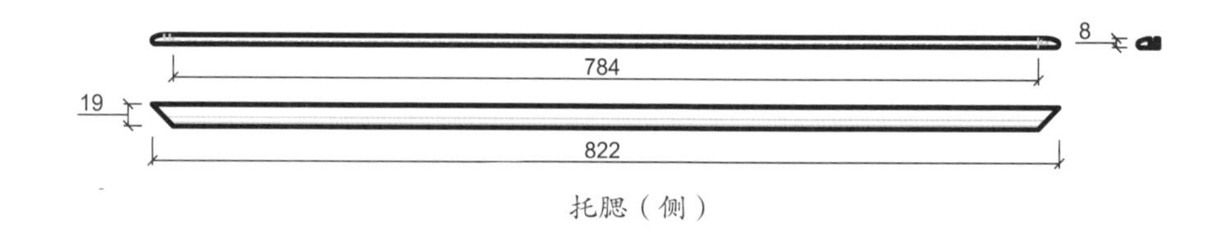
784
19
822
8

托腮（侧）

细部结构—束腰和托腮（CAD图23～图26）

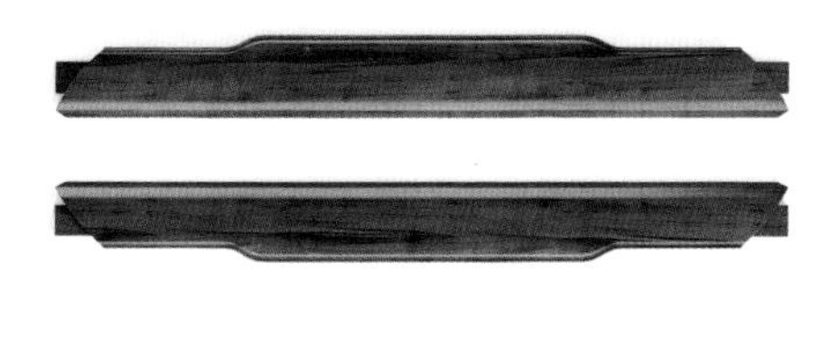

细部效果—牙板（效果图 17）

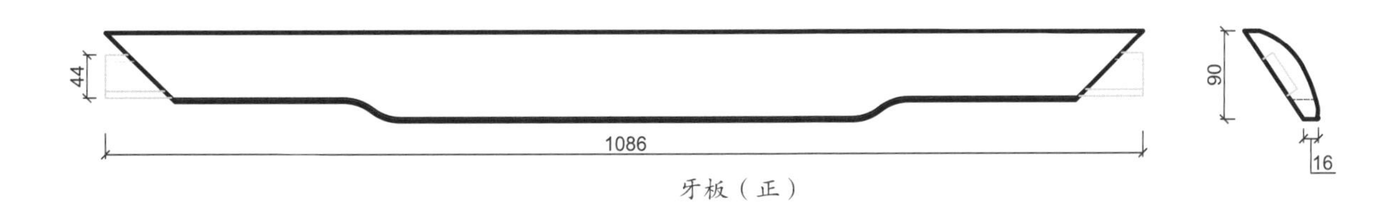
44
1086
90
16

牙板（正）

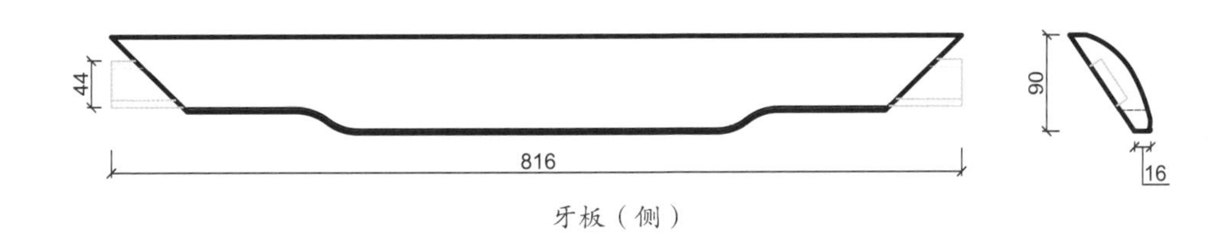
44
816
90
16

牙板（侧）

细部结构—牙板（CAD 图 27 ~ 图 28）

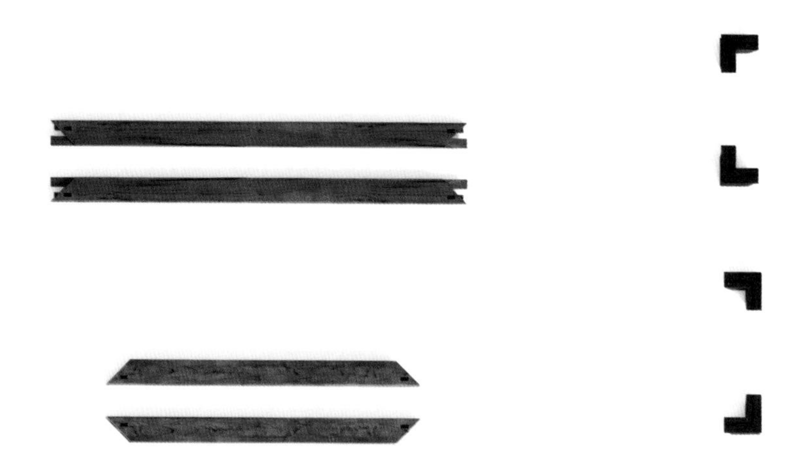

细部效果—托泥和龟足（效果图 18）

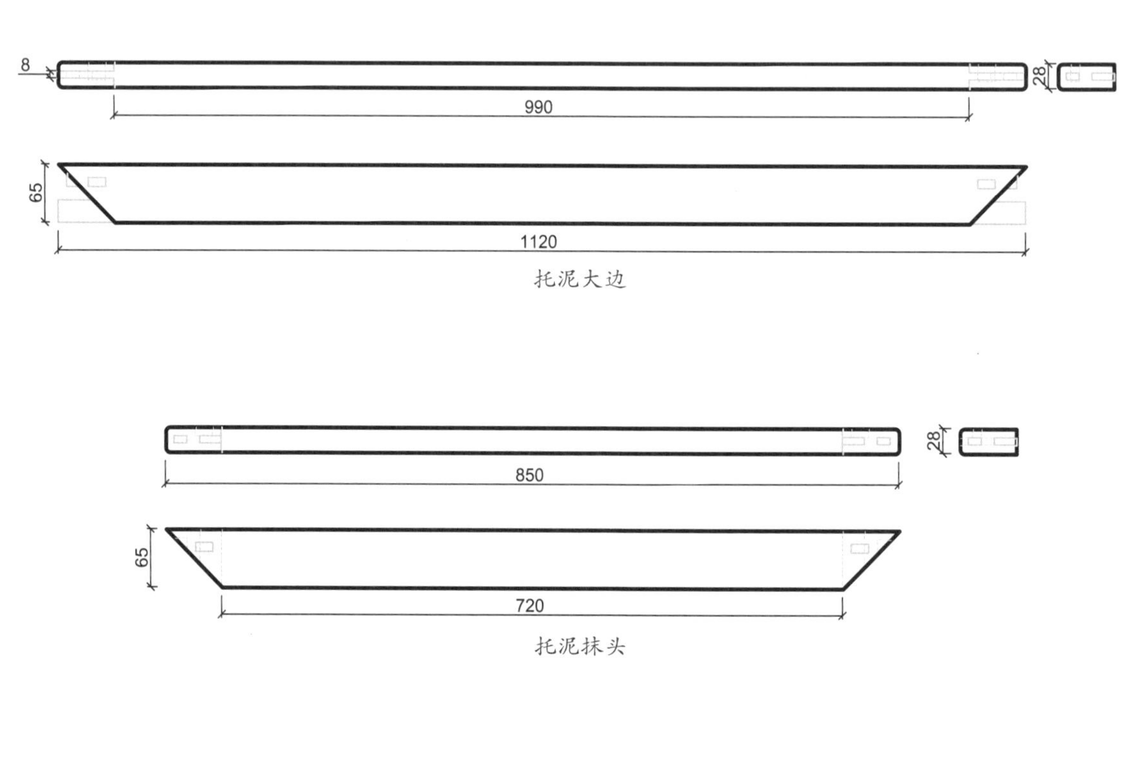
8
28
990
65
1120
托泥大边
28
850
65
720
托泥抹头

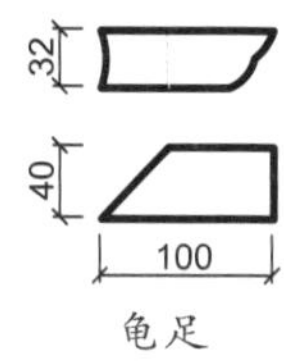
32
40
100
龟足

细部结构—托泥和龟足（CAD 图 29 ~图 31）

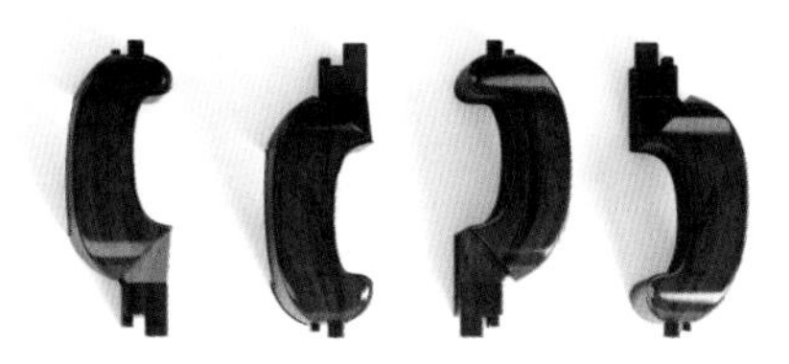

细部效果—腿子（效果图 19）

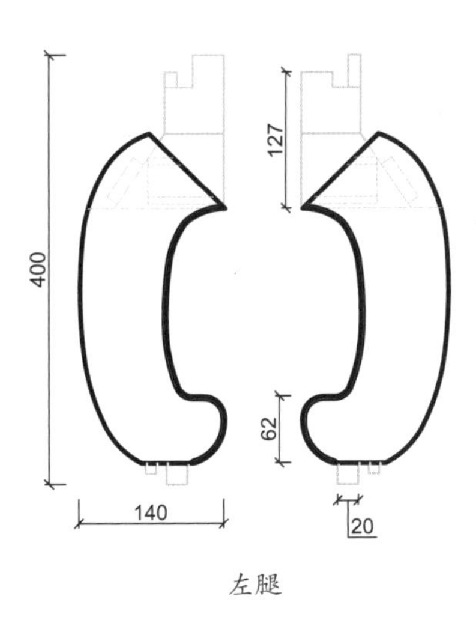
400
127
62
140
20
左腿

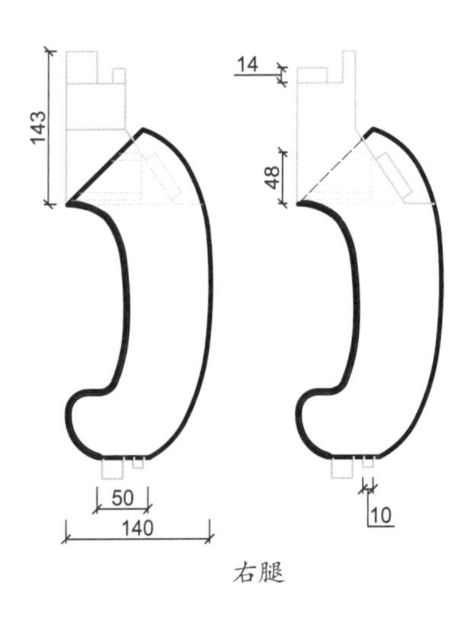
143
14
48
50
140
10
右腿

细部结构—腿子（CAD 图 32 ~ 图 33）

嵌松花石夔龙纹三屏式宝座

材质：黄花梨

年款：清

整体外观（效果图1）

1. 器形点评

此宝座为三屏式，靠背围子及扶手围子正中均镶嵌松花石，边框有夔龙纹装饰。束腰打洼，下接洼堂肚牙板，牙板浮雕夔龙纹。鼓腿彭牙，内翻马蹄，足下踩托泥 。此宝座造型稳重大气，做工精湛。

2. CAD 图示

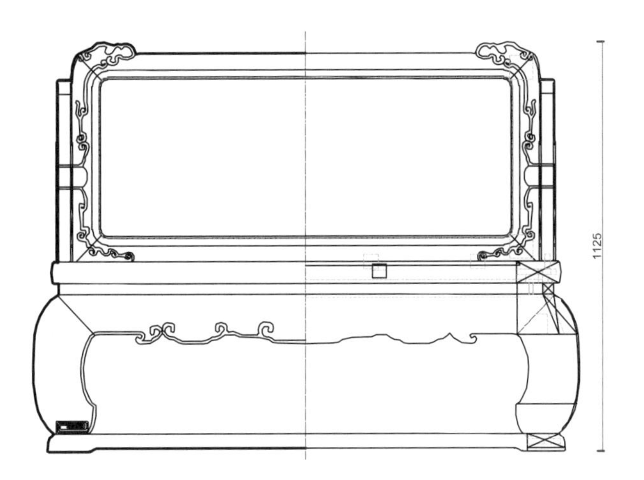
1125

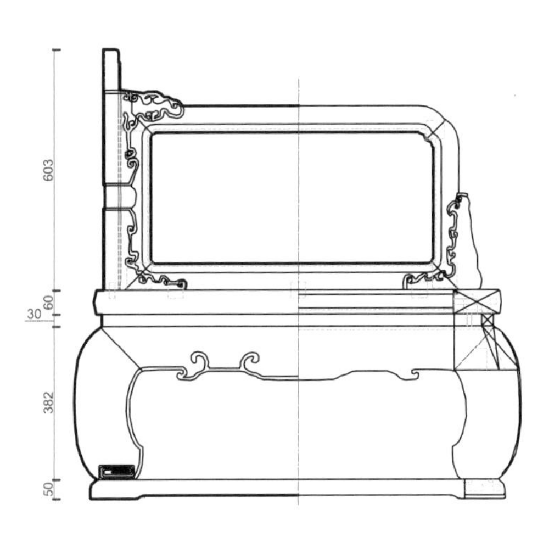
603
60
30
382
50

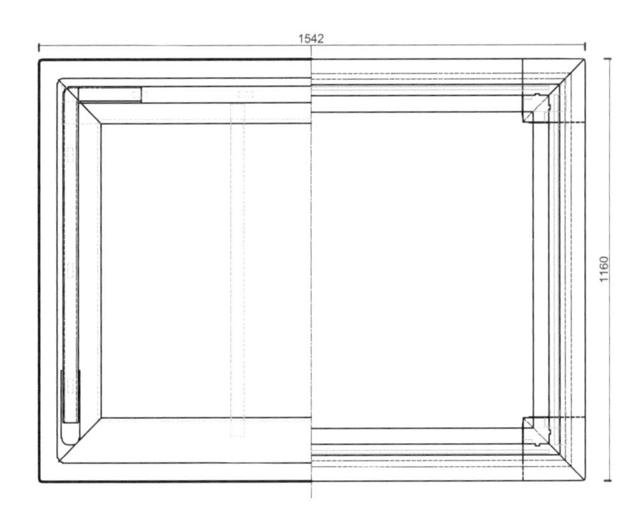
1542
1160

主视图
左视图
俯视图

三视结构（CAD 图 1）

注：视图中部分纹饰略去。

3. 用材效果

用材效果（材质：紫檀；效果图 2）

用材效果（材质：黄花梨；效果图 3）

用材效果（材质：红酸枝；效果图 4）

4. 结构爆炸

结构爆炸（效果图 5）

5. 部件示意

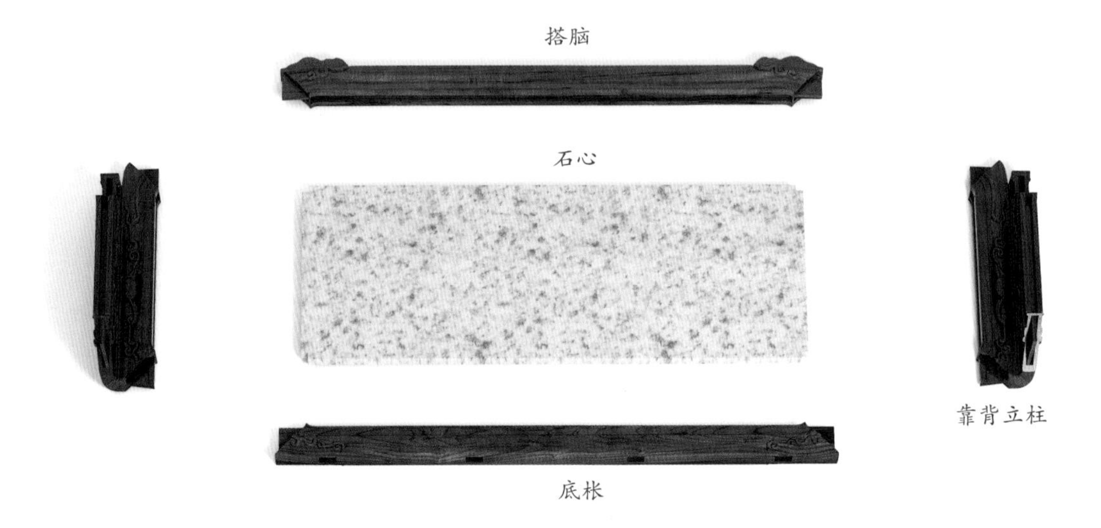
搭脑
石心
靠背立柱
底枨

部件示意—靠背围子（效果图 6）

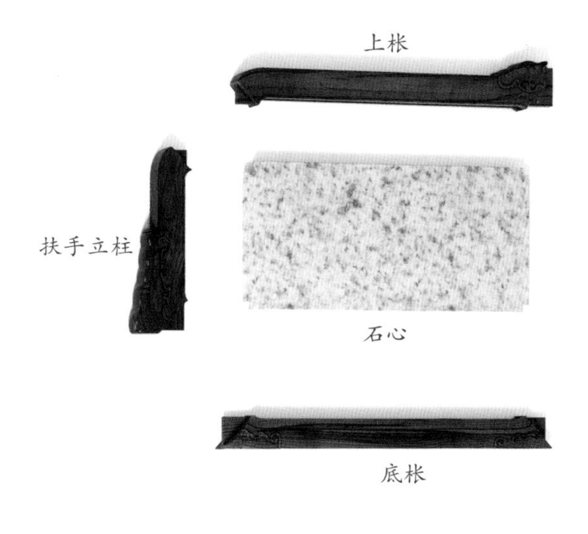
上枨
扶手立柱
石心
底枨

部件示意—扶手围子（效果图 7）

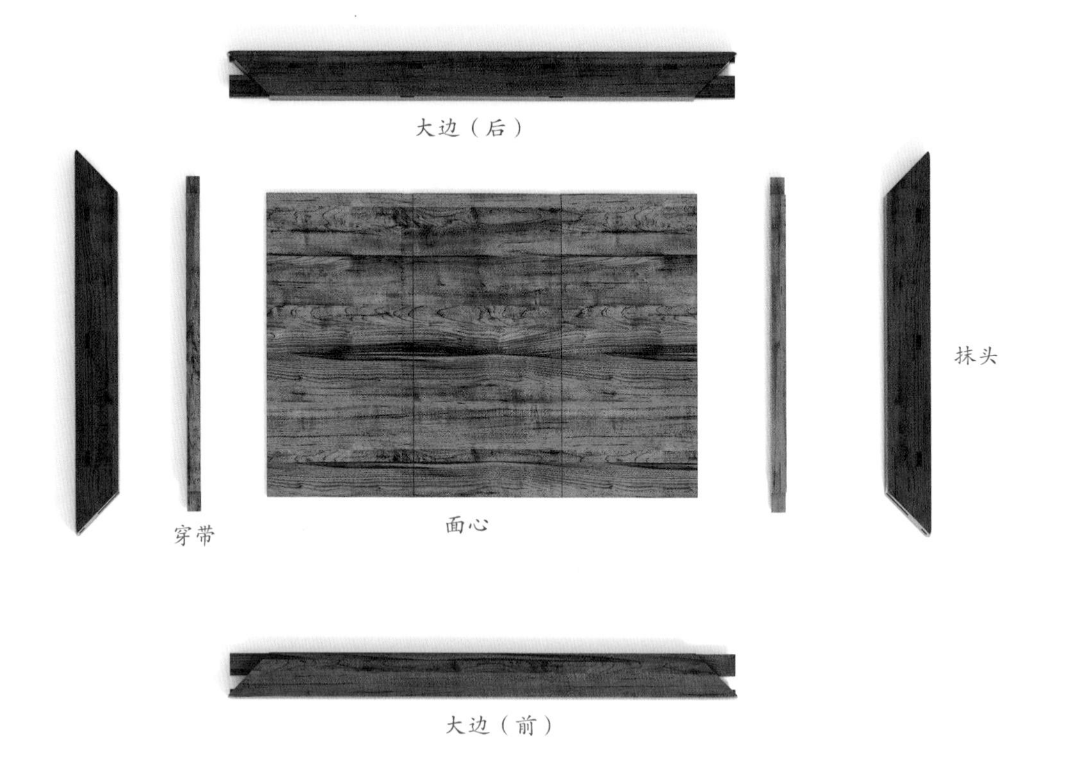
大边（后）
抹头
穿带
面心
大边（前）

部件示意—座面（效果图 8）

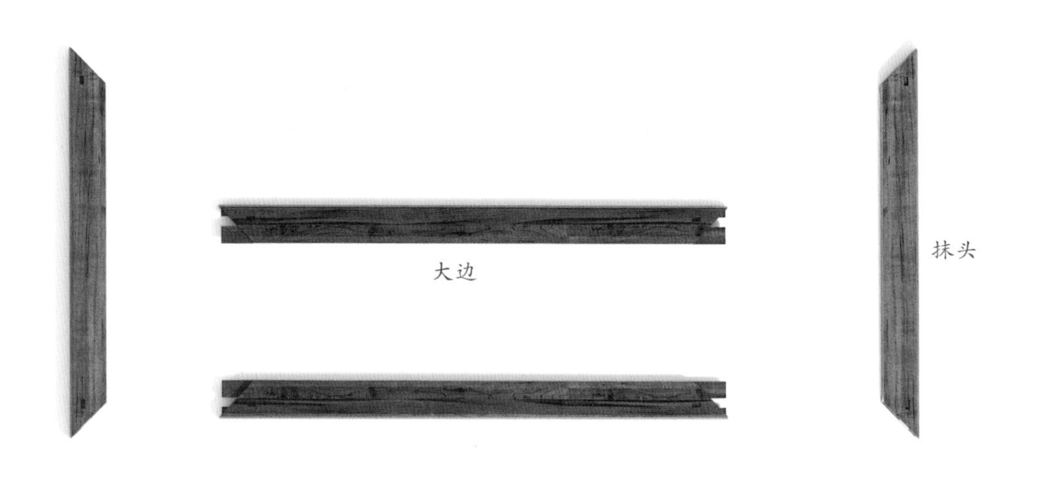
抹头
大边

部件示意—托泥（效果图 9）

束腰（侧）
束腰（正）

部件示意—束腰（效果图 10）

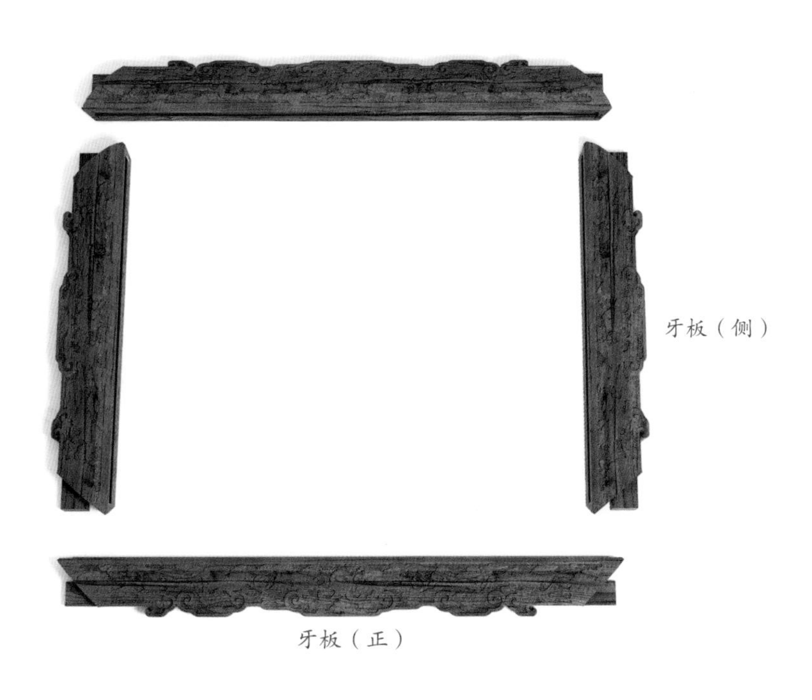
牙板（侧）
牙板（正）

部件示意—牙板（效果图 11）

部件示意—腿子（效果图 12）

6. 细部详解

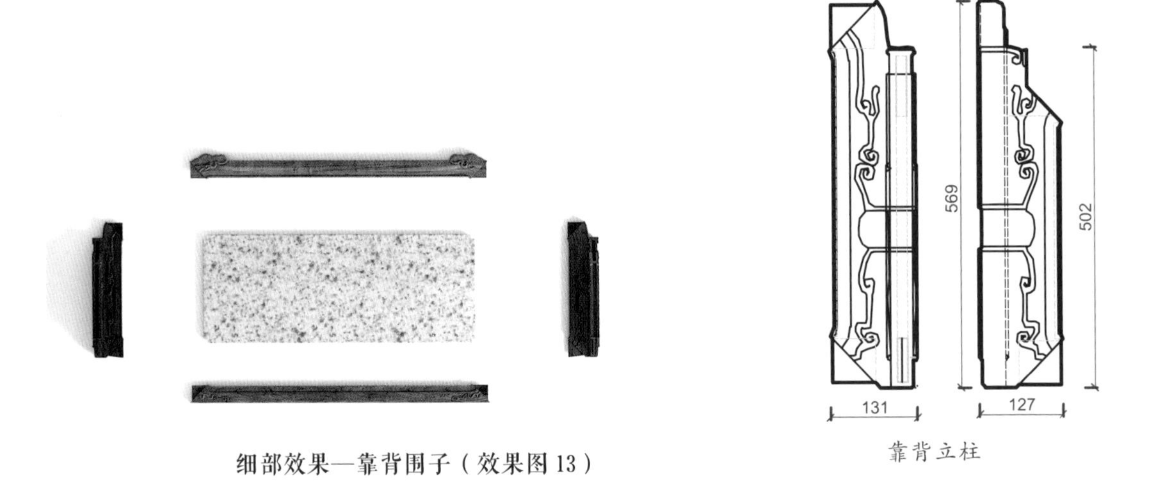
569
502
131
127

细部效果—靠背围子（效果图 13）

靠背立柱

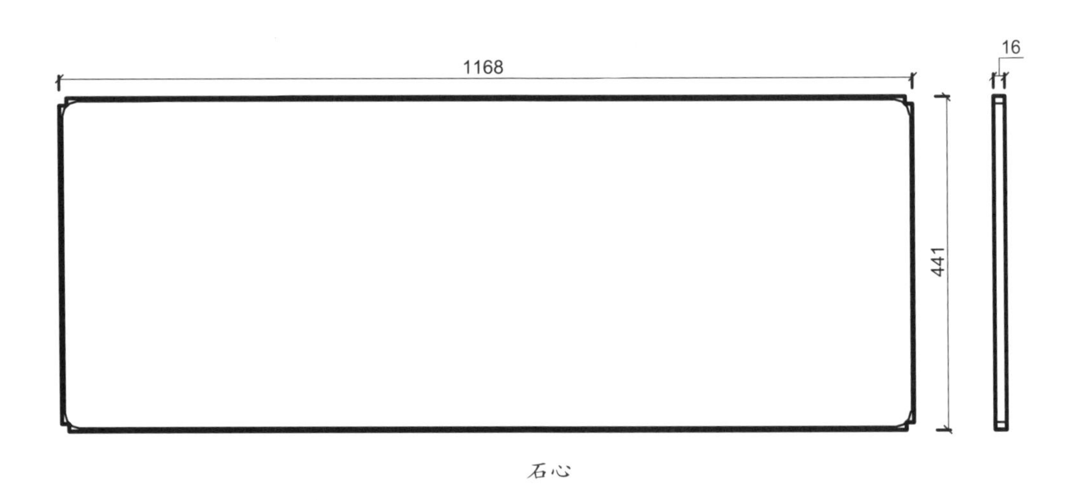
1168
441
16

石心

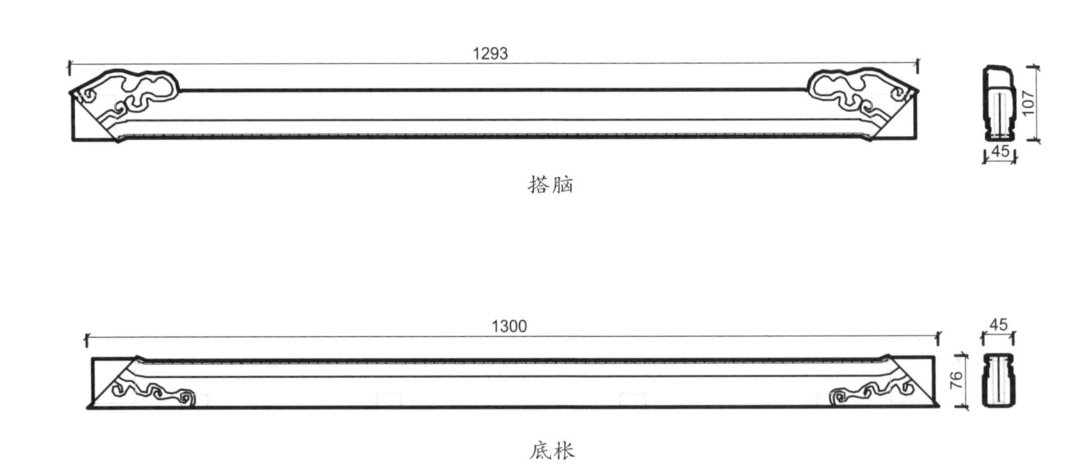
1293
107
45
1300
76
45

搭脑

底枨

细部结构—靠背围子（CAD 图 2 ~ 图 5）

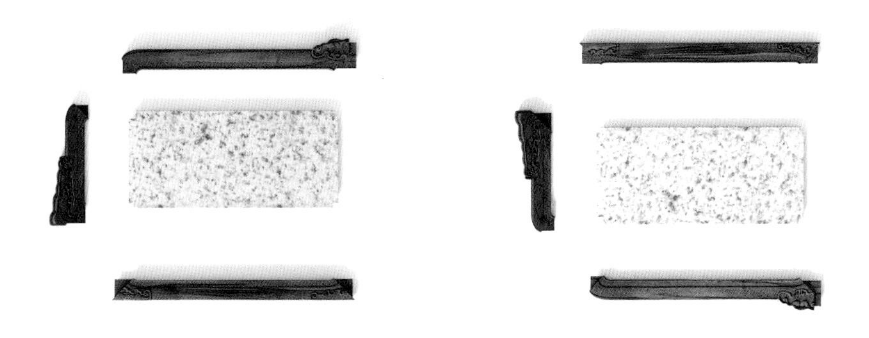

细部效果—扶手围子（效果图14）

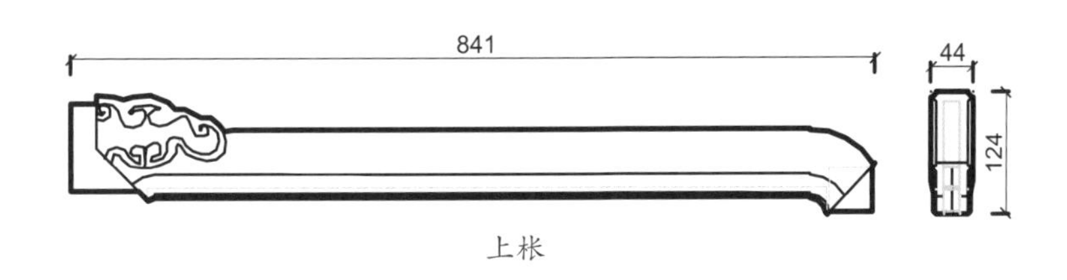
841
44
124

上枨

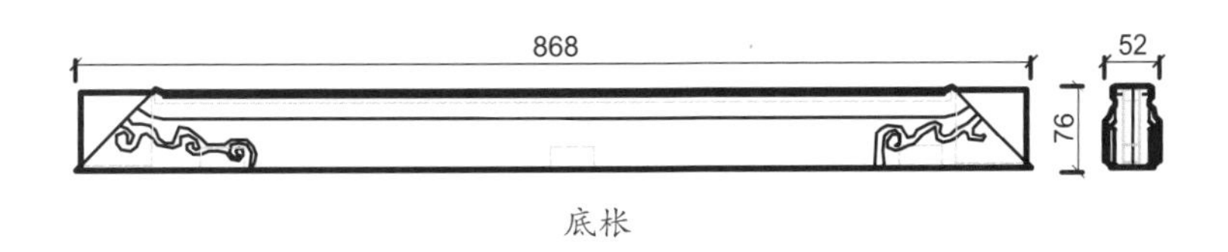
868
52
76

底枨

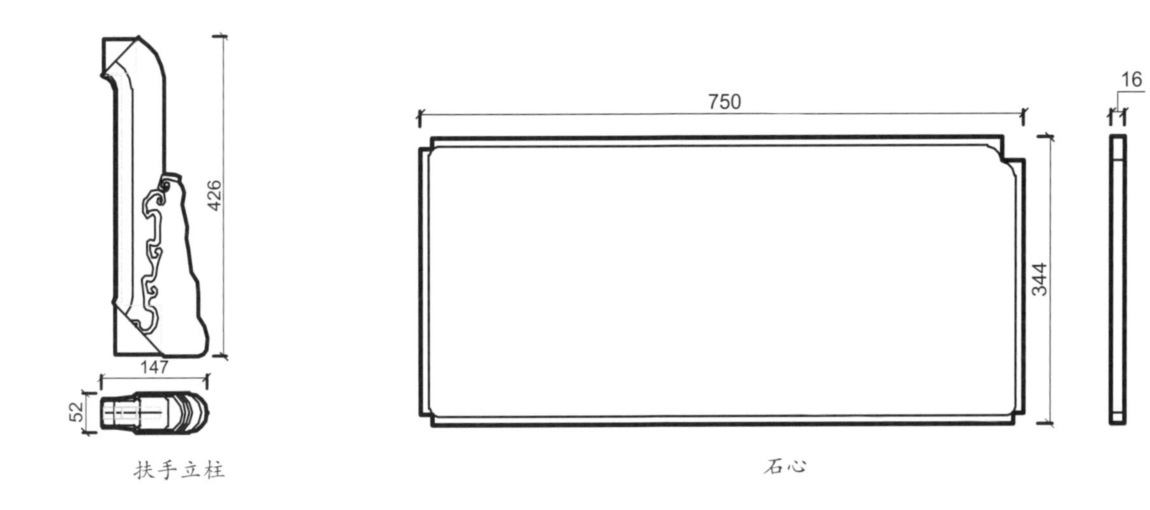
426
147
52
750
16
344

扶手立柱

石心

细部结构—扶手围子（CAD图6～图9）

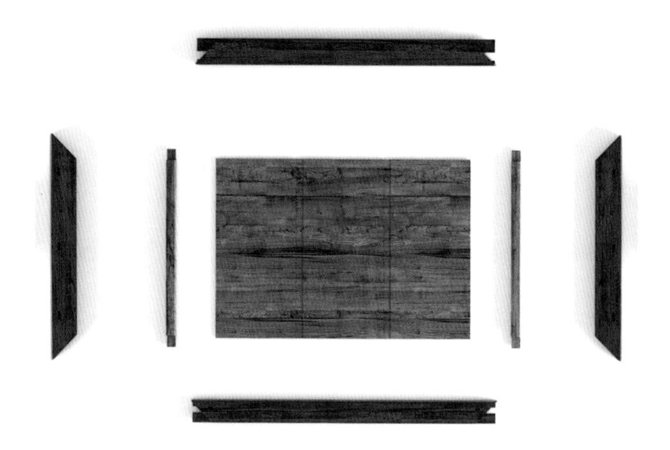

细部效果—座面（效果图 15）

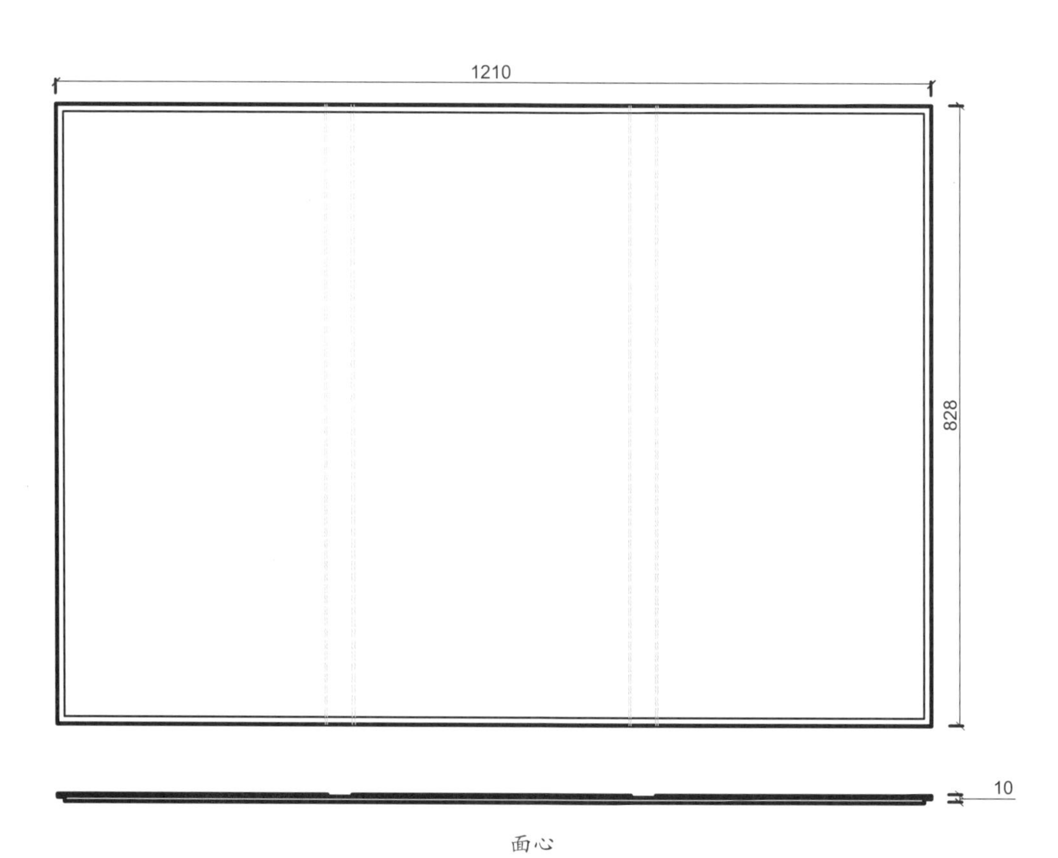
1210
828
10

面心

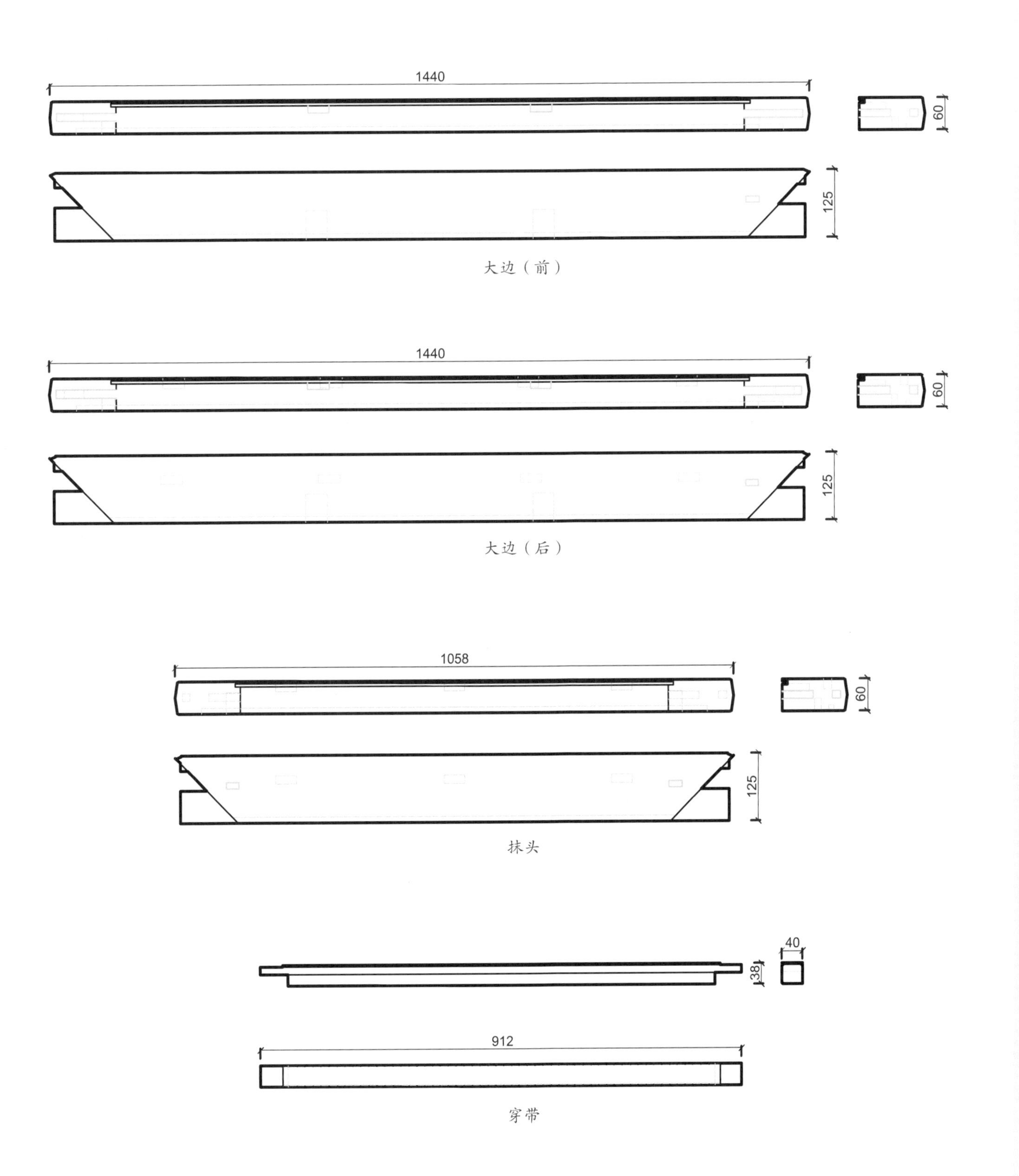
1440
60
125
大边（前）
1440
60
125
大边（后）
1058
60
125
抹头
40
38
912
穿带

细部结构—座面（CAD图10 ~图14）

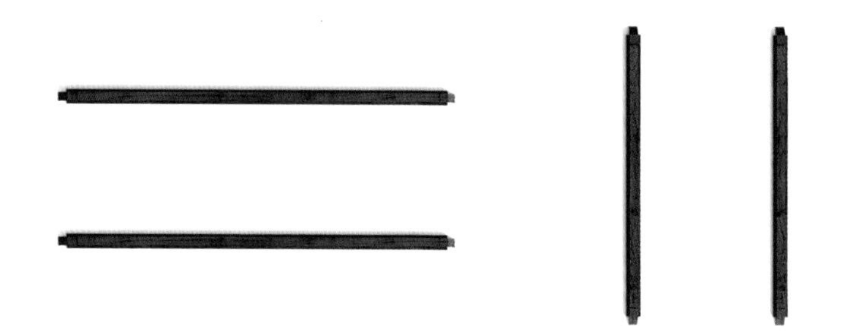

细部效果—束腰（效果图16）

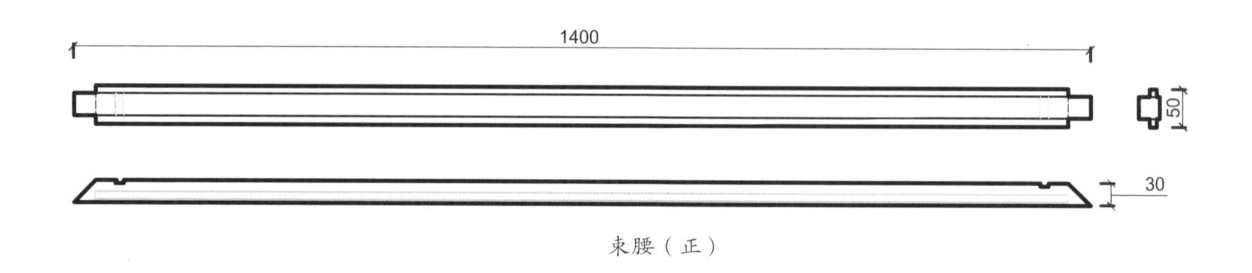
1400
50
30

束腰（正）

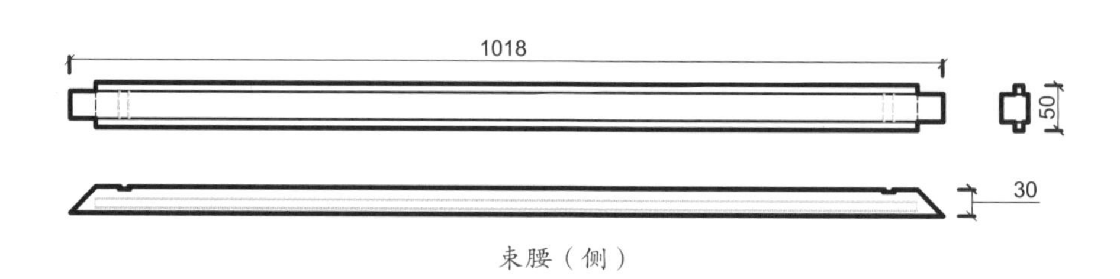
1018
50
30

束腰（侧）

细部结构—束腰（CAD图15～图16）

细部效果—牙板（效果图 17）

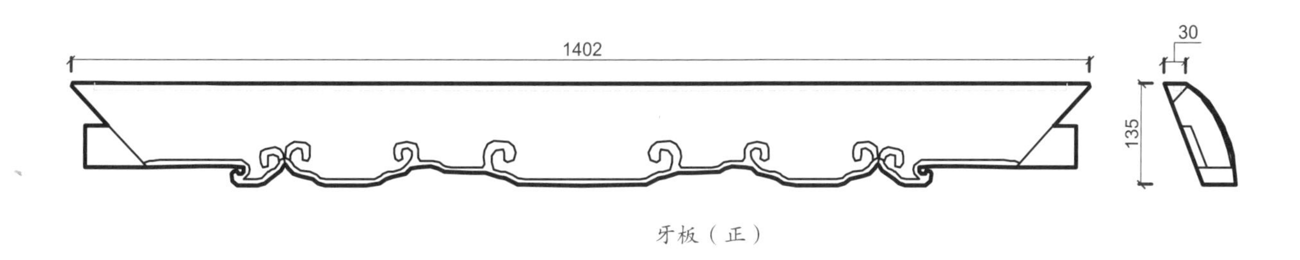
1402
30
135

牙板（正）

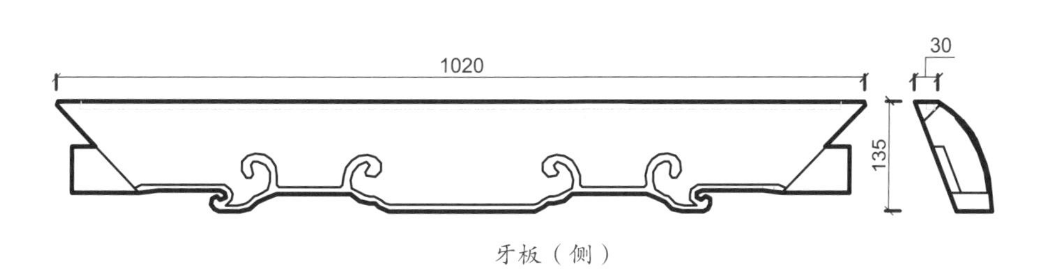
1020
30
135

牙板（侧）

细部结构—牙板（CAD 图 17 ~图 18）

细部效果—托泥（效果图 18）

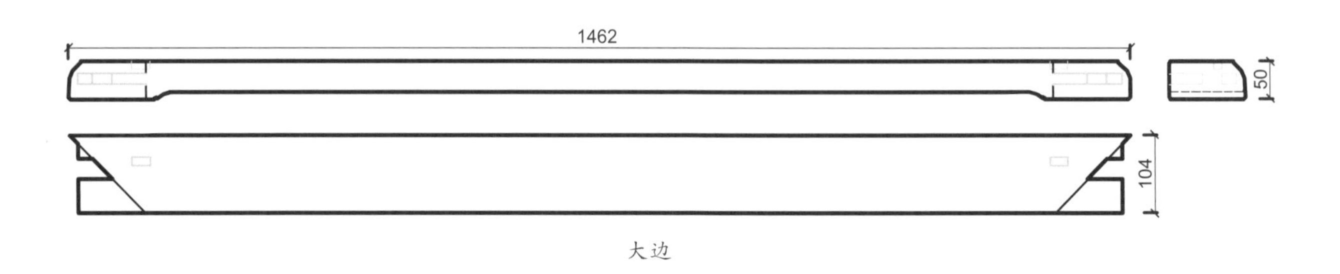
1462
50
104

大边

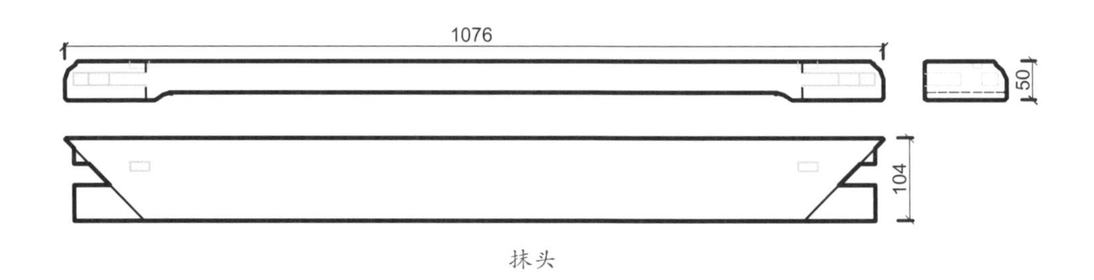
1076
50
104

抹头

细部结构—托泥（CAD 图 19 ~图 20）

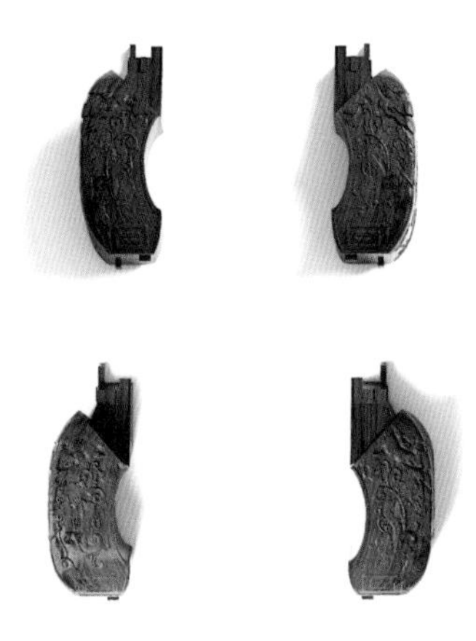

细部效果—腿子（效果图 19）

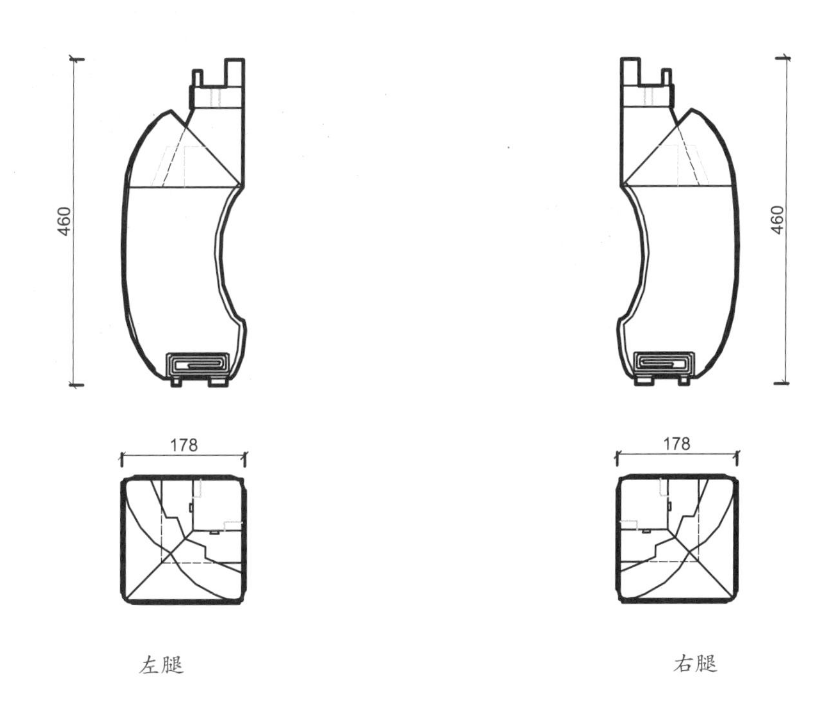
460
460
178
178
左腿
右腿

细部结构—腿子（CAD 图 21 ~ 图 22）

花开富贵卷云纹宝座

材质：黄花梨

年款：清

整体外观（效果图1）

1. 器形点评

此宝座椅围为三扇，由靠背及两侧扶手椅围组成。卷云纹搭脑，座围高度自靠背搭脑向两侧扶手依次递减，边角形成软圆角。靠背及两侧扶手嵌板上浮雕花开富贵图，花叶繁茂，寓意吉祥。椅盘下有束腰，其下洼堂肚牙板浮雕回纹拐子。鼓腿彭牙，内翻马蹄足，足下踩托泥。此宝座造型稳重大气，庄重威严。

2. CAD 图示

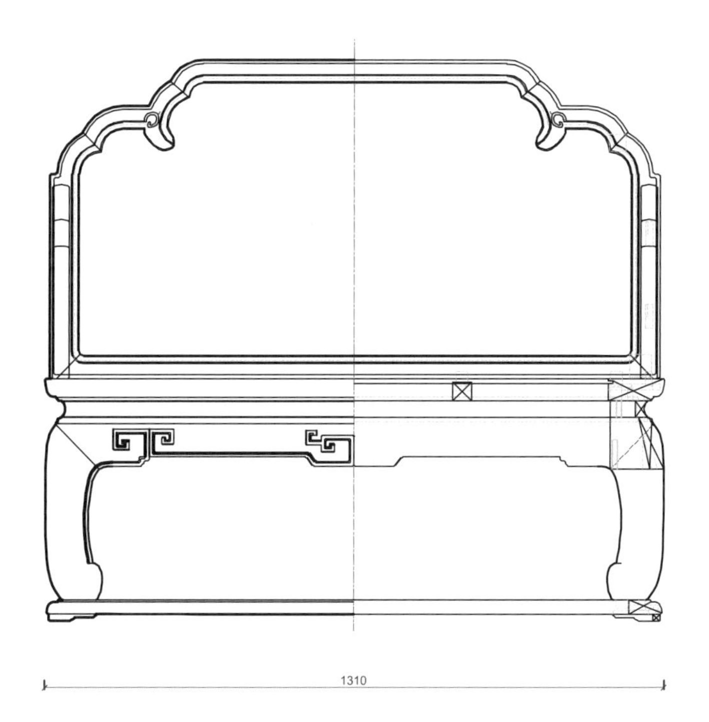

1310

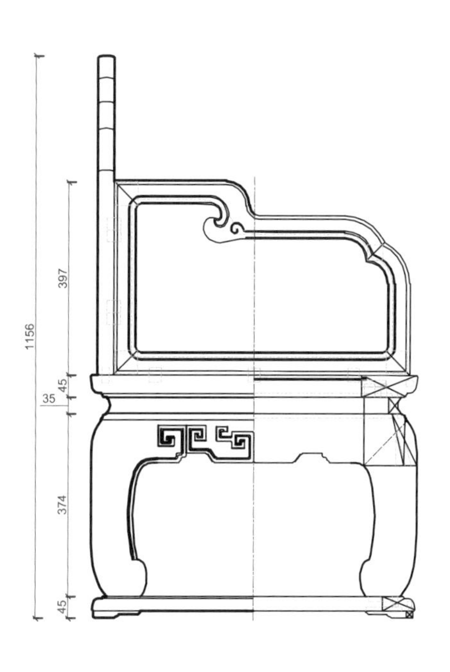

1156
397
45
35
374
45

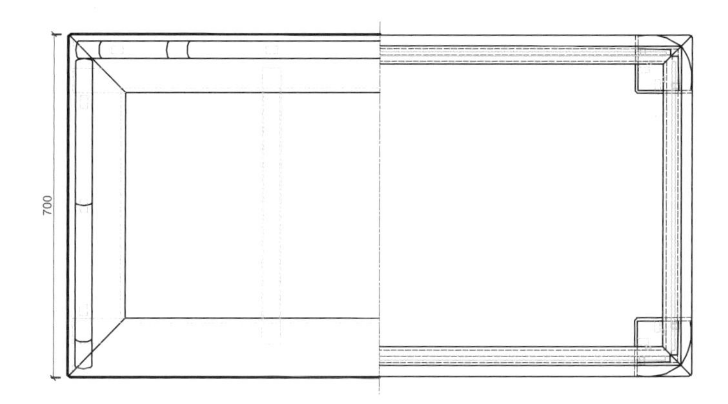

700

主视图
左视图
俯视图

三视结构（CAD 图 1）

注：视图中部分纹饰略去。

3. 用材效果

用材效果（材质：紫檀；效果图 2）

用材效果（材质：黄花梨；效果图 3）

用材效果（材质：红酸枝；效果图 4）

4. 结构爆炸

结构爆炸（效果图5）

5. 部件示意

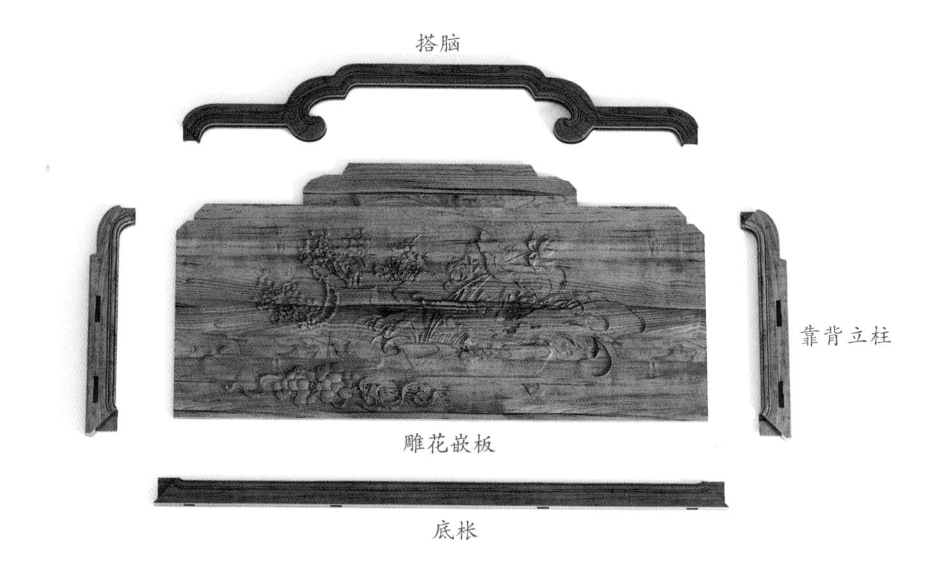

搭脑
靠背立柱
雕花嵌板
底枨

部件示意—靠背围子（效果图 6）

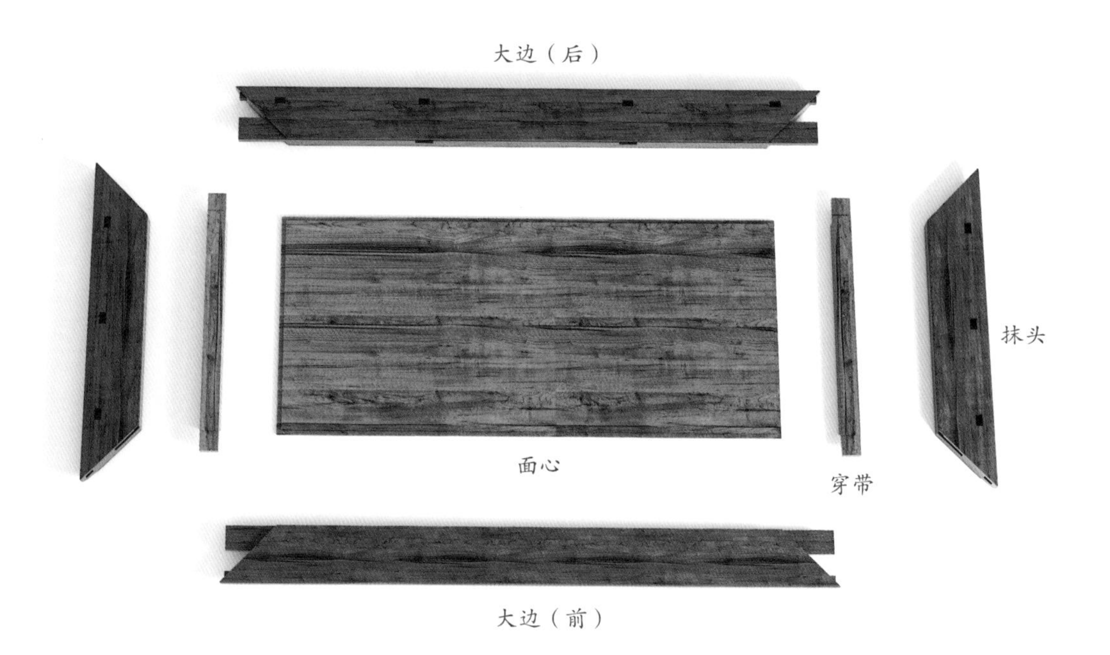

大边（后）
抹头
面心
穿带
大边（前）

部件示意—座面（效果图 7）

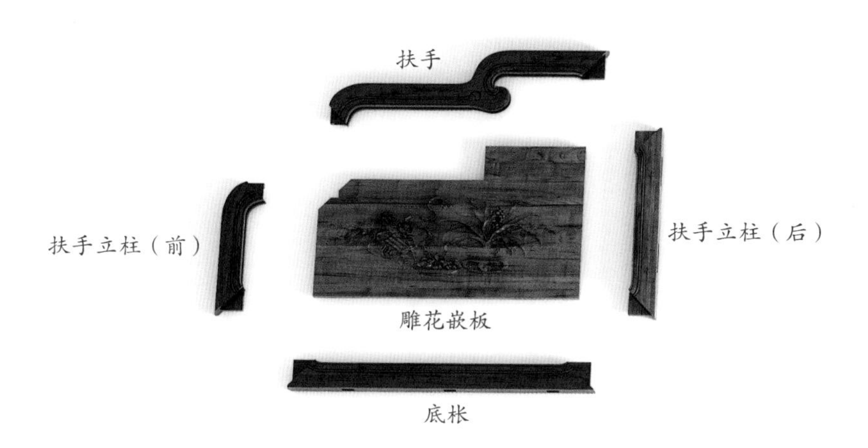
扶手
扶手立柱（前）
扶手立柱（后）
雕花嵌板
底枨

部件示意—扶手围子（效果图 8）

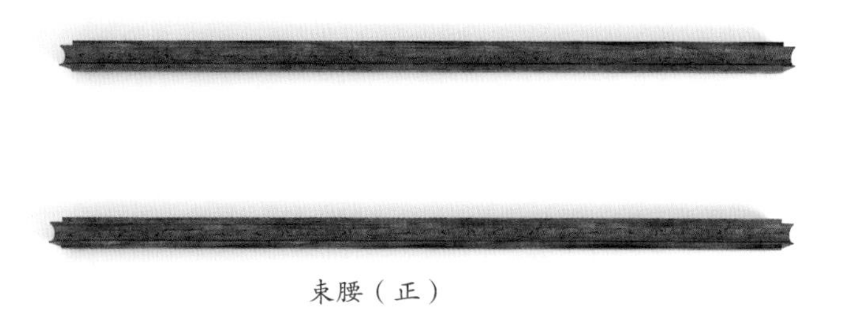
束腰（正）

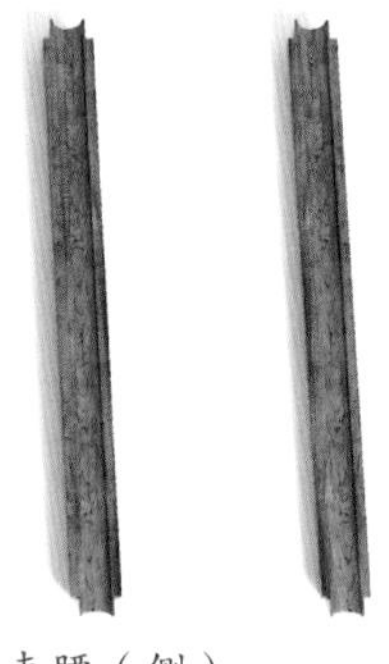
束腰（侧）

部件示意—束腰（效果图 9）

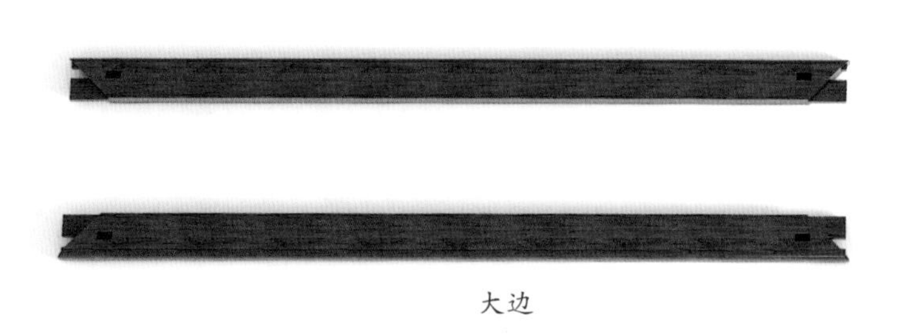
大边

抹头

部件示意—托泥（效果图 10）

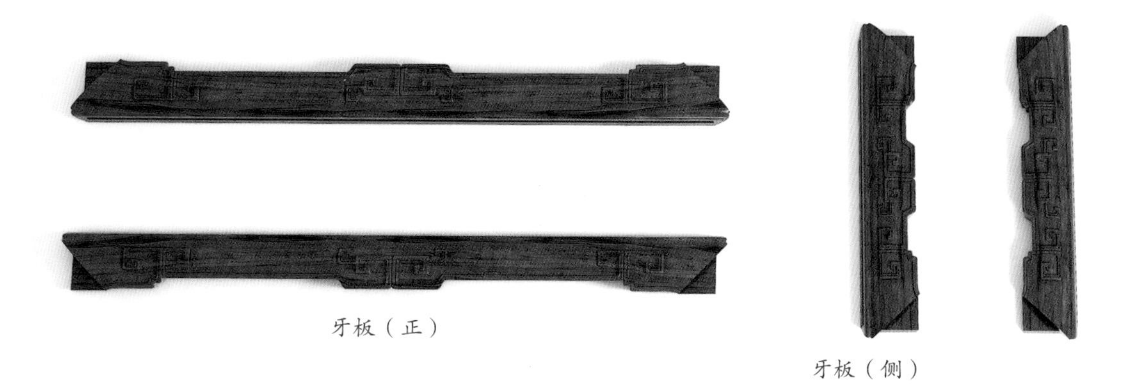
牙板（正）
牙板（侧）

部件示意—牙板（效果图11）

部件示意—腿子（效果图12）

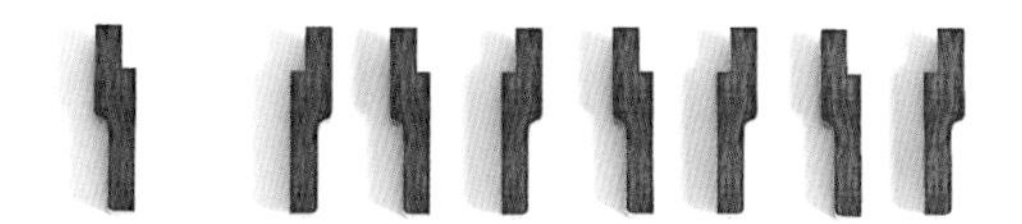

部件示意—龟足（效果图13）

6. 细部详解

细部效果—靠背围子（效果图 14）

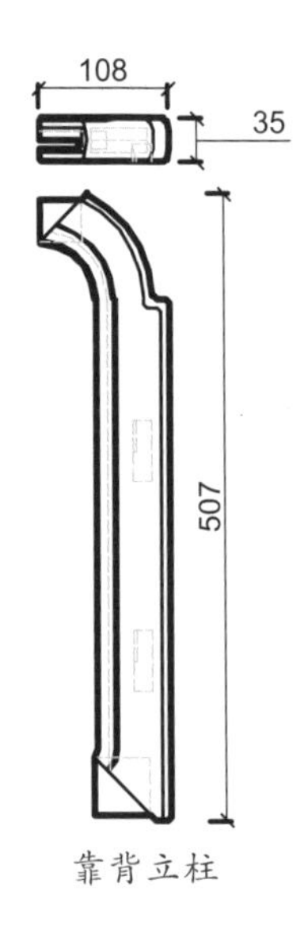
108
35
507

靠背立柱

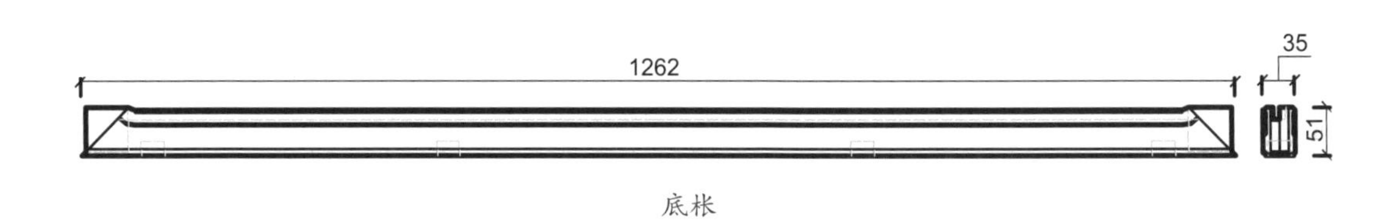
1262
35
51

底枨

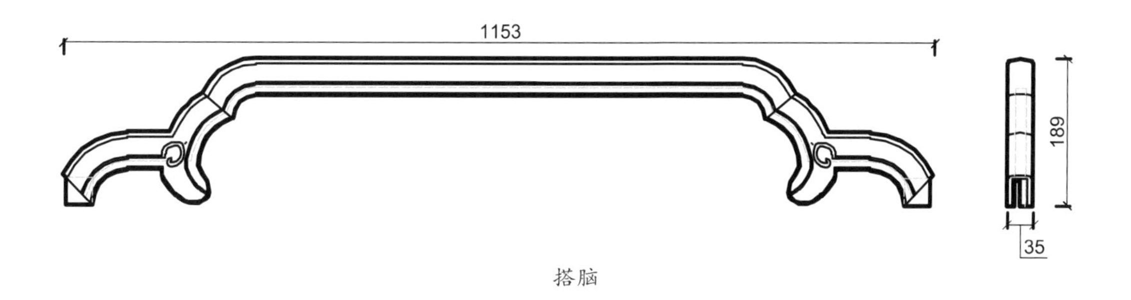
1153
189
35

搭脑

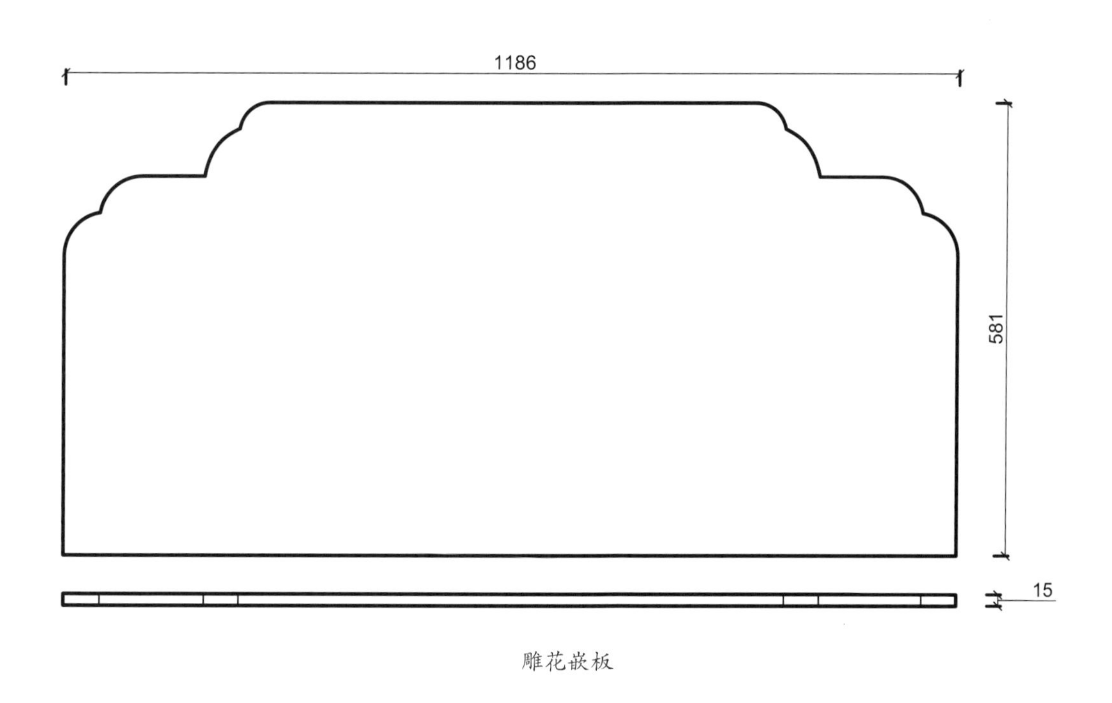
1186
581
15

雕花嵌板

细部结构—靠背围子（CAD 图 2 ~图 5）

细部效果—扶手围子（效果图 15）

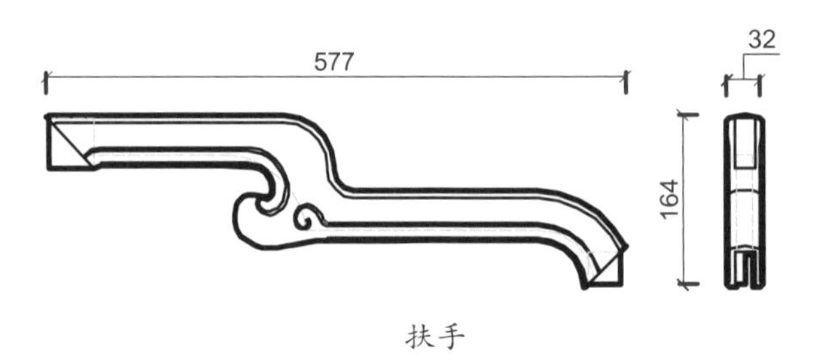
577
32
164
扶手

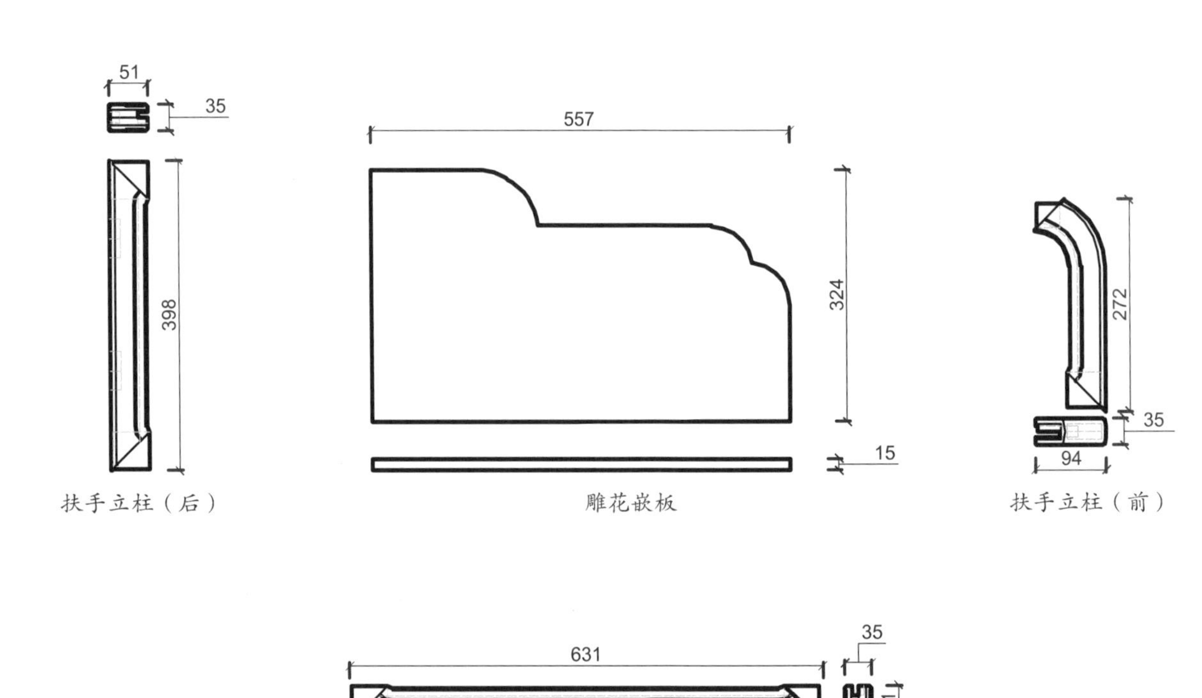
51
35
398
扶手立柱（后）
557
324
15
雕花嵌板
272
35
94
扶手立柱（前）
631
35
51
底枨

细部结构—扶手围子（CAD 图 6 ~图 10）

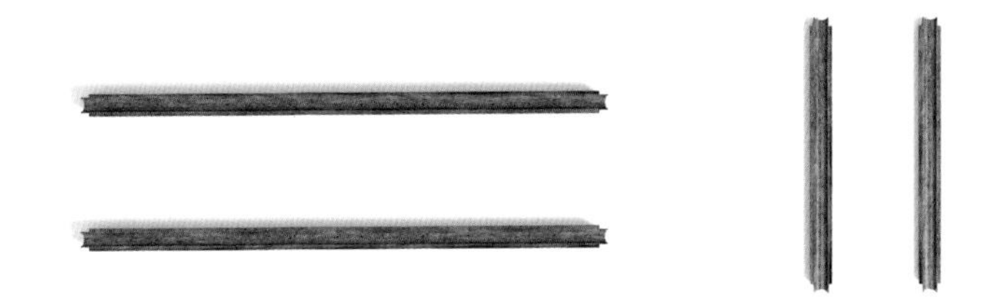

细部效果—束腰（效果图 16）

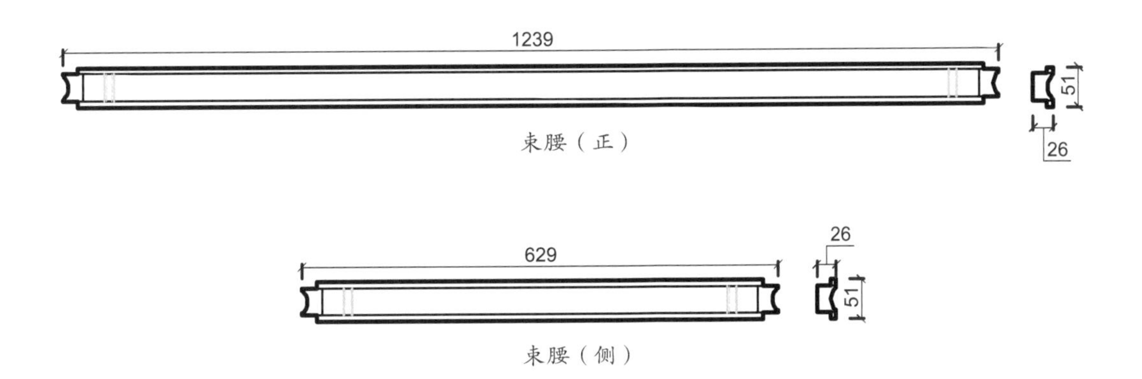
1239
51
26
束腰（正）
629
26
51
束腰（侧）

细部结构—束腰（CAD 图 11 ~ 图 12）

细部效果—托泥（效果图 17）

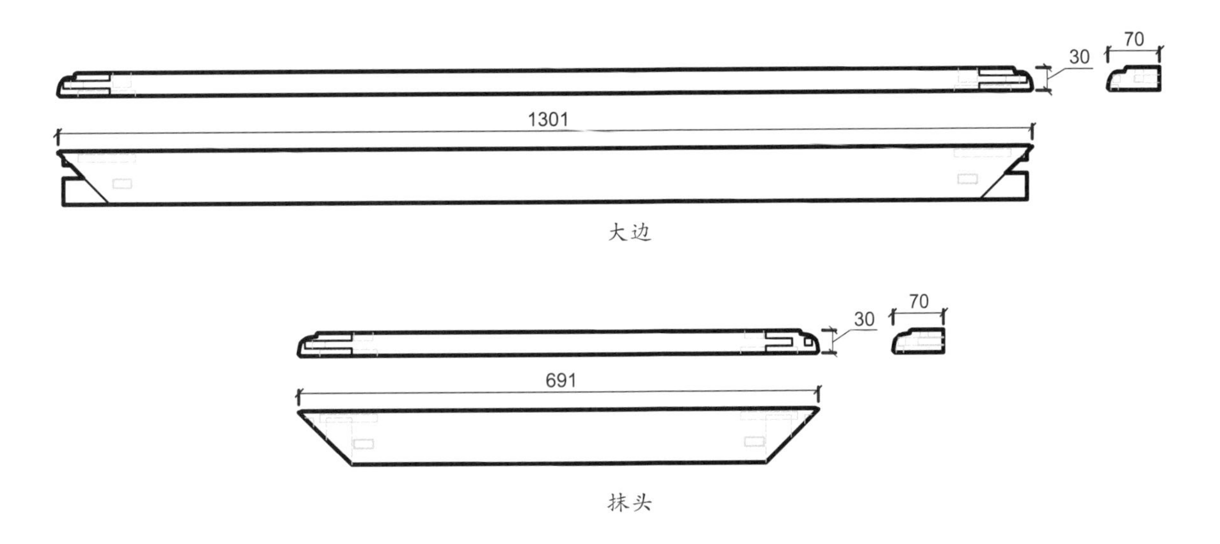
30
70
1301
大边
30
70
691
抹头

细部结构—托泥（CAD 图 13 ~ 图 14）

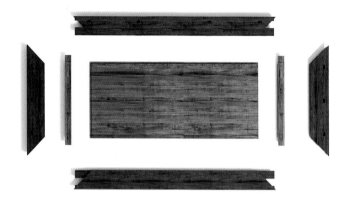

细部效果—座面（效果图 18）

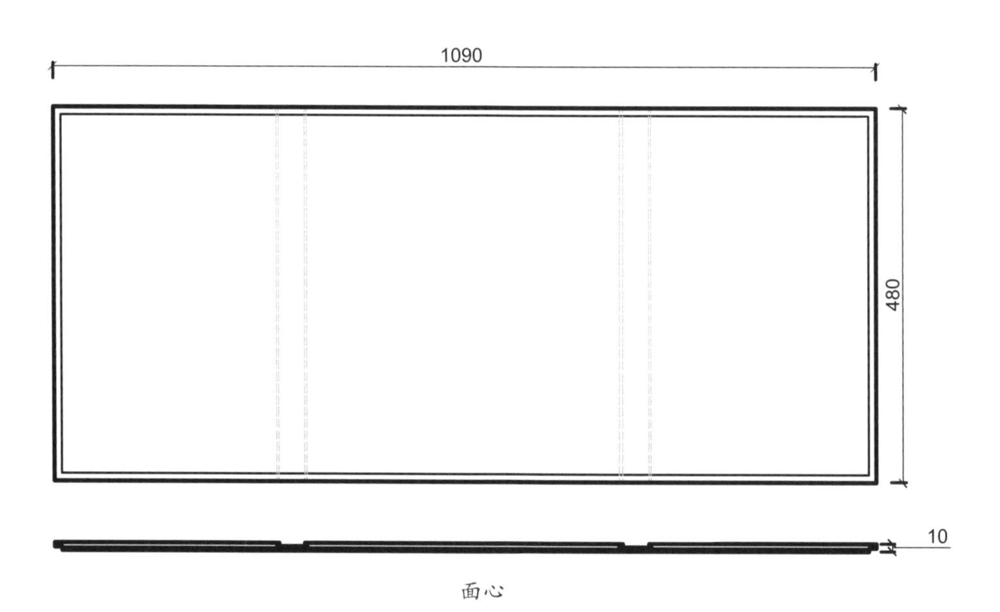
1090
480
10

面心

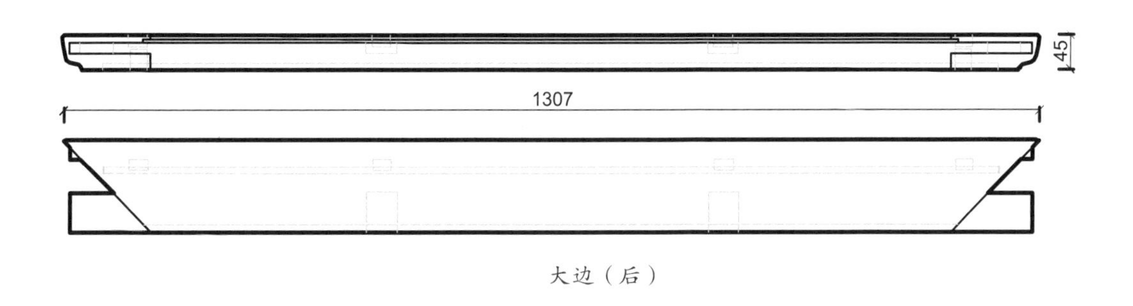
45
1307

大边（后）

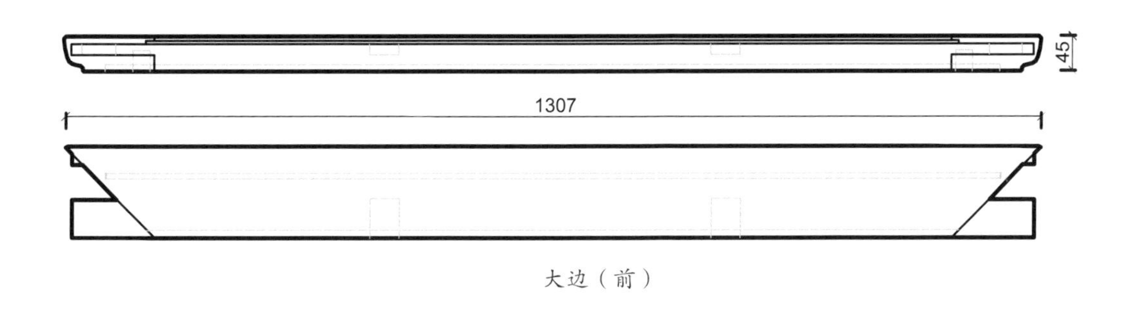
45
1307

大边（前）

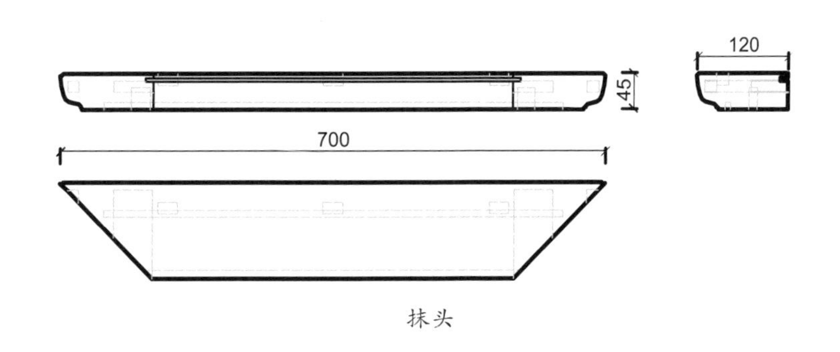
45
700
120

抹头

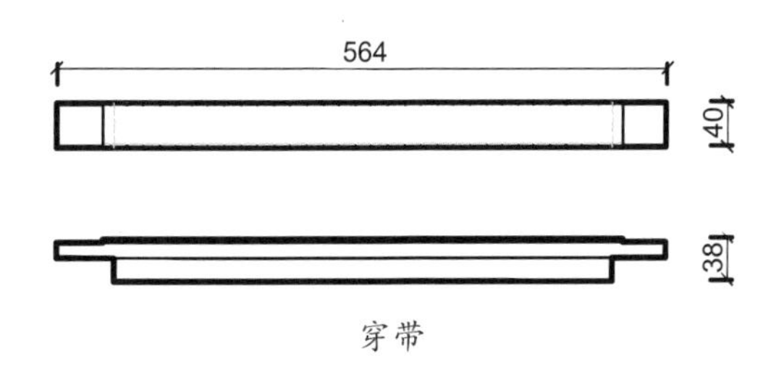
564
40
38

穿带

细部结构—座面（CAD 图 15 ~图 19）

细部效果—牙板（效果图 19）

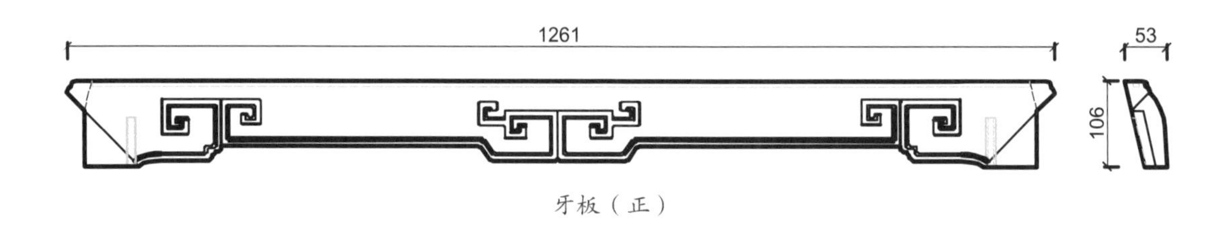
1261
53
106

牙板（正）

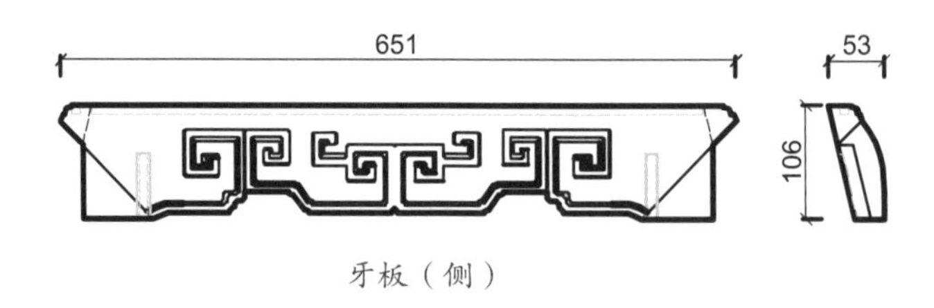
651
53
106

牙板（侧）

细部结构—牙板（CAD 图 20 ~ 图 21）

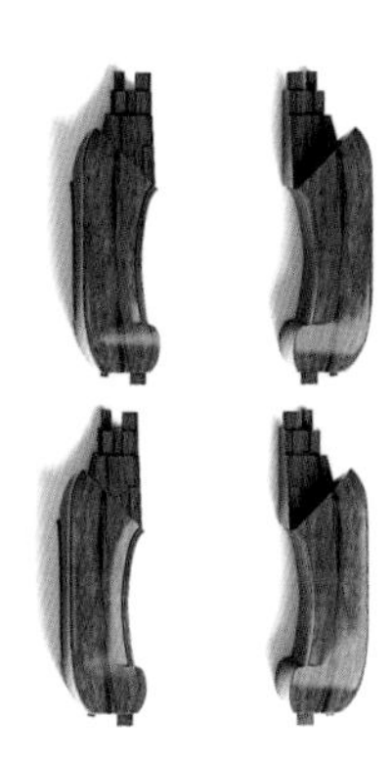

细部效果—腿子（效果图 20）

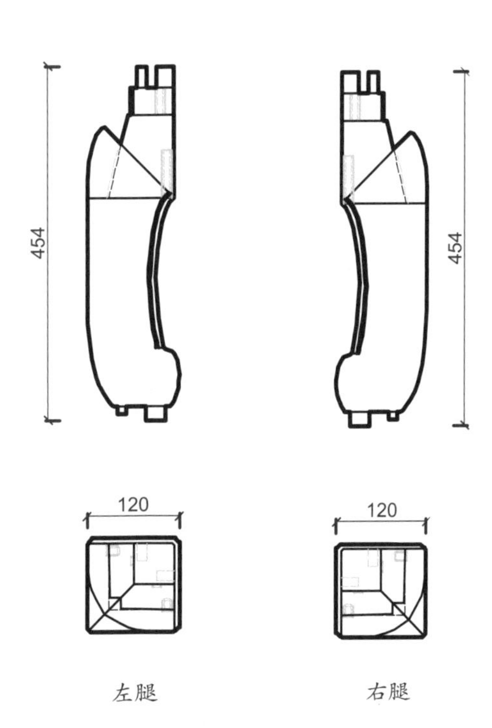

454
454
120
120
左腿
右腿

细部结构—腿子（CAD 图 22 ~ 图 23）

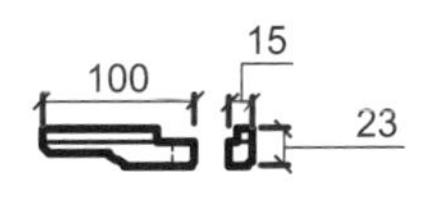

100
15
23

细部结构—龟足（CAD 图 24）

细部效果—龟足（效果图 21）

百宝嵌荷花纹宝座

材质：黄花梨

年款：清

整体外观（效果图 1）

1. 器形点评

此宝座做成五屏式，椅围高度自靠背搭脑向两侧扶手围子依次递减。靠背边框浮雕拐子纹，靠背及扶手围子中心以蓝漆为地，用百宝嵌技法镶嵌鸳鸯戏水荷花纹，寓意百年好合。椅盘下束腰打洼。四腿为直腿方材，直落到地，形成内翻马蹄足。座围、座面的边角及足部均包有铜包角，熠熠生辉。宝座雕饰精美，沉稳大气，雍容华贵，是典型的清式风格家具。

2. CAD 图示

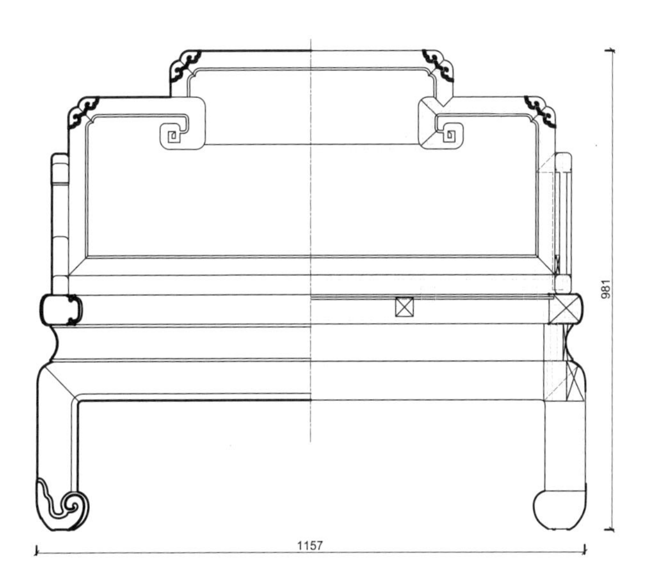
981
1157

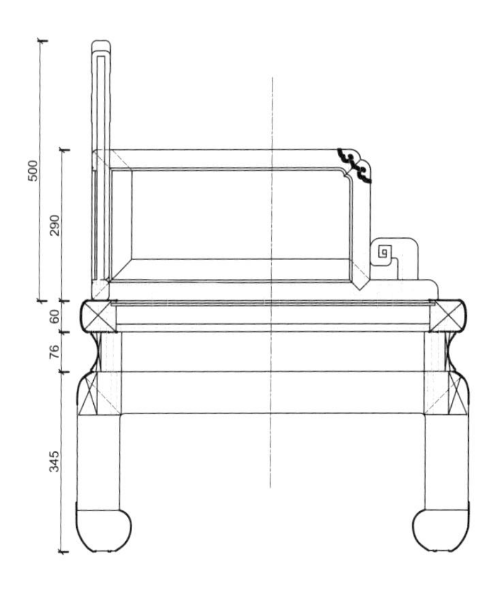
500
290
60
76
345

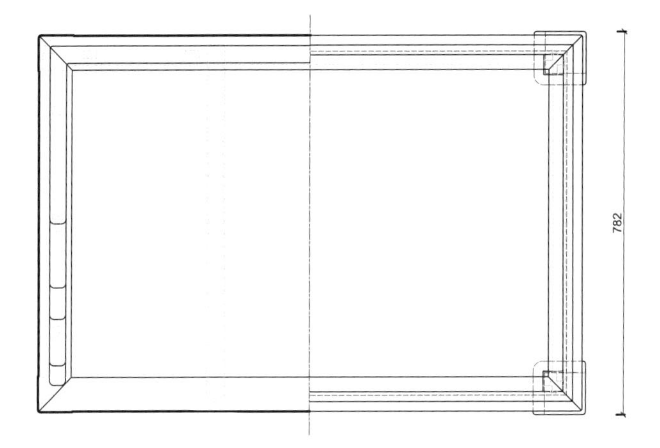
782

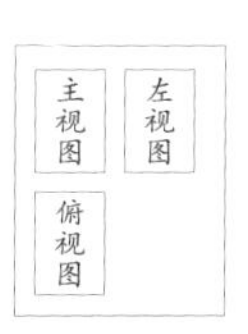
主视图
左视图
俯视图

三视结构（CAD 图 1）

注：视图中部分纹饰略去。

3. 用材效果

用材效果（材质：紫檀；效果图 2）

用材效果（材质：黄花梨；效果图 3）

用材效果（材质：红酸枝；效果图 4）

4. 结构爆炸

结构爆炸（效果图 5）

5. 部件示意

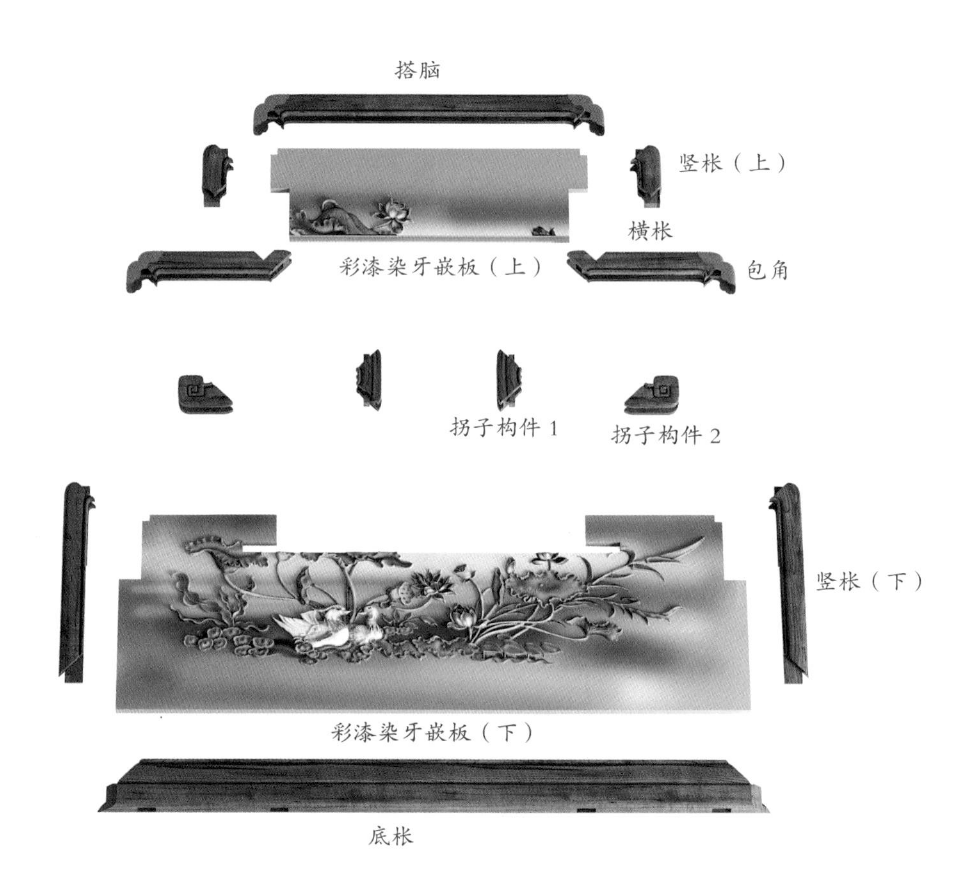

搭脑
竖枨（上）
横枨
彩漆染牙嵌板（上）
包角
拐子构件 1
拐子构件 2
竖枨（下）
彩漆染牙嵌板（下）
底枨

部件示意—靠背围子（效果图 6）

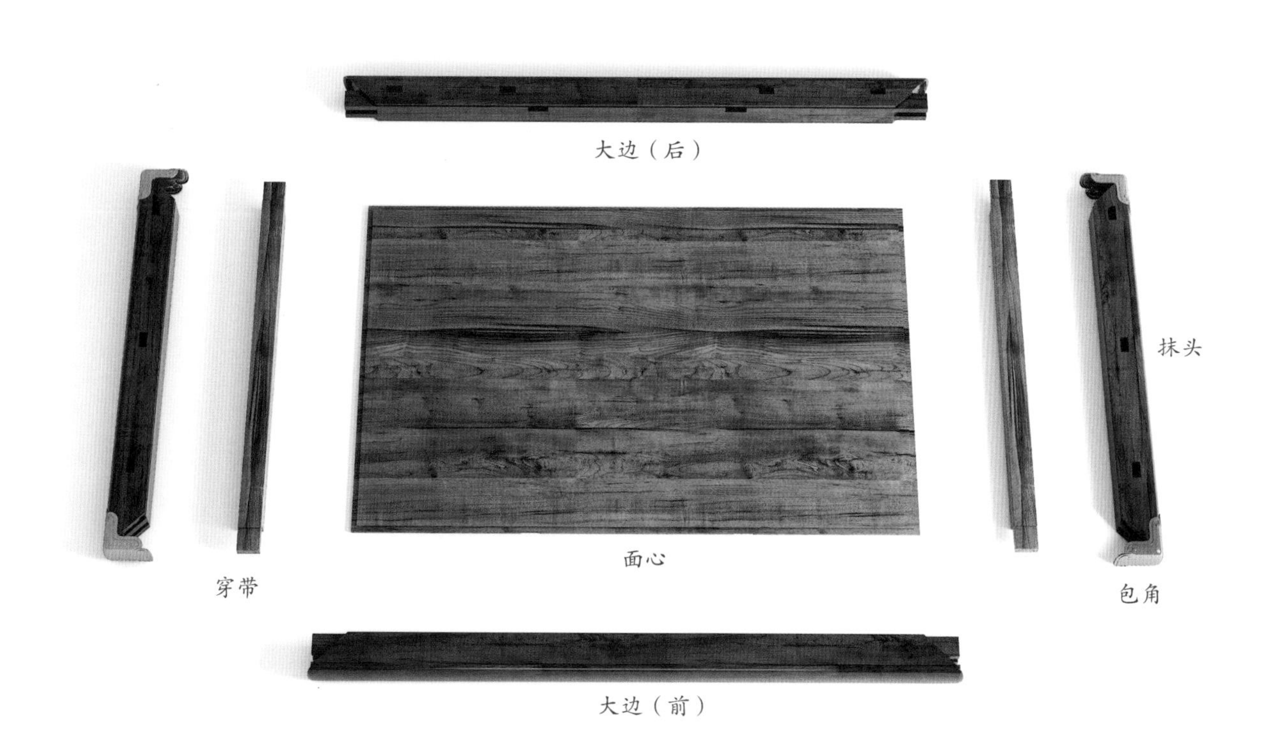
大边（后）
抹头
穿带
面心
包角
大边（前）

部件示意—座面（效果图7）

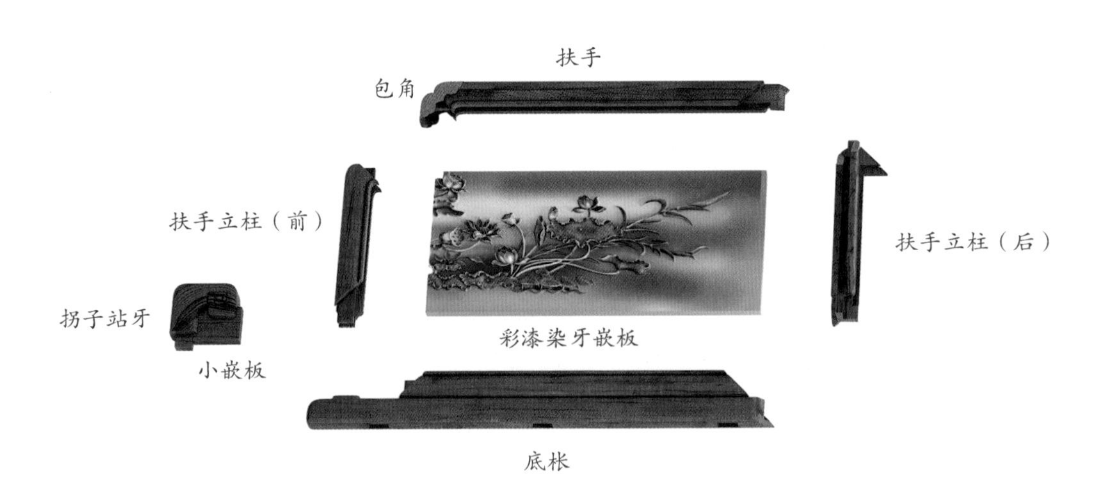
扶手
包角
扶手立柱（前）
扶手立柱（后）
拐子站牙
彩漆染牙嵌板
小嵌板
底枨

部件示意—扶手围子（效果图8）

束腰（正）

束腰（侧）

部件示意—束腰（效果图 9）

牙板（侧）

牙板（正）

部件示意—牙板（效果图 10）

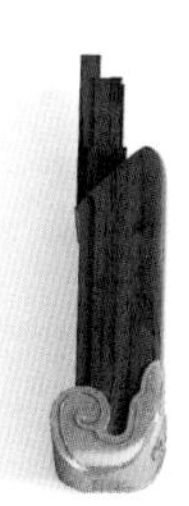

部件示意—腿子（效果图 11）

6. 细部详解

细部效果—靠背围子（效果图 12）

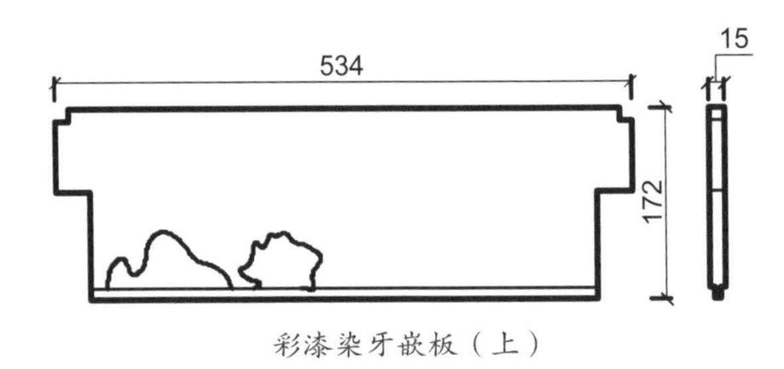

534
15
172

彩漆染牙嵌板（上）

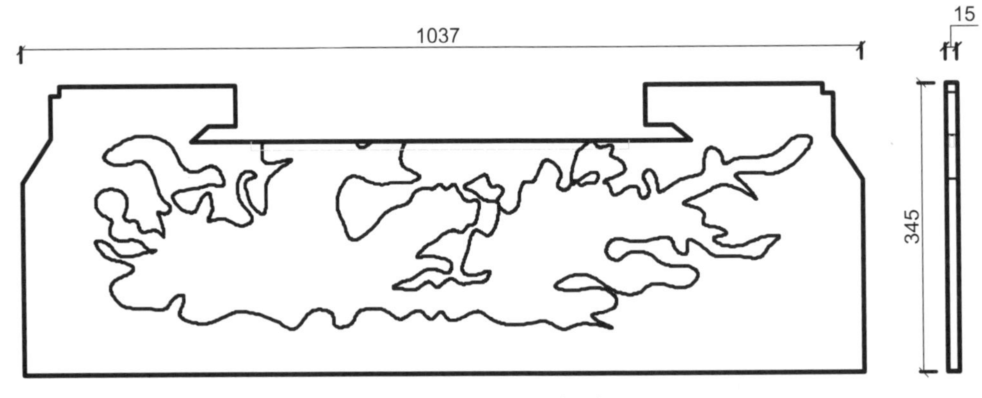

1037
15
345

彩漆染牙嵌板（下）

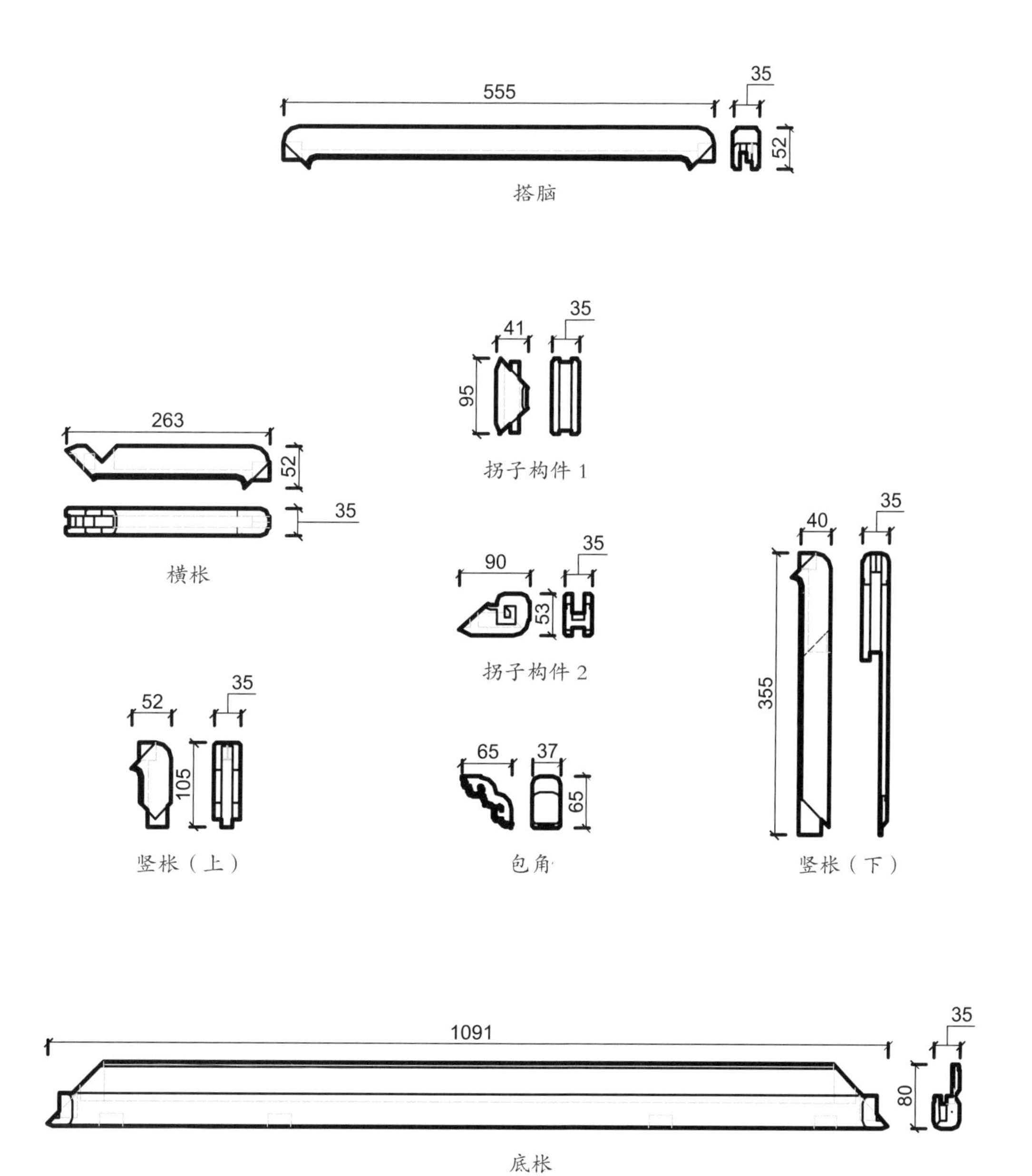
555
35
52
搭脑
41
35
95
扔子构件 1
263
52
35
横枨
90
35
53
扔子构件 2
40
35
355
52
35
105
竖枨（上）
65
37
65
包角
竖枨（下）
1091
35
80
底枨

细部结构—靠背围子（CAD 图 2 ~ 图 11）

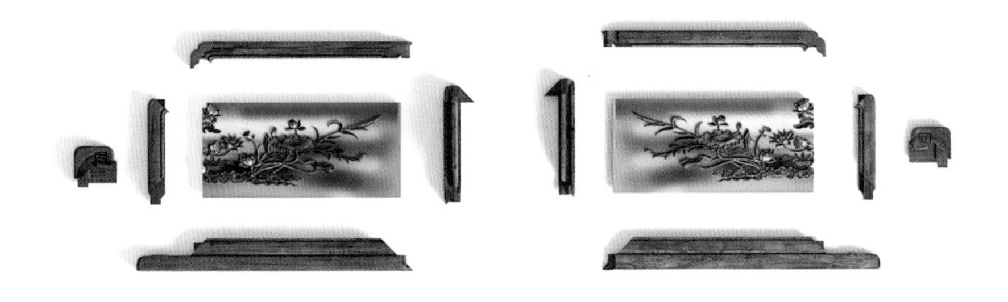

细部效果—扶手围子（效果图 13）

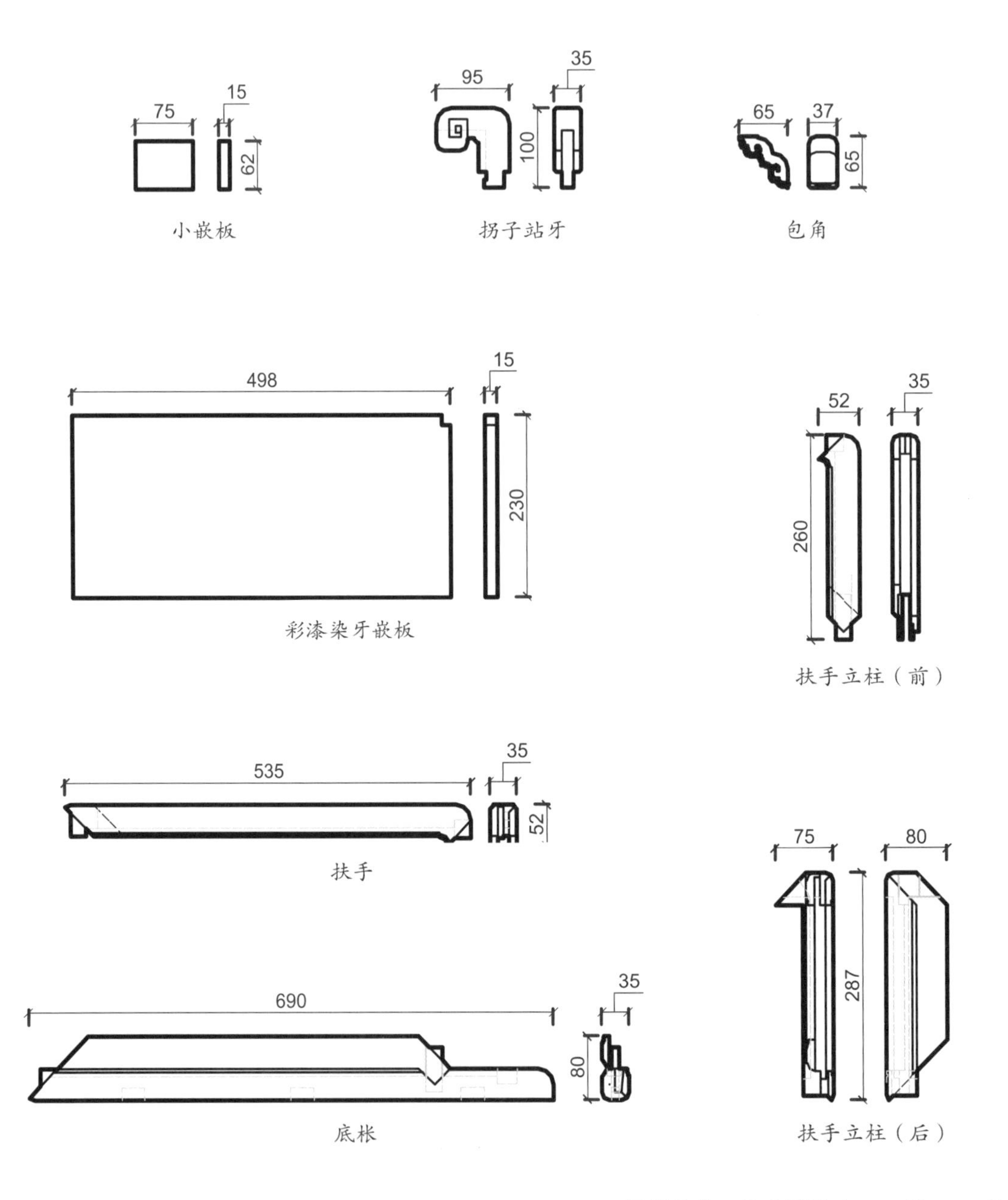
75
15
62
小嵌板
95
35
100
拐子站牙
65
37
65
包角
498
15
230
彩漆染牙嵌板
52
35
260
扶手立柱（前）
535
35
52
扶手
75
80
287
690
35
80
底枨
扶手立柱（后）

细部结构—扶手围子（CAD 图 12 ~图 19）

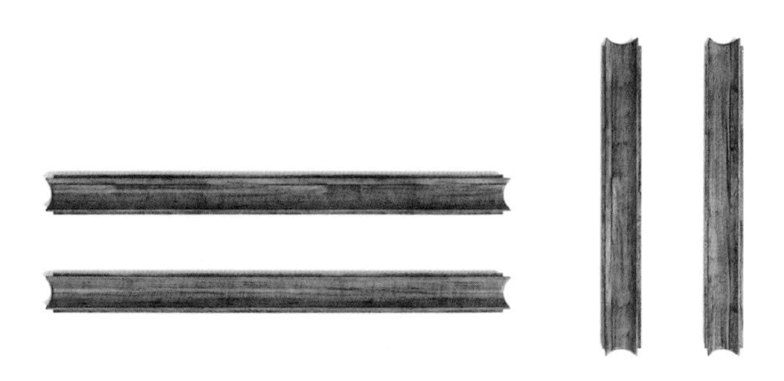

细部效果—束腰（效果图 14）

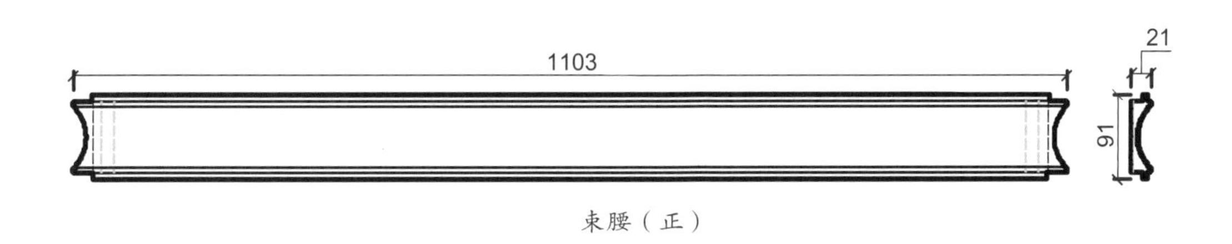

1103
21
91

束腰（正）

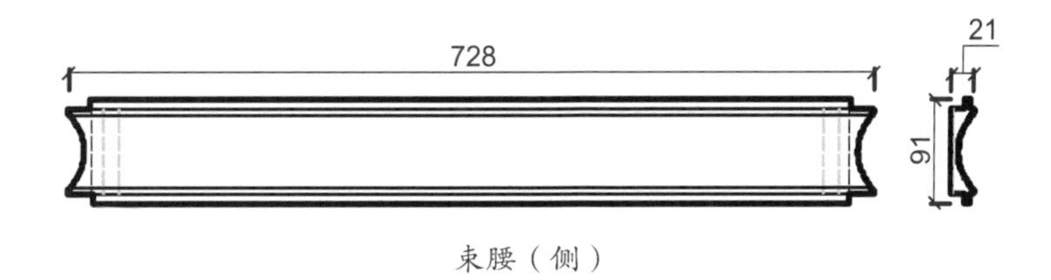

728
21
91

束腰（侧）

细部结构—束腰（CAD 图 20 ~图 21）

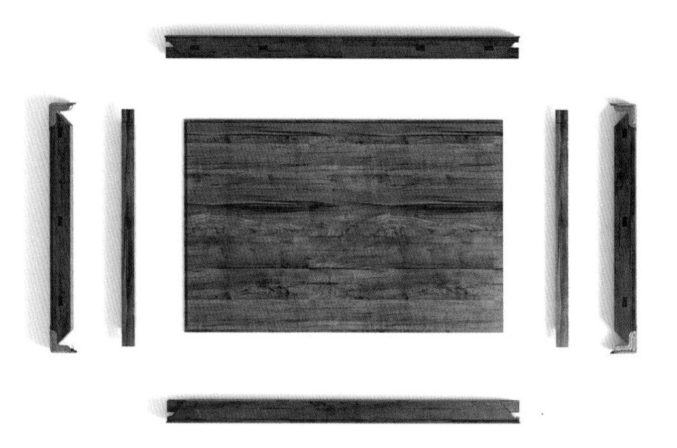

细部效果—座面（效果图 15）

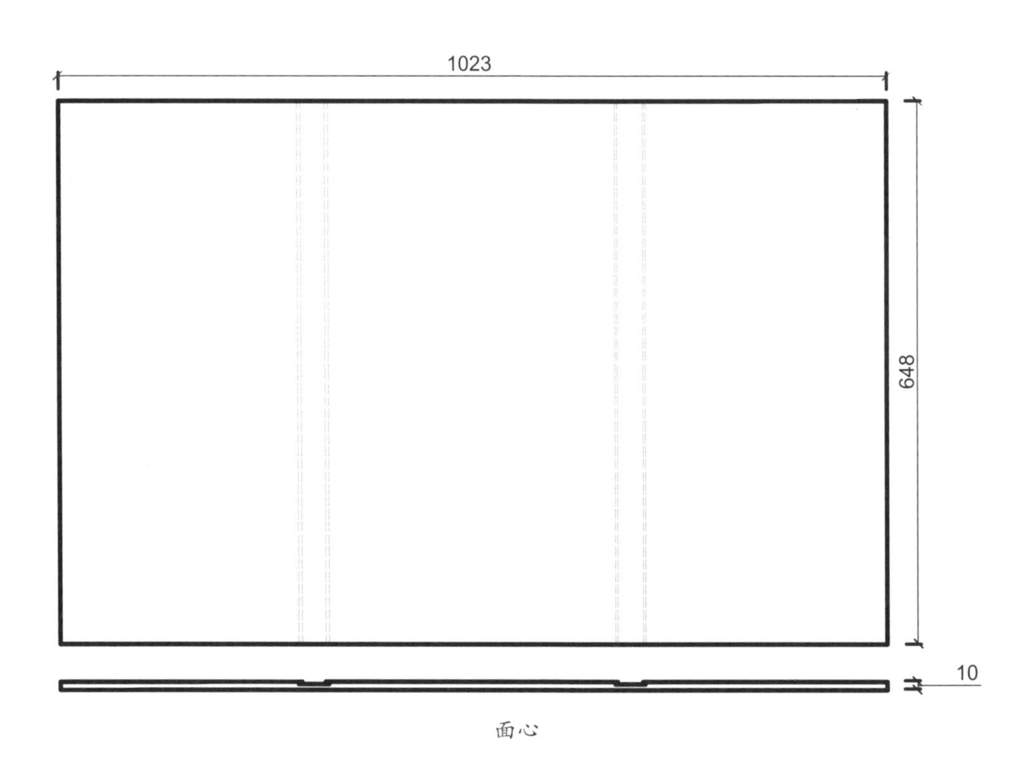
1023
648
10

面心

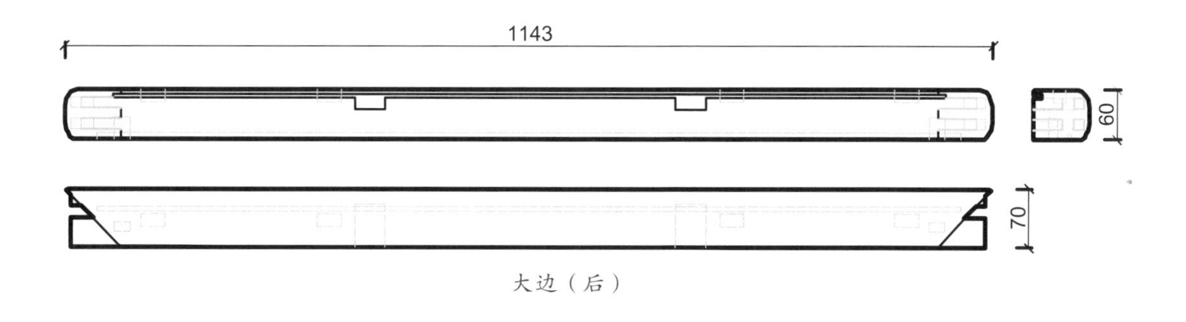
1143
60
70
大边（后）

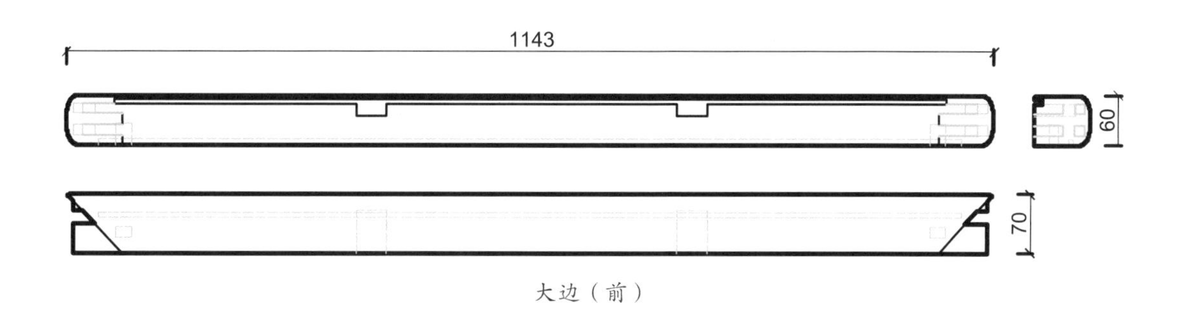
1143
60
70
大边（前）

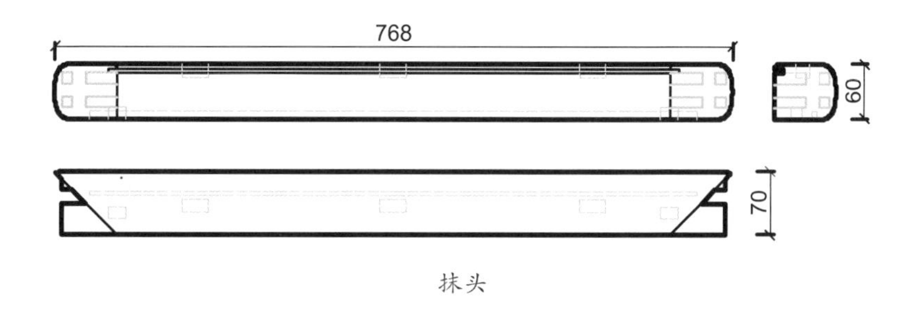
768
60
70
抹头

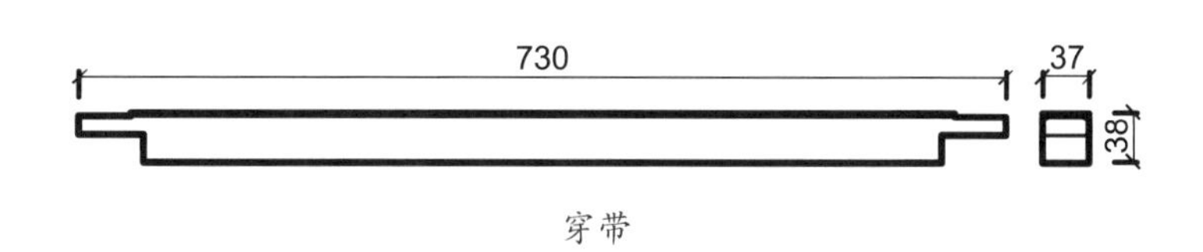
730
37
38
穿带

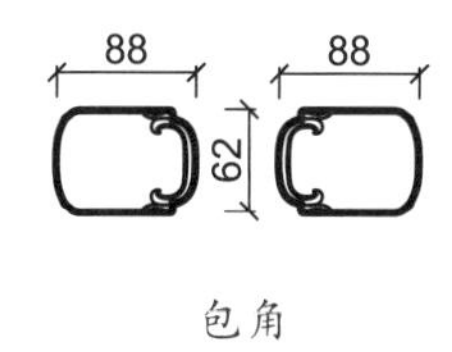
88
88
62
包角

细部结构—座面（CAD 图 22 ~ 图 27）

细部效果—牙板（效果图 16）

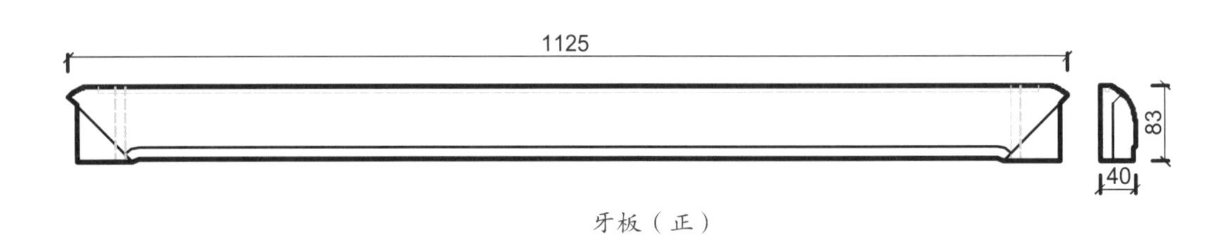

1125
83
40

牙板（正）

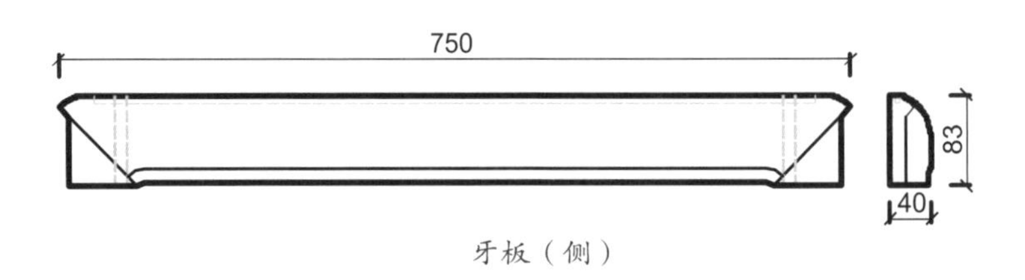

750
83
40

牙板（侧）

细部结构—牙板（CAD 图 28 ~图 29）

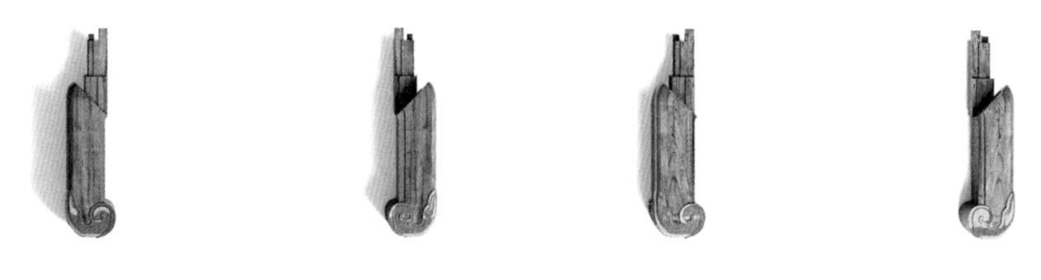

细部效果—腿子（效果图 17）

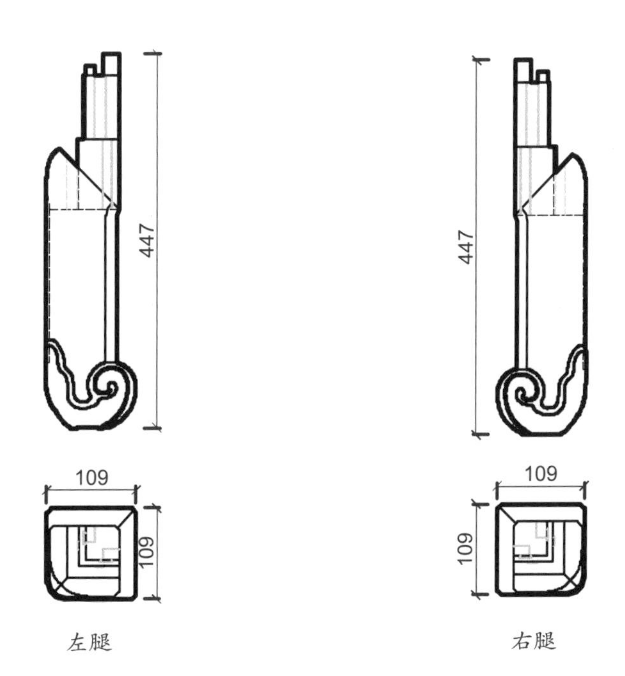
447
447
109
109
109
109
左腿
右腿

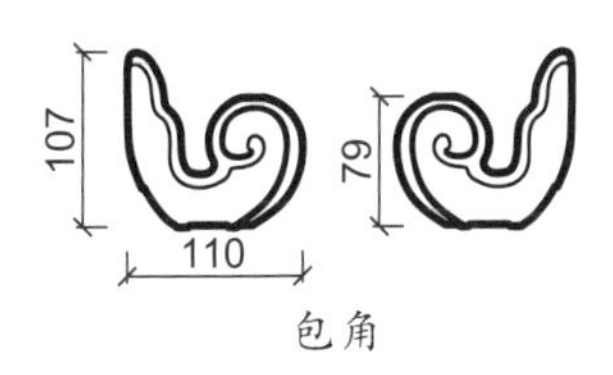
107
79
110
包角

细部结构—腿子（CAD 图 30 ~图 32）

暗八仙纹五屏式宝座

材质：黄花梨

年款：清

整体外观（效果图1）

1. 器形点评

此宝座为五屏式，靠背三扇、两侧扶手各一扇。靠背围子及扶手围子上均雕有正方形开光，开光内浮雕葫芦、鱼鼓、团扇、横笛等暗八仙图案。座面落堂做，中镶藤屉。椅盘之下为鼓腿彭牙，四腿兜转有力，足端雕成内翻马蹄足，下踩托泥，托泥下又承龟足。此宝座做工精湛，雕饰图案细腻生动，寓意吉祥，造型端庄大气。

2. CAD 图示

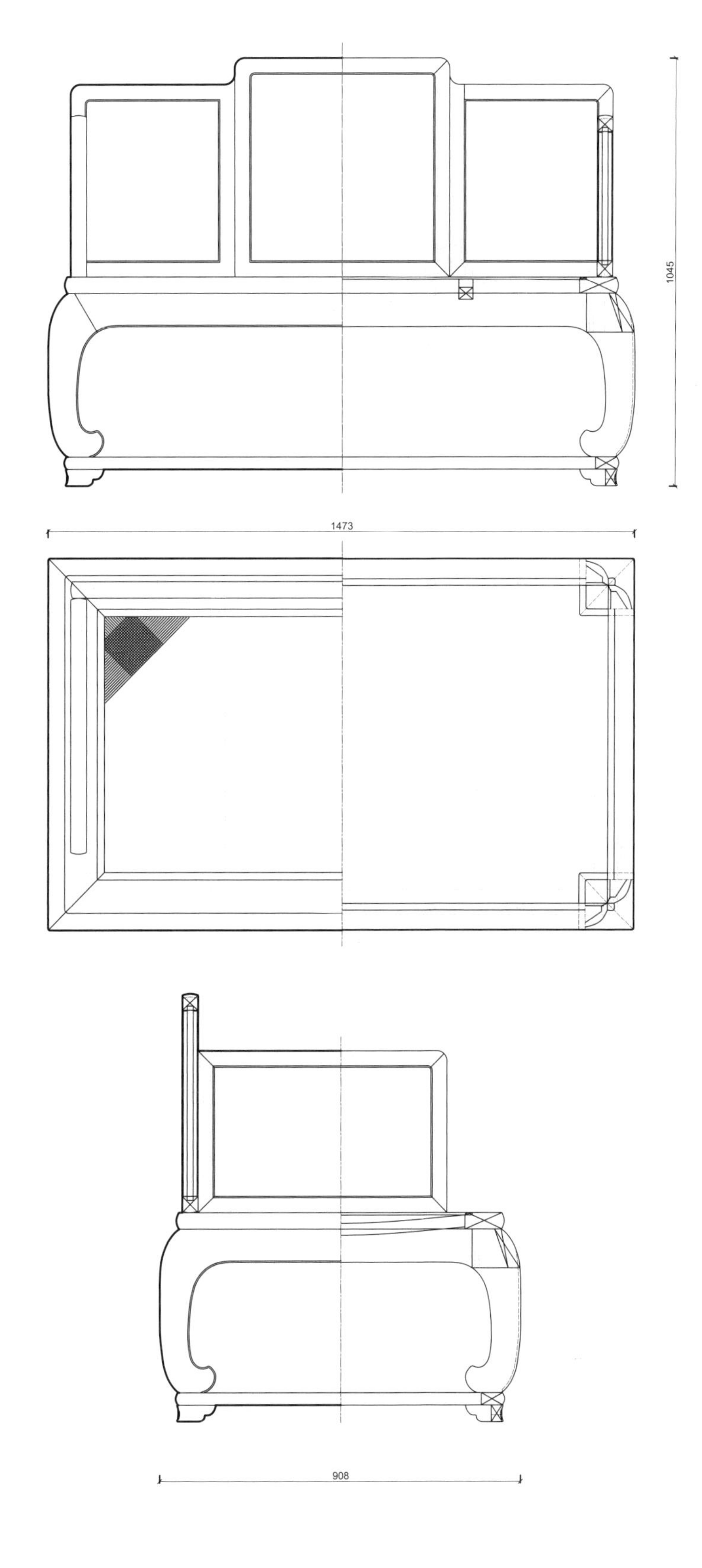

1045
1473
908

主视图
俯视图
左视图

三视结构（CAD 图 1）

注：视图中部分纹饰略去。

3. 用材效果

用材效果（材质：紫檀；效果图 2）

用材效果（材质：黄花梨；效果图 3）

用材效果（材质：红酸枝；效果图 4）

4. 结构爆炸

结构爆炸（效果图 5）

5. 部件示意

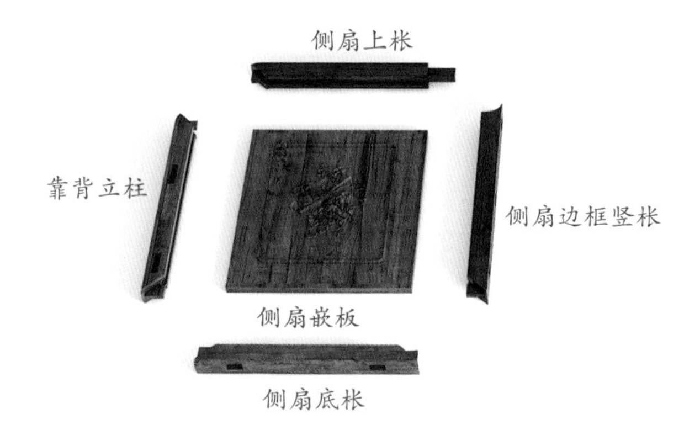
侧扇上枨
靠背立柱
侧扇边框竖枨
侧扇嵌板
侧扇底枨

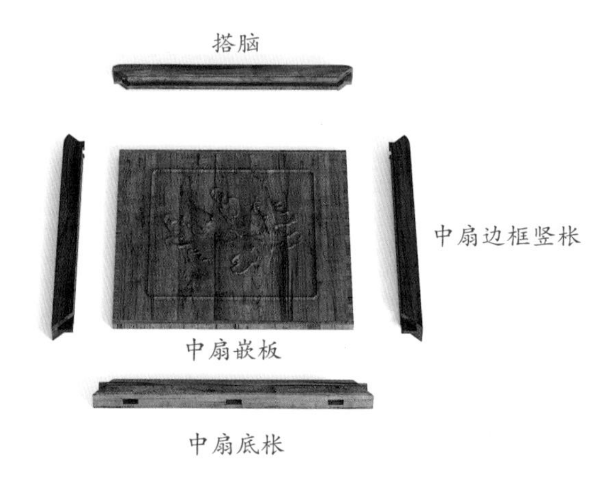
搭脑
中扇边框竖枨
中扇嵌板
中扇底枨

部件示意—靠背围子（效果图 6）

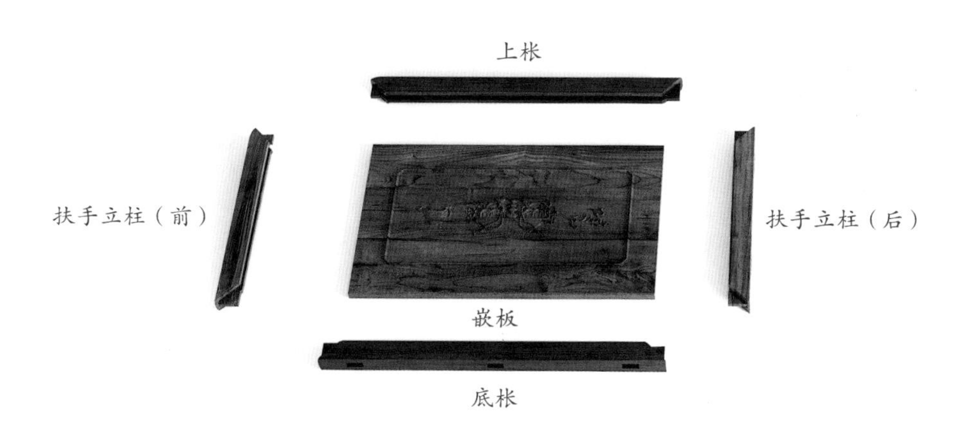
上枨
扶手立柱（前）
扶手立柱（后）
嵌板
底枨

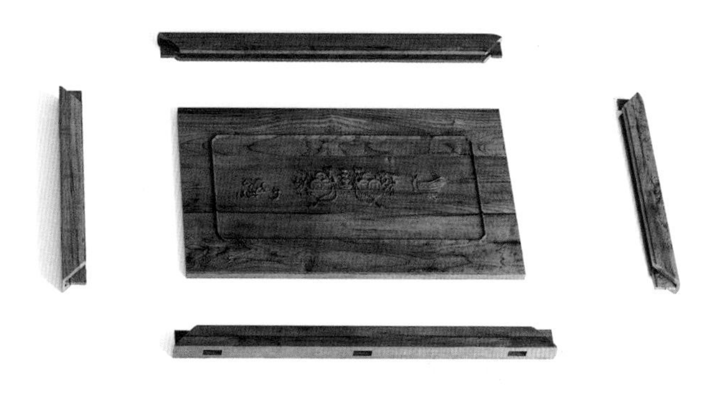

部件示意—扶手围子（效果图7）

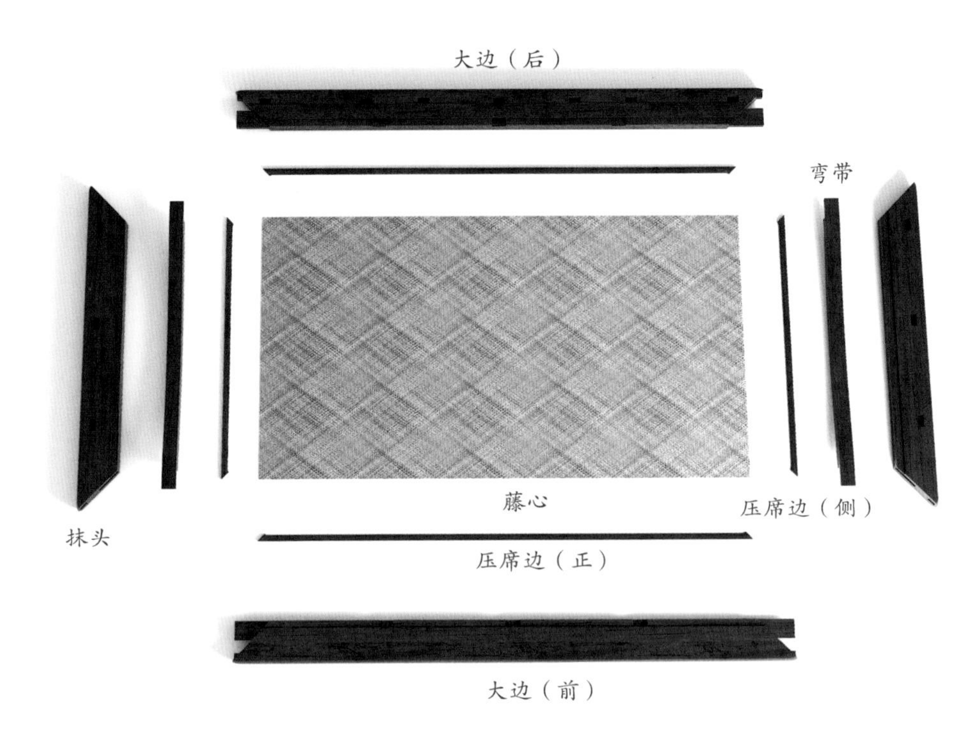
大边（后）
弯带
抹头
藤心
压席边（侧）
压席边（正）
大边（前）

部件示意—座面（效果图 8）

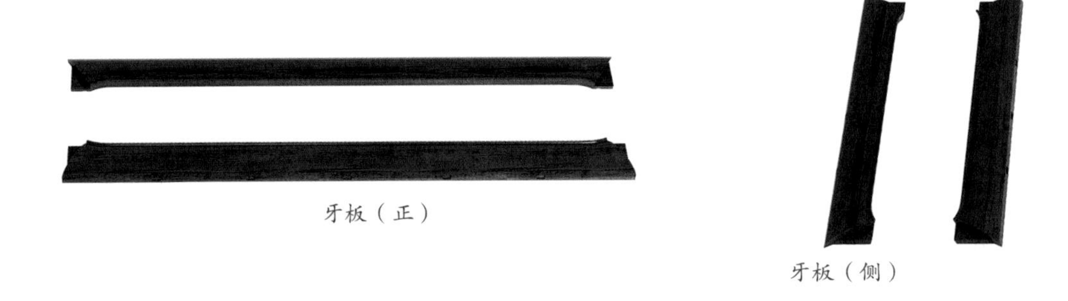
牙板（正）
牙板（侧）

部件示意—牙板（效果图 9）

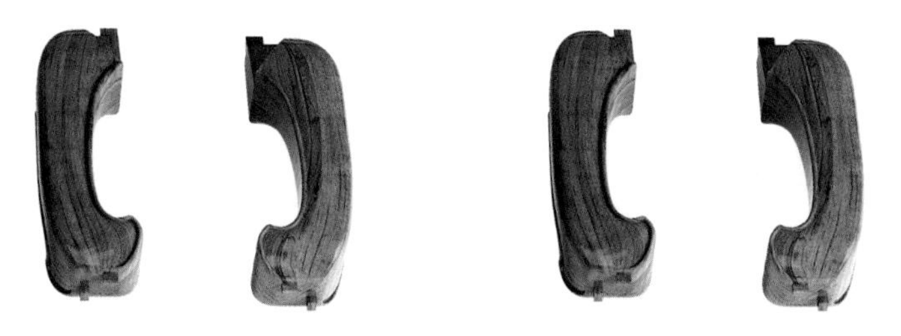

部件示意—腿子（效果图 10）

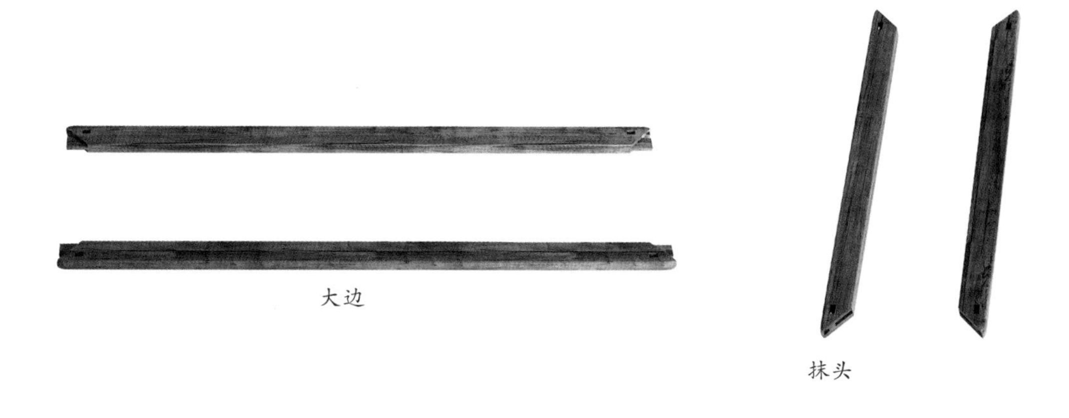
大边
抹头

部件示意—托泥（效果图 11）

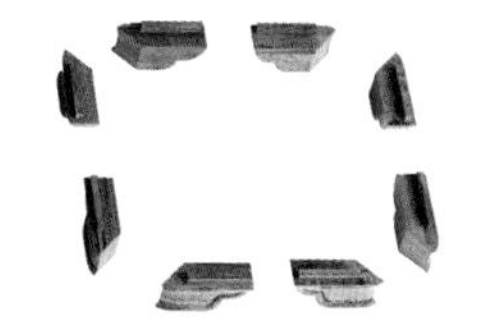

部件示意—龟足（效果图 12）

6. 细部详解

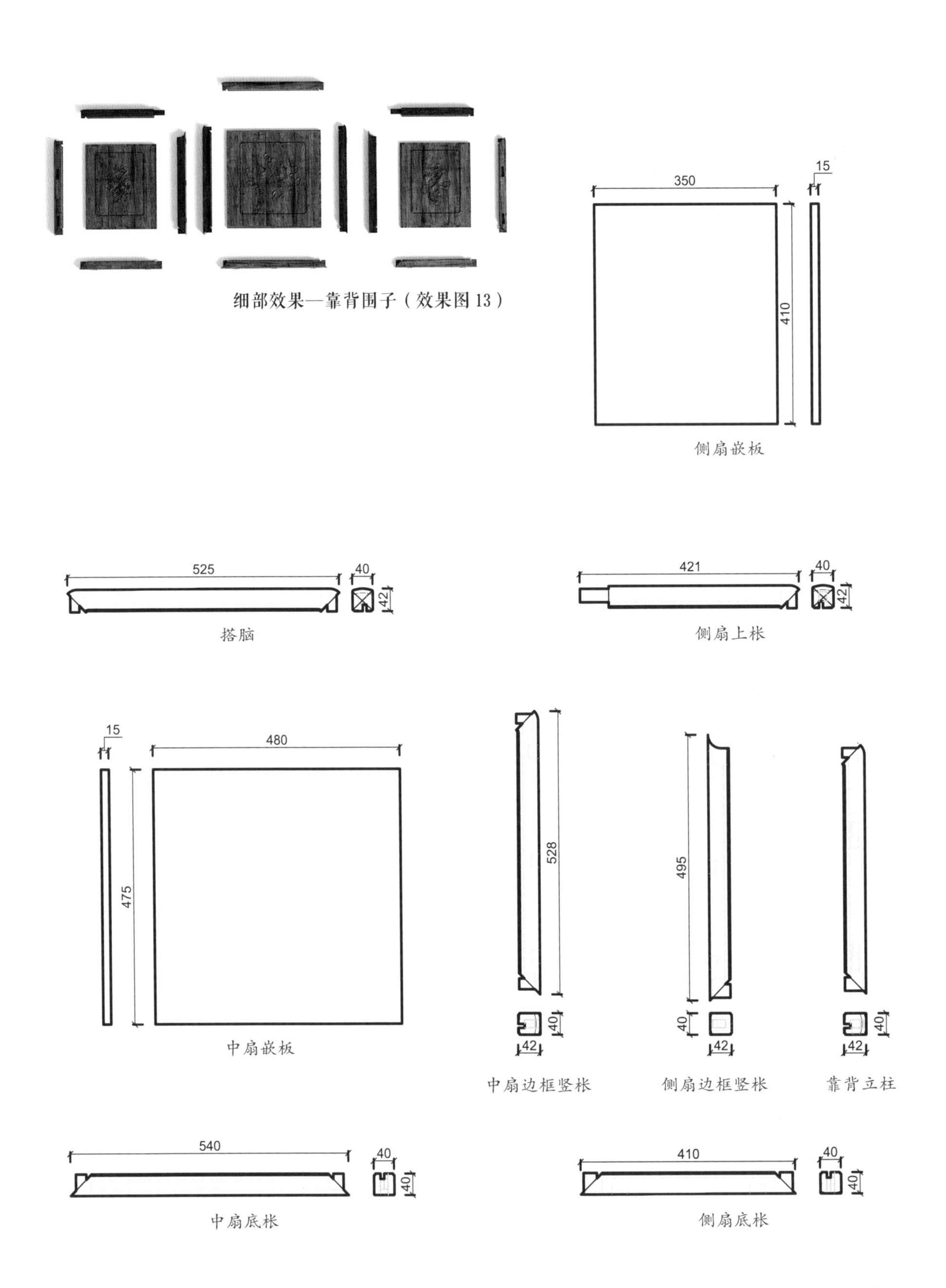

350
15
410
侧扇嵌板
525
40
42
搭脑
421
40
42
侧扇上枨
15
480
475
中扇嵌板
528
40
42
中扇边框竖枨
495
40
42
侧扇边框竖枨
40
42
靠背立柱
540
40
40
中扇底枨
410
40
40
侧扇底枨

细部效果—靠背围子（效果图 13）

细部结构—靠背围子（CAD 图 2 ~ 图 10）

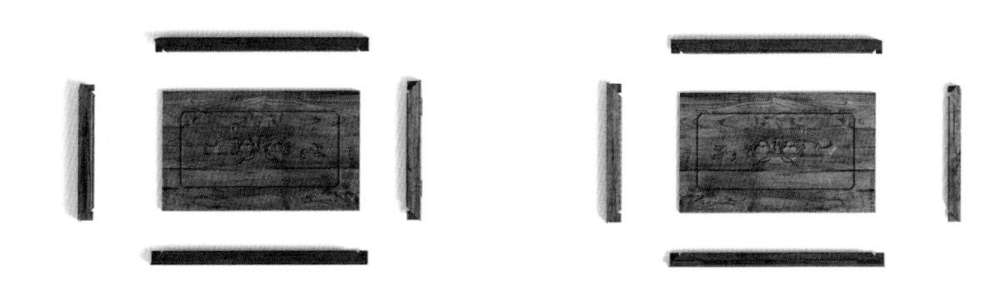

细部效果—扶手围子（效果图 14）

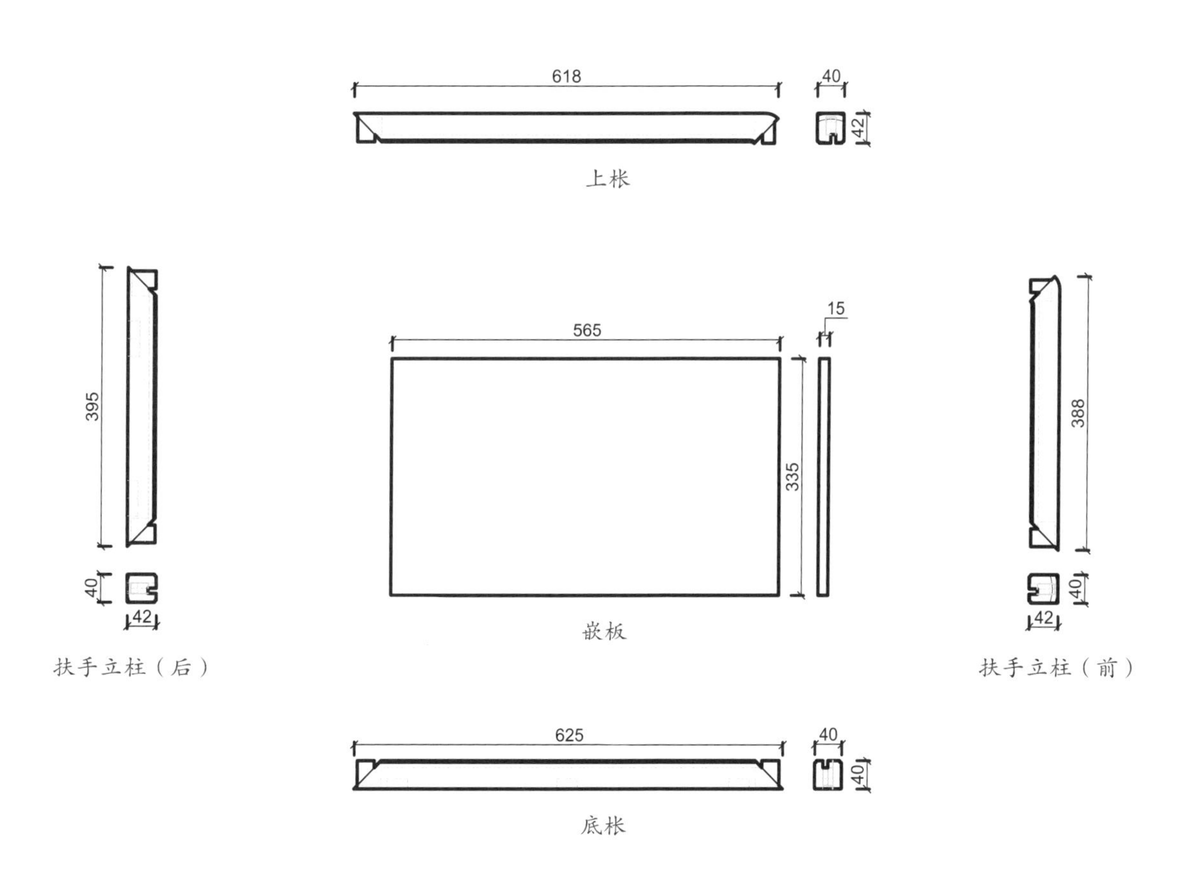
618
40
42
上帐
395
565
15
335
388
40
42
嵌板
扶手立柱（后）
扶手立柱（前）
625
40
40
底帐

细部结构—扶手围子（CAD 图 11 ~ 图 15）

细部效果—座面（效果图15）

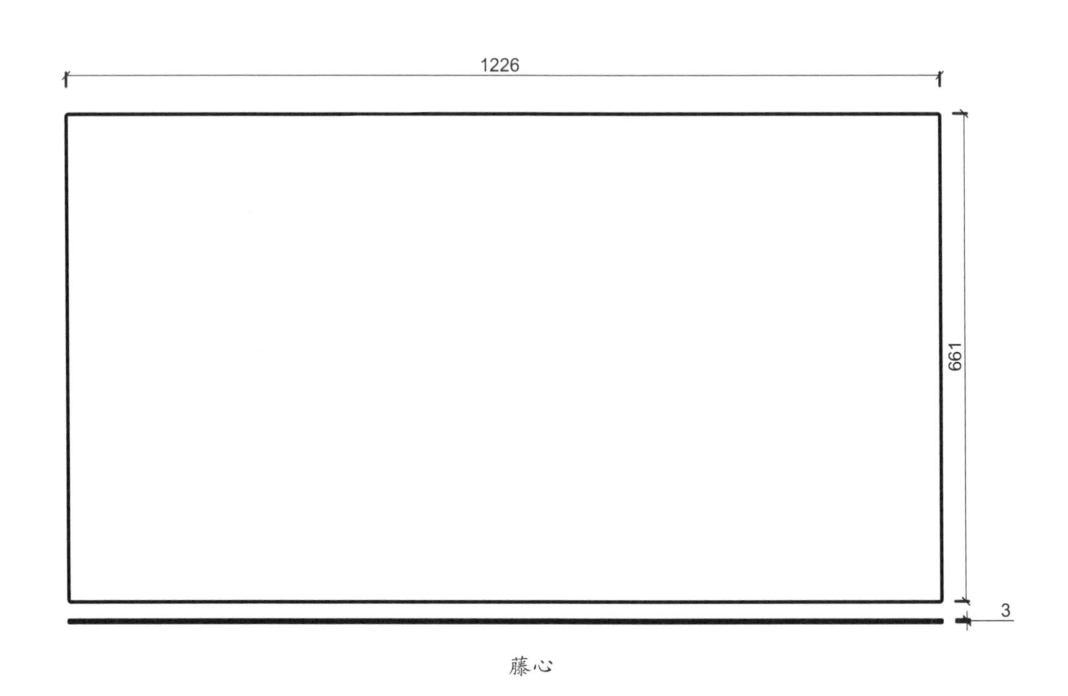
1226
661
3

藤心

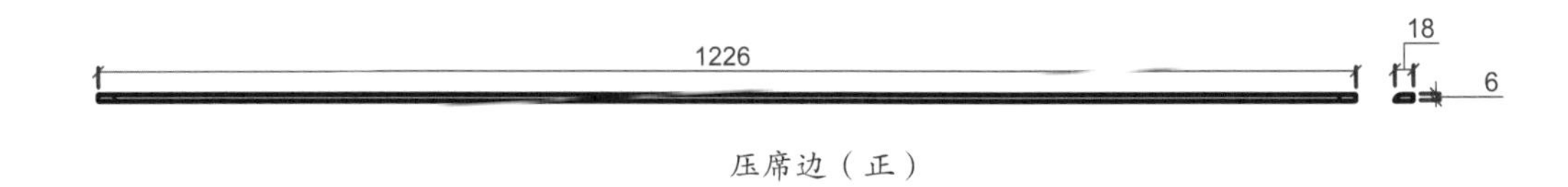
1226
18
6

压席边（正）

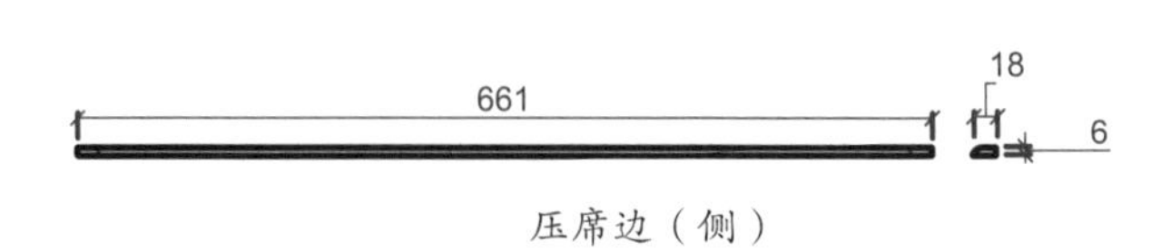
661
18
6

压席边（侧）

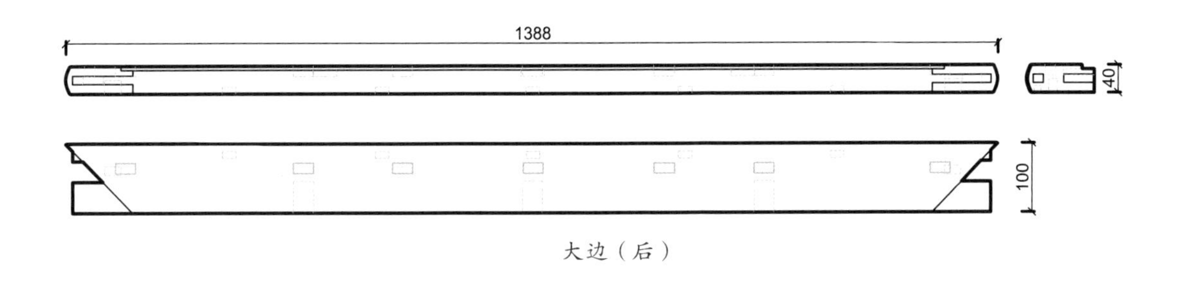
1388
40
100
大边（后）

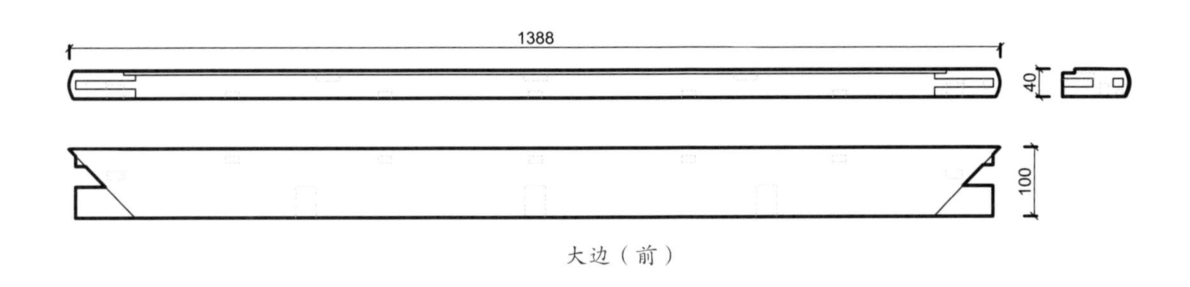
1388
40
100
大边（前）

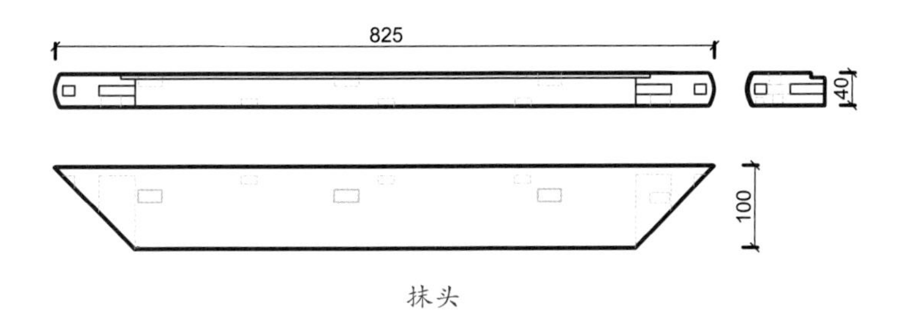
825
40
100
抹头

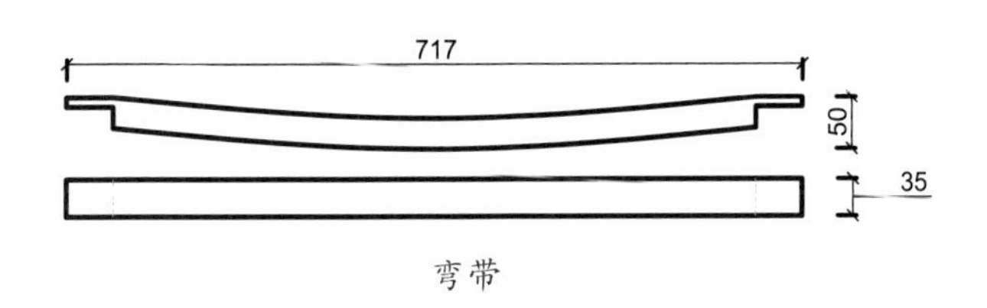
717
50
35
弯带

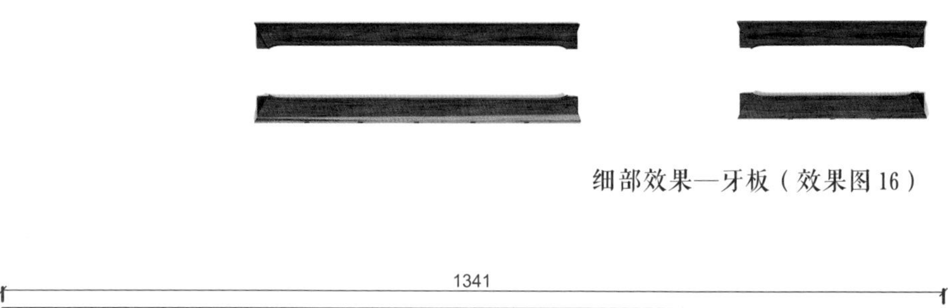

细部效果—牙板（效果图 16）

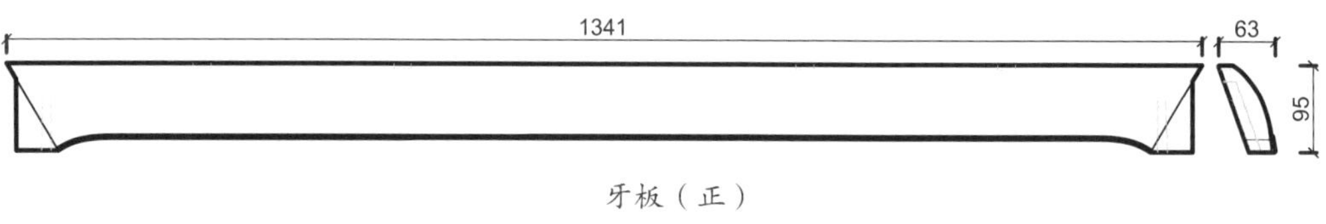
1341
63
95

牙板（正）

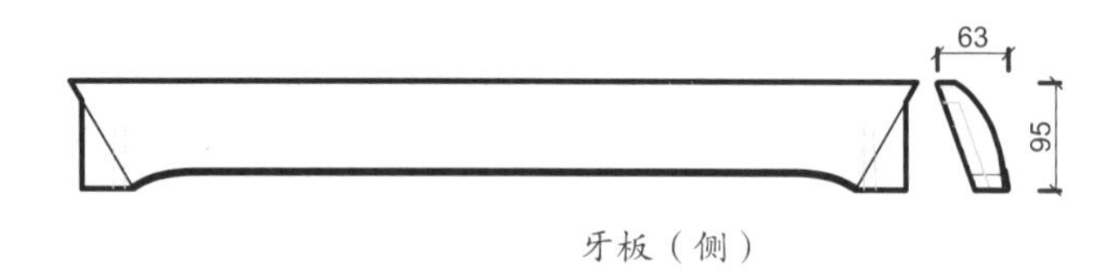
63
95

牙板（侧）

细部结构—牙板（CAD 图 23 ~ 图 24）

细部效果—托泥（效果图 17）

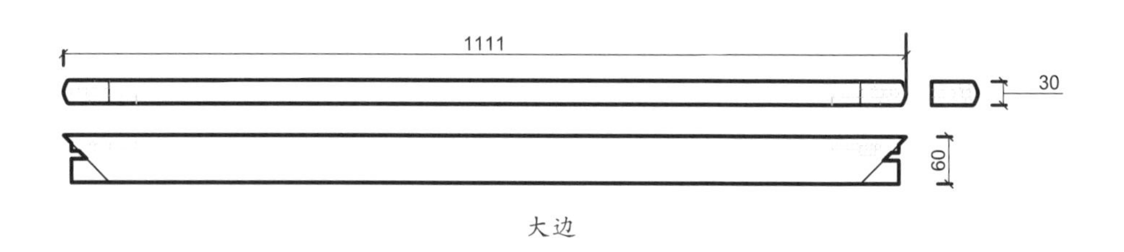
1111
30
60

大边

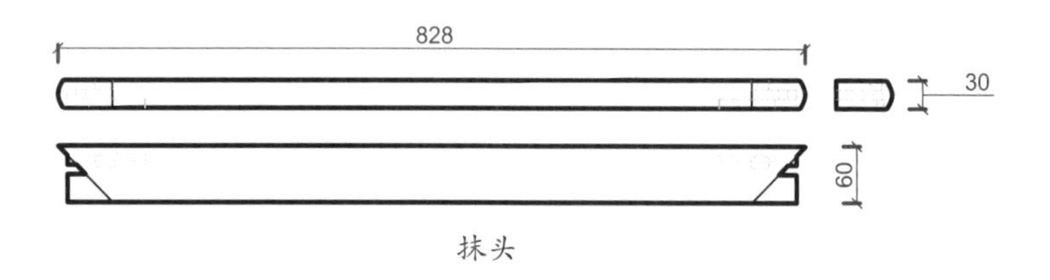
828
30
60

抹头

细部结构—托泥（CAD 图 25 ~ 图 26）

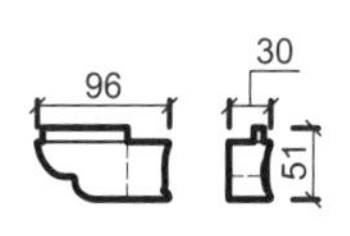
96
30
51

细部结构—龟足（CAD 图 27）

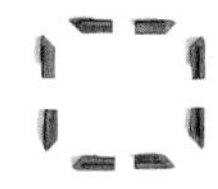

细部效果—龟足（效果图 18）

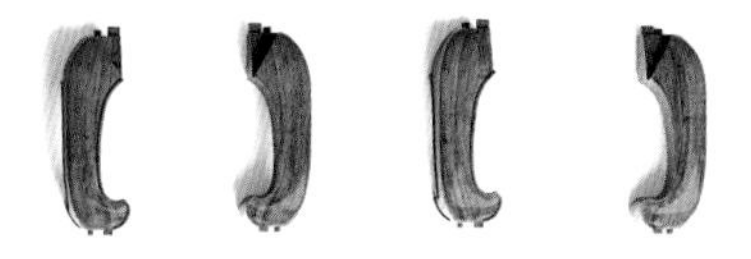

细部效果—腿子（效果图 19）

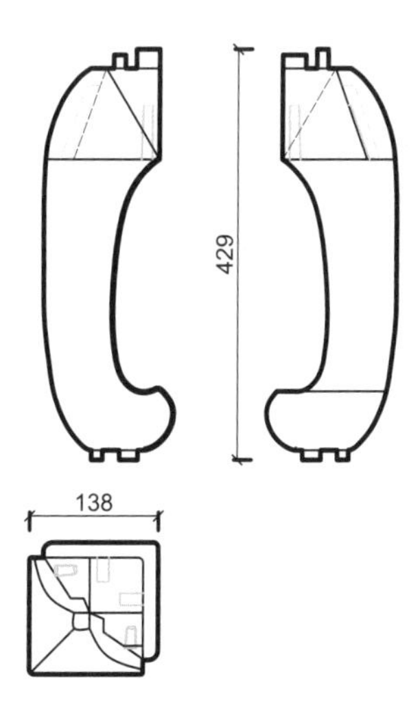
429
138

左腿

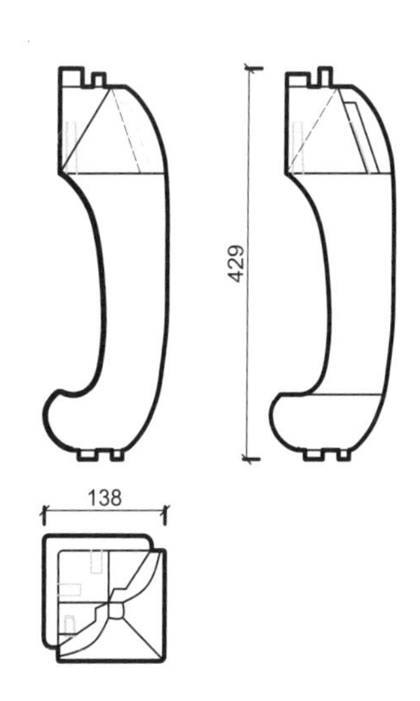
429
138

右腿

细部结构—腿子（CAD 图 28 ~图 29）

卷书式搭脑雕花宝座

材质：黄花梨

年款：清

整体外观（效果图 1）

1. 器形点评

此宝座为五屏式，靠背三扇，左右扶手各一扇。靠背正中高拱，搭脑雕成卷书式，两个侧屏边角为软圆角。五屏式椅围正中均铲地浮雕花卉纹，座面落堂做，中镶藤心。座面下有束腰，开有圆形和炮仗洞透光。鼓腿彭牙，内翻马蹄足，足下踩底座。此宝座造型端庄，颇显华贵大气。

2. CAD 图示

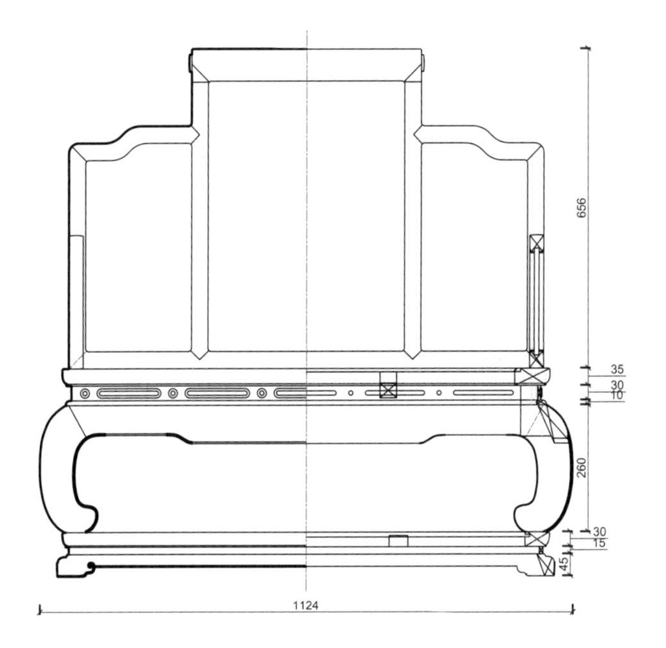

656
35
30
10
260
30
15
45
1124

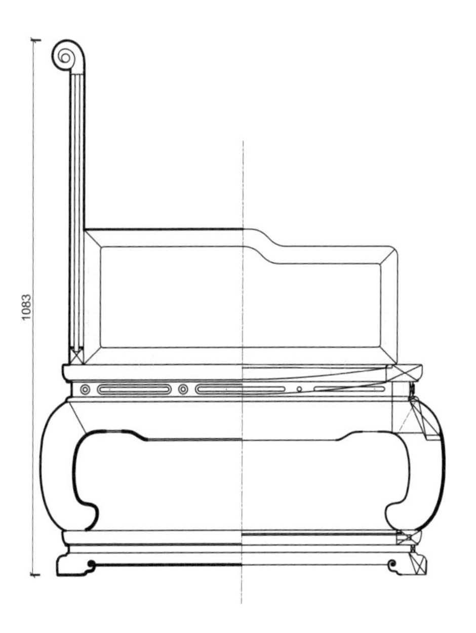

1083

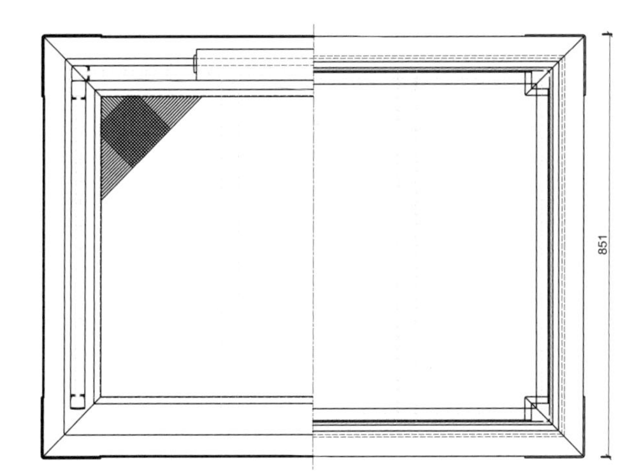

851

主视图
左视图
俯视图

三视结构（CAD 图 1）

注：视图中部分纹饰略去。

3. 用材效果

用材效果（材质：紫檀；效果图 2）

用材效果（材质：黄花梨；效果图 3）

用材效果（材质：红酸枝；效果图 4）

4. 结构爆炸

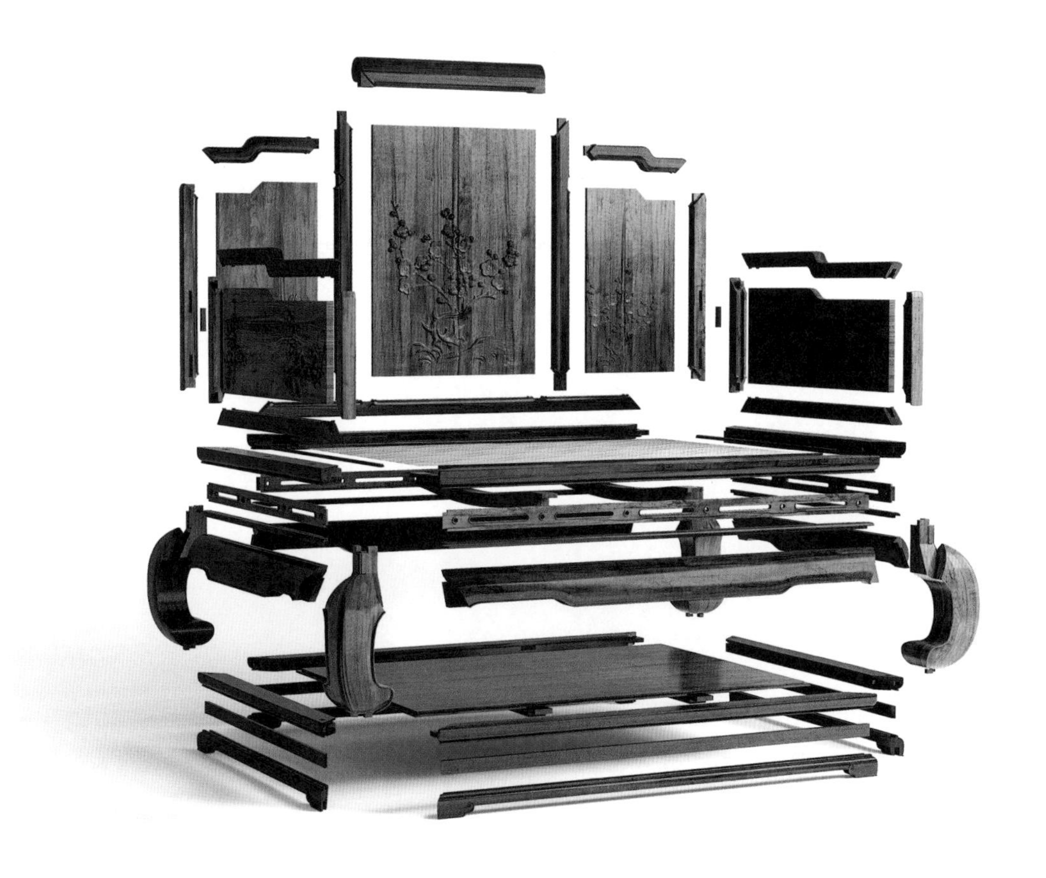

结构爆炸（效果图5）

5. 部件示意

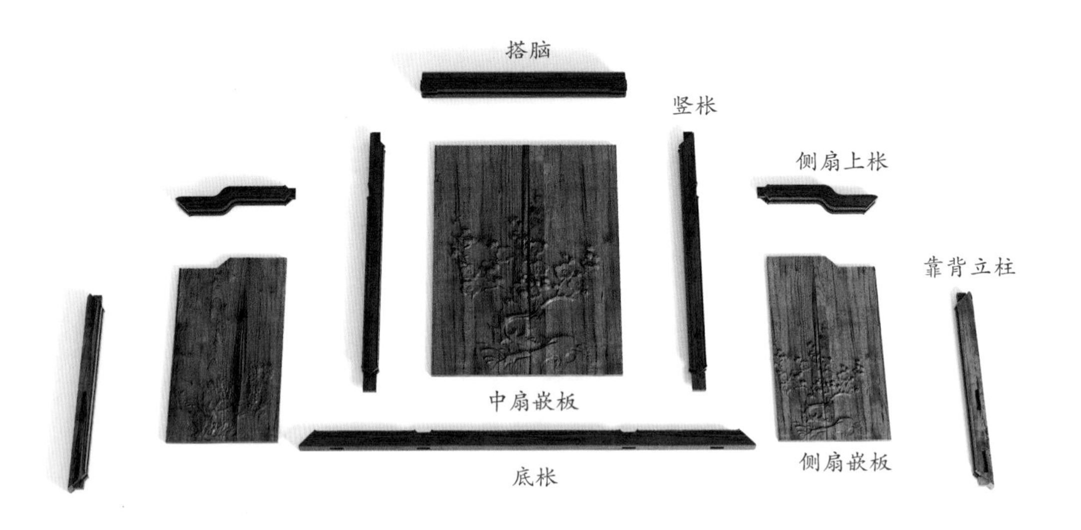

搭脑
竖枨
侧扇上枨
靠背立柱
中扇嵌板
底枨
侧扇嵌板

部件示意—靠背围子（效果图 6）

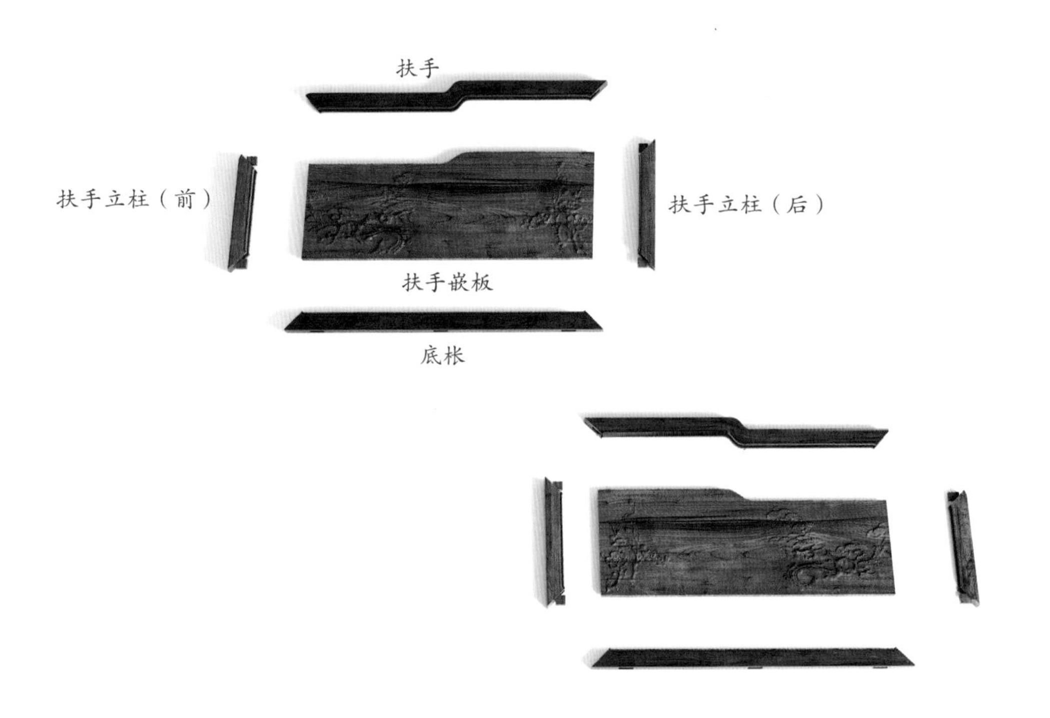

扶手
扶手立柱（前）
扶手立柱（后）
扶手嵌板
底枨

部件示意—扶手围子（效果图 7）

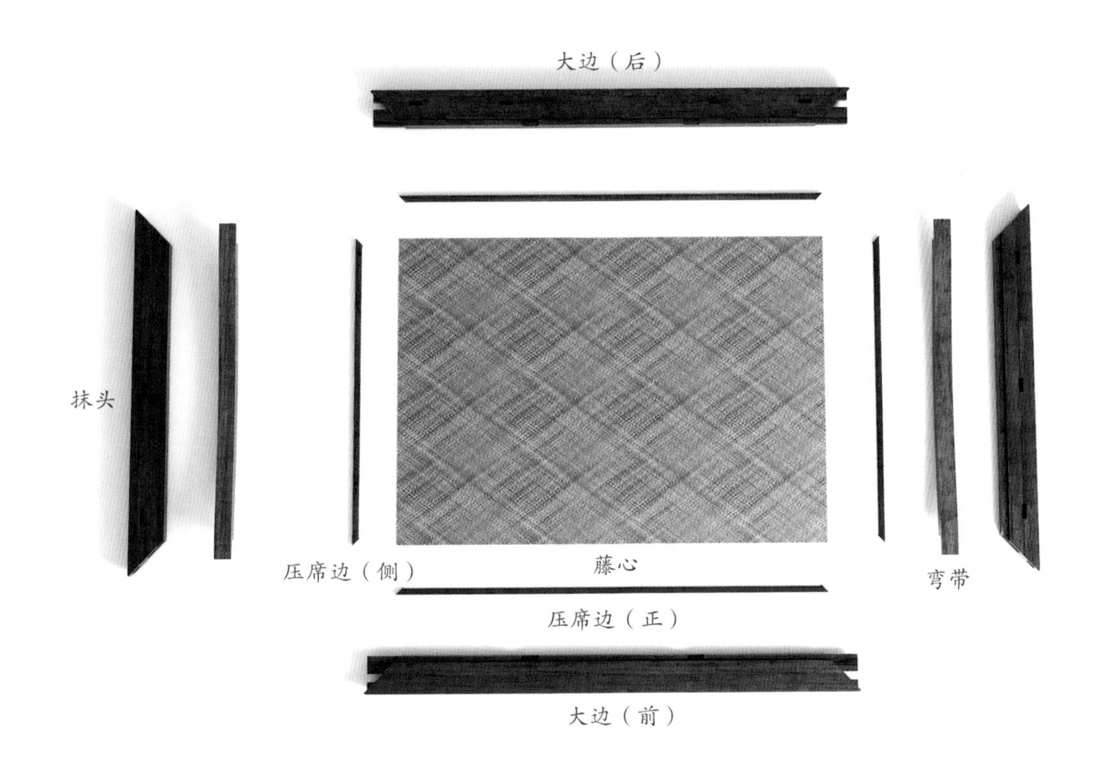
大边（后）
抹头
压席边（侧）
藤心
弯带
压席边（正）
大边（前）

部件示意—座面（效果图 8）

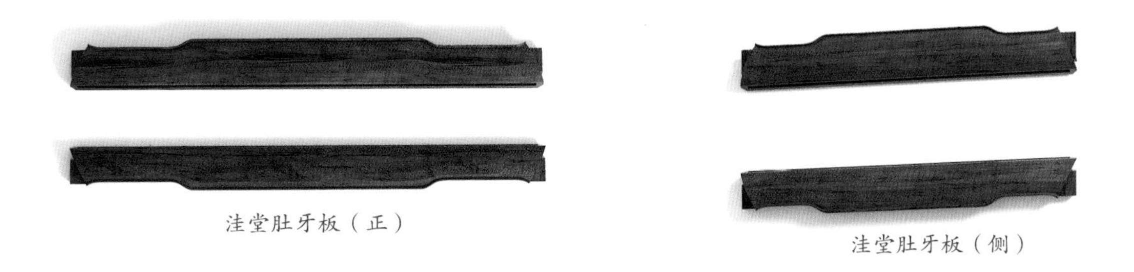
洼堂肚牙板（正）
洼堂肚牙板（侧）

部件示意—牙板（效果图 9）

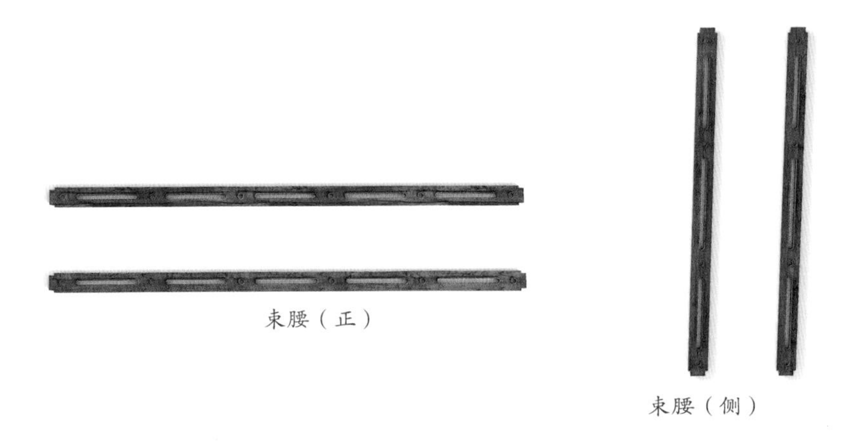
束腰（正）
束腰（侧）

部件示意—束腰（效果图 10）

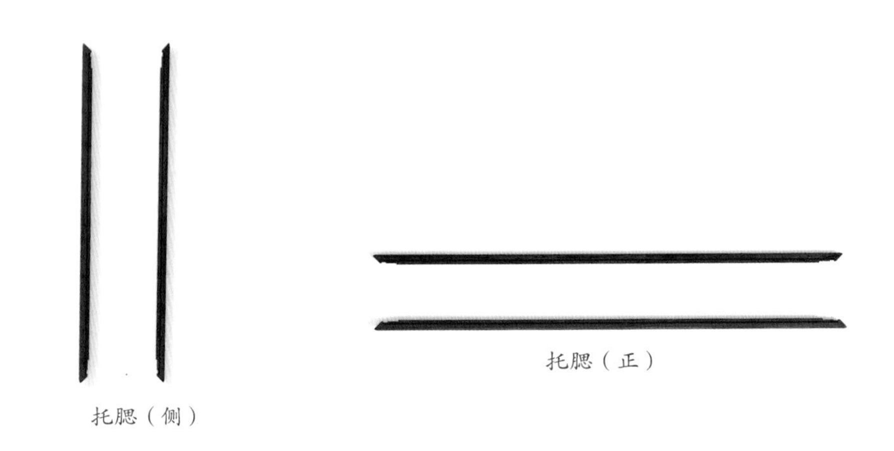
托腮（侧）
托腮（正）

部件示意—托腮（效果图 11）

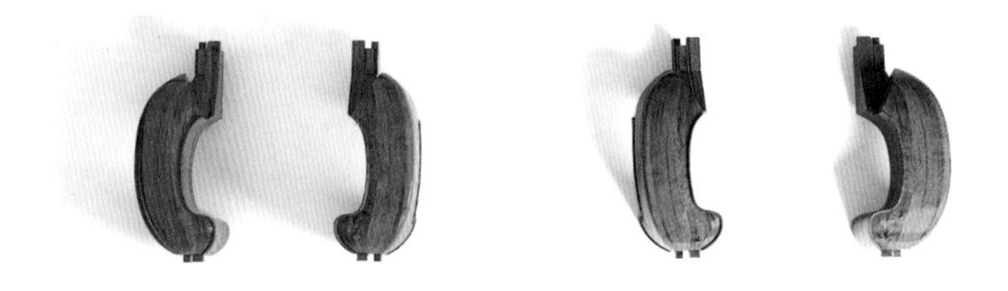

部件示意—腿子（效果图 12）

大边
抹头
面心
穿带

部件示意—底座面板（效果图 13）

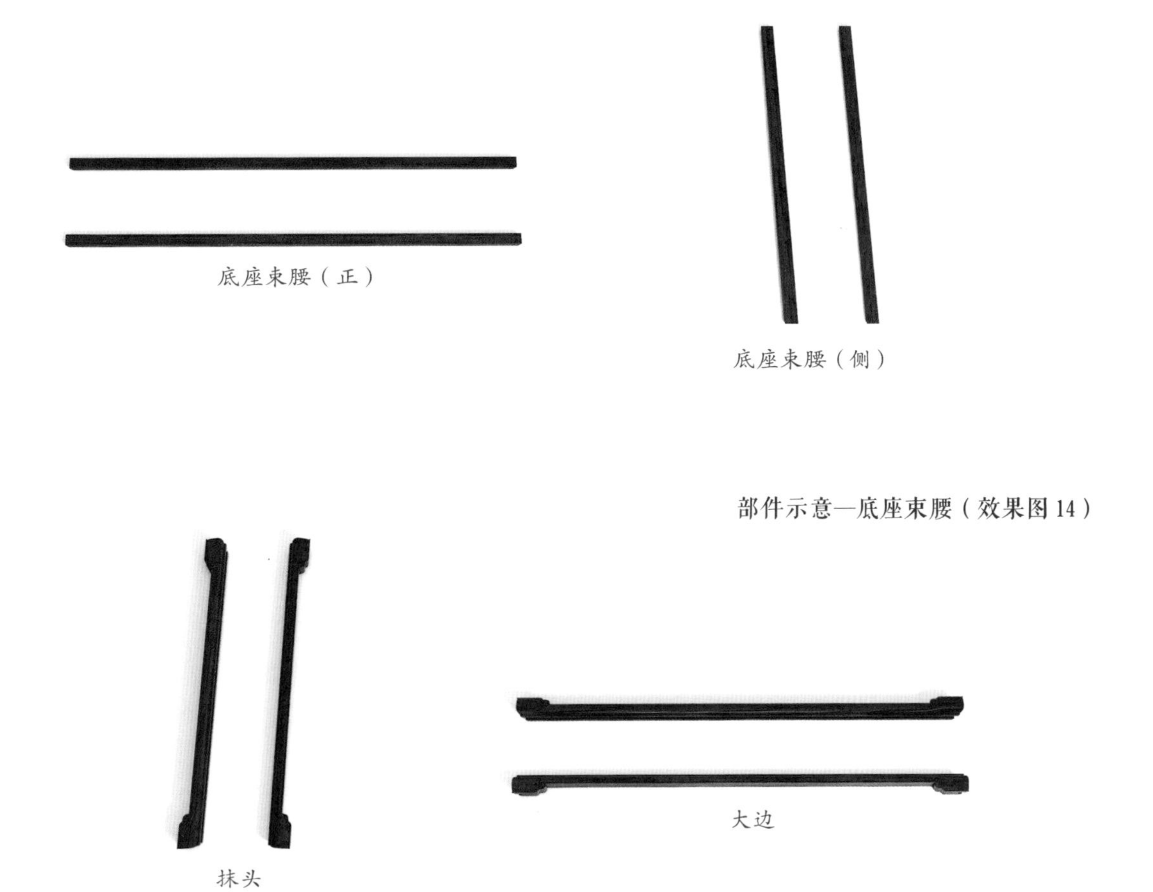
底座束腰（正）
底座束腰（侧）

部件示意—底座束腰（效果图 14）

抹头

大边

部件示意—底座托泥（效果图 15）

6. 细部详解

细部效果—靠背围子（效果图 16）

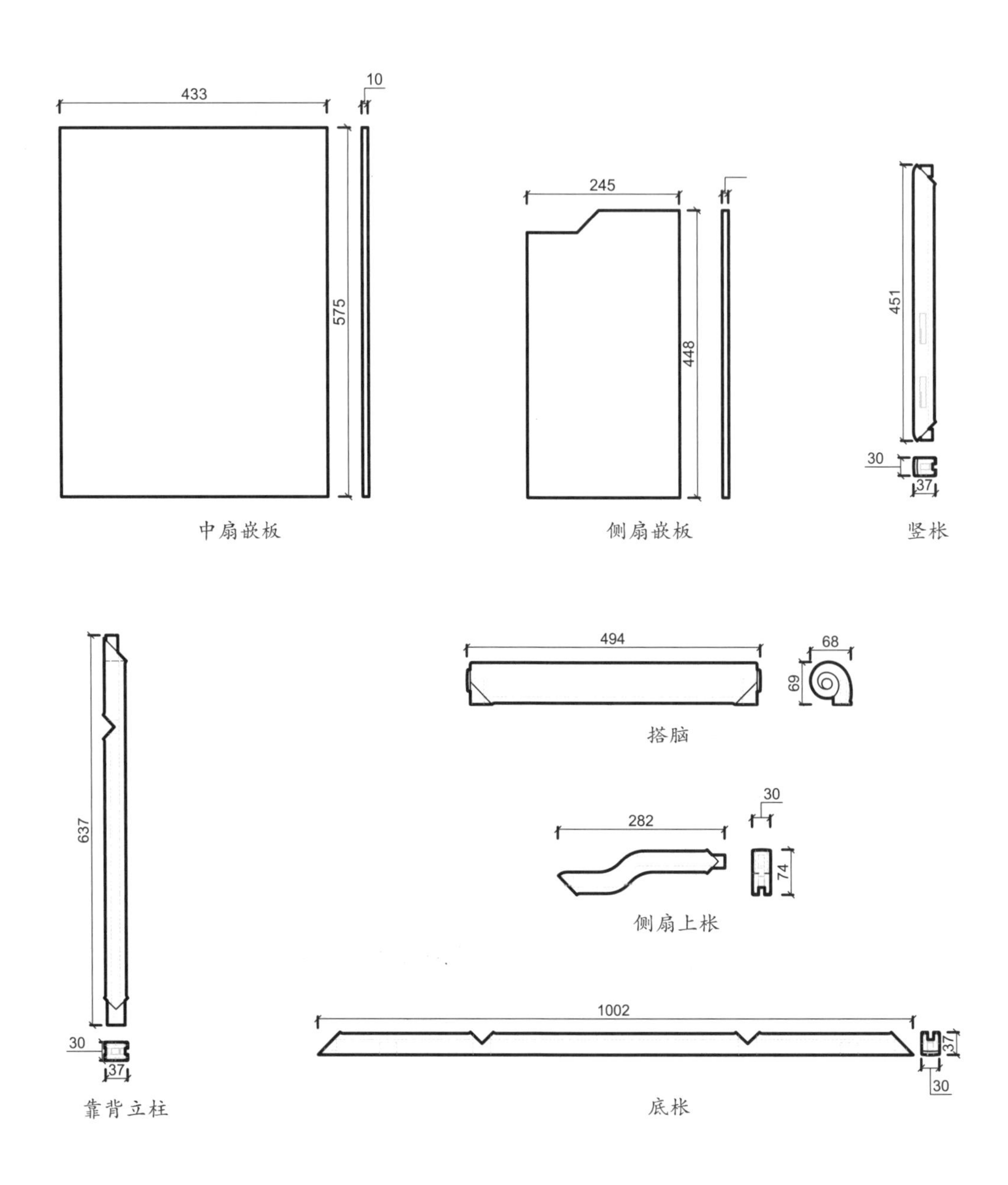

433
10
575
中扇嵌板
245
448
侧扇嵌板
451
30
37
竖枨
637
30
37
靠背立柱
494
68
69
搭脑
282
30
74
侧扇上枨
1002
37
30
底枨

细部结构—靠背围子（CAD 图 2 ~图 8）

细部效果—扶手围子（效果图 17）

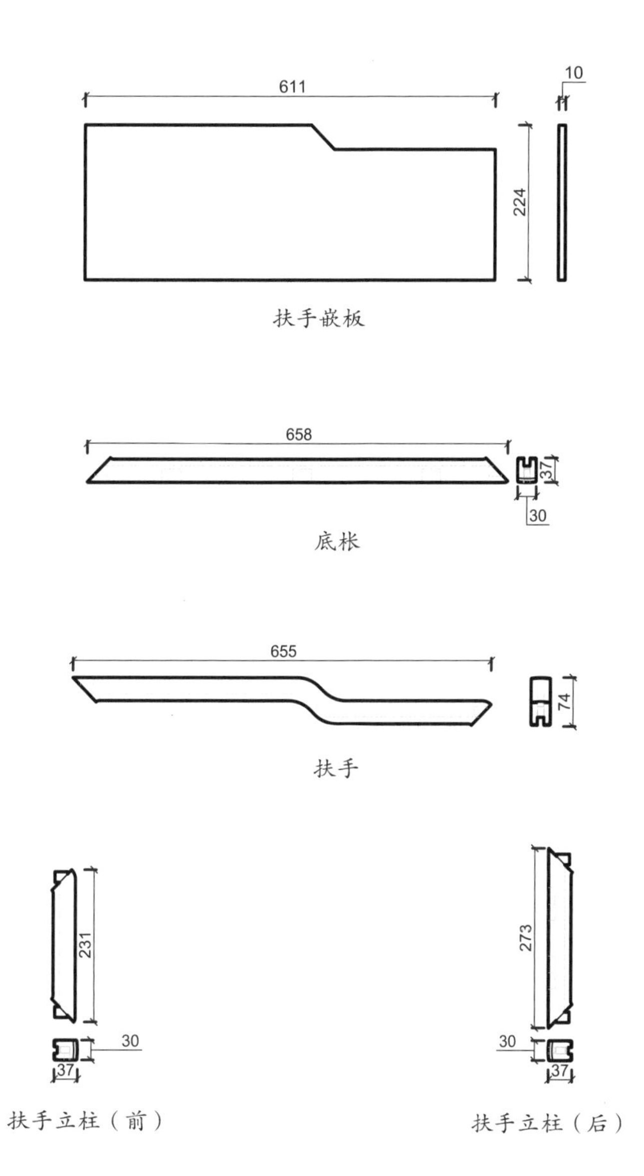
611
10
224
扶手嵌板
658
37
30
底枨
655
74
扶手
231
30
37
扶手立柱（前）
273
30
37
扶手立柱（后）

细部结构—扶手围子（CAD 图 9 ~图 13）

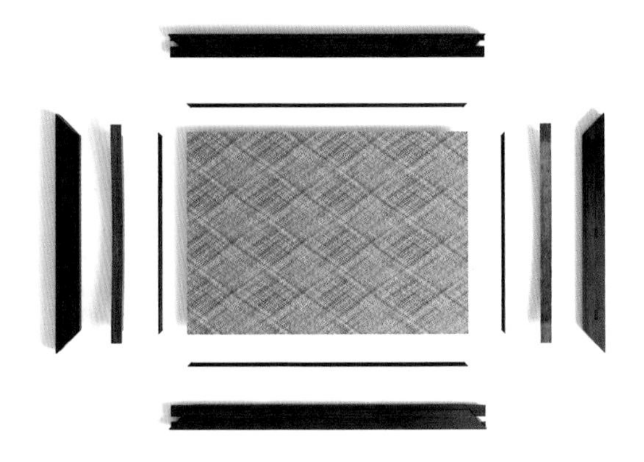

细部效果—座面（效果图 18）

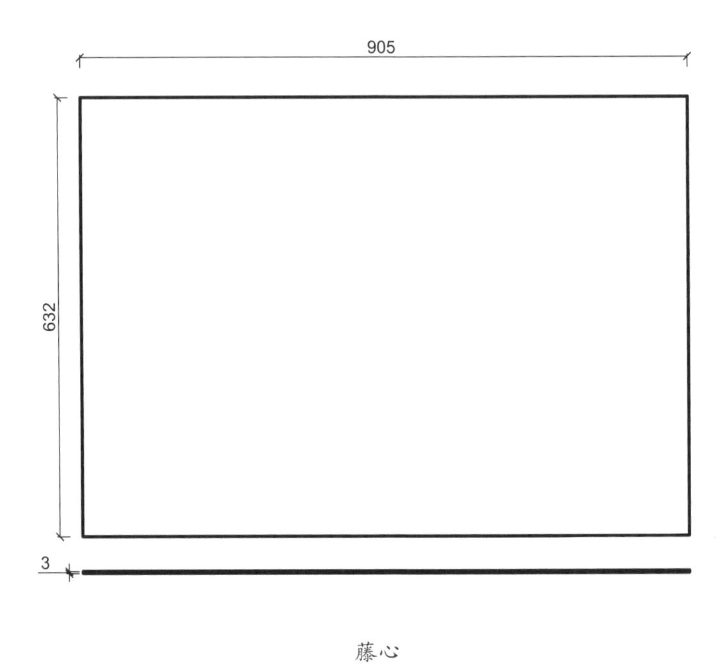
905
632
3

藤心

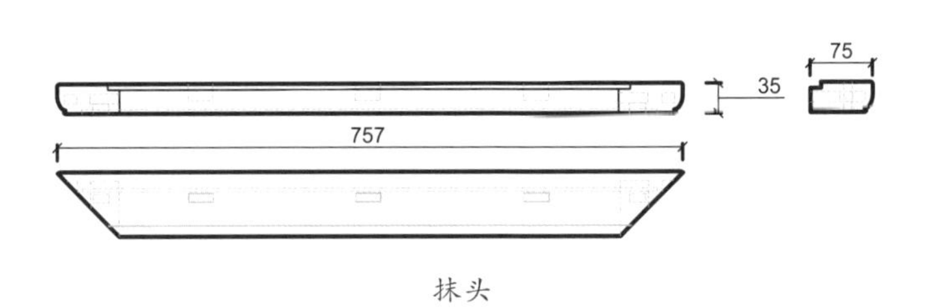
75
35
757

抹头

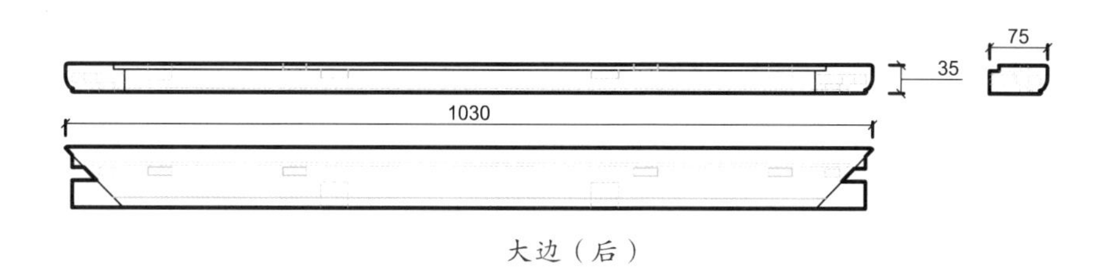
75
35
1030
大边（后）

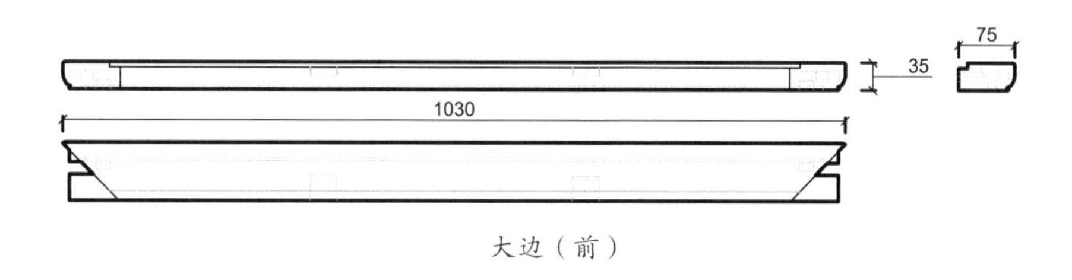
75
35
1030
大边（前）

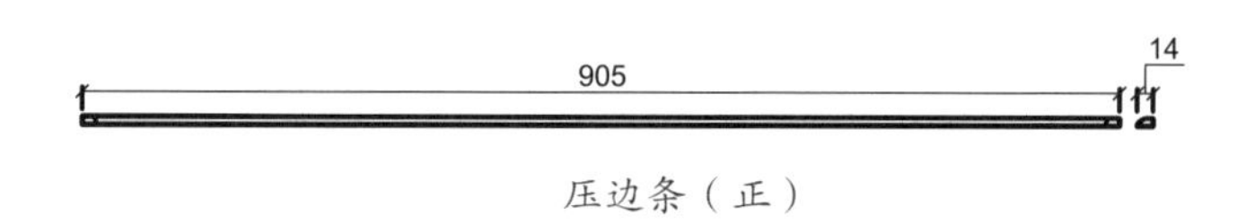
905
14
压边条（正）

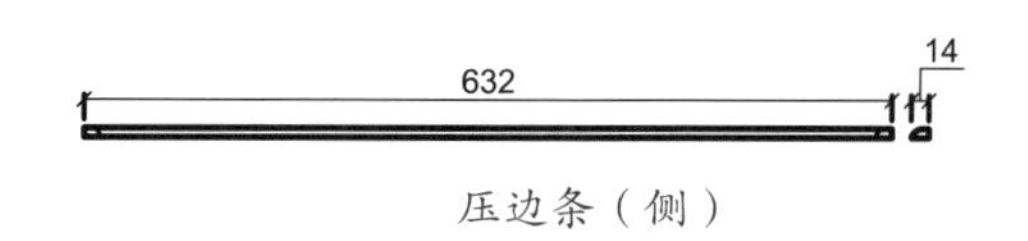
632
14
压边条（侧）

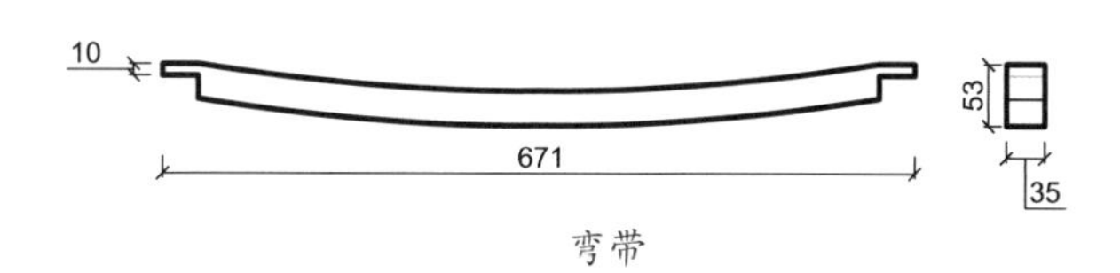
10
53
671
35
弯带

细部效果—牙板（效果图 19）

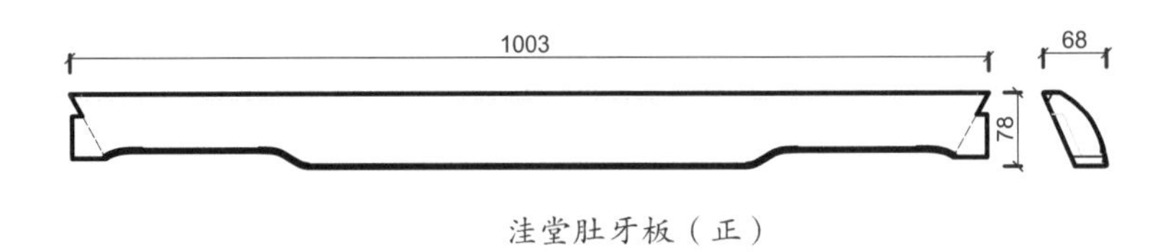

1003
68
78

洼堂肚牙板（正）

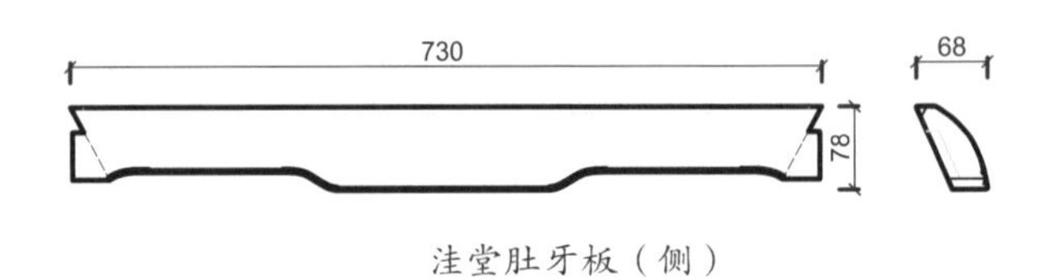

730
68
78

洼堂肚牙板（侧）

细部结构—牙板（CAD 图 21 ~ 图 22）

细部效果—束腰（效果图 20）

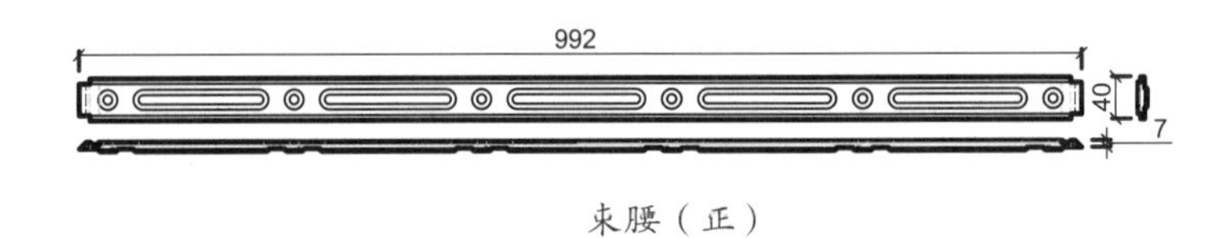

992
40
7

束腰（正）

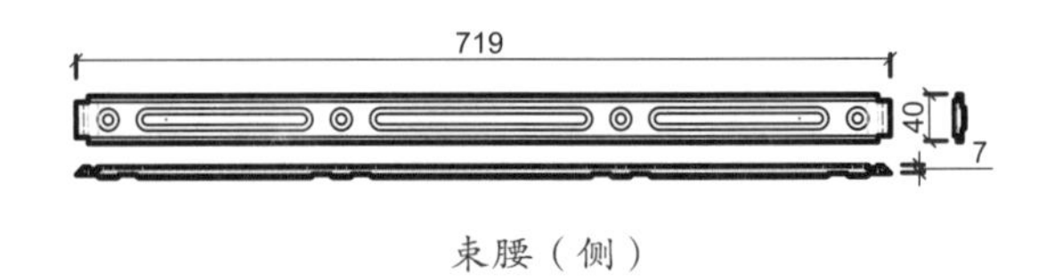

719
40
7

束腰（侧）

细部结构—束腰（CAD 图 23 ~ 图 24）

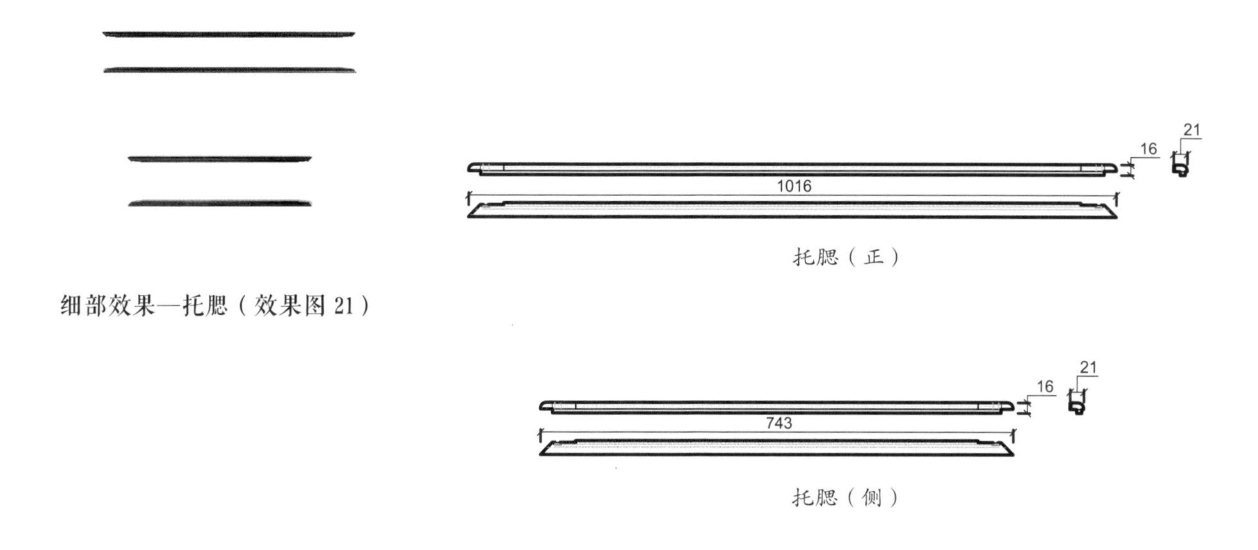
16
21
1016
托腮（正）
16
21
743
托腮（侧）

细部效果—托腮（效果图 21）

细部结构—托腮（CAD 图 25 ~图 26）

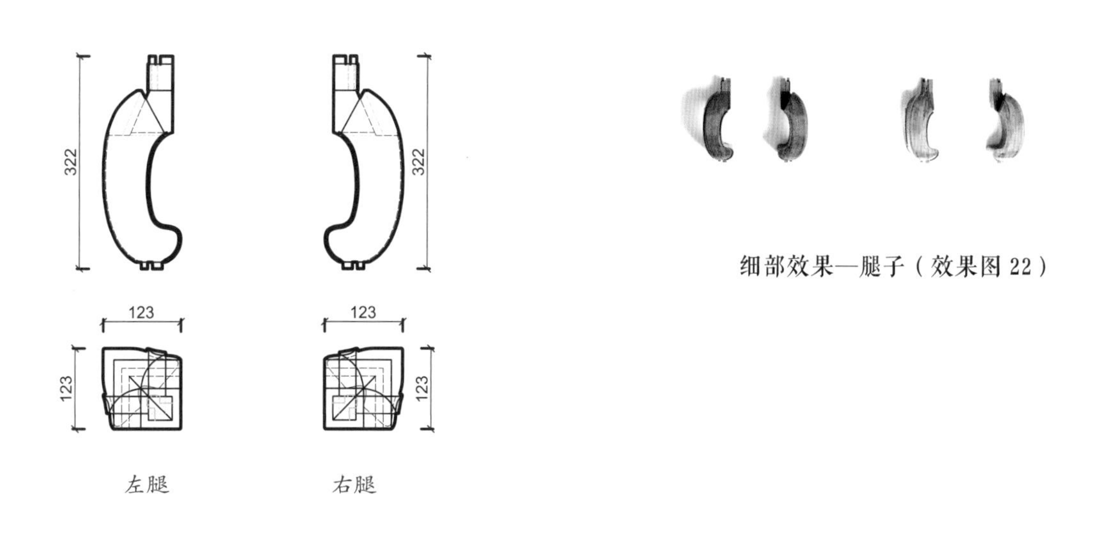
322
322
123
123
123
123
左腿
右腿

细部效果—腿子（效果图 22）

细部结构—腿子（CAD 图 27 ~图 28）

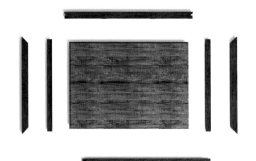

细部效果—底座面板（效果图 23）

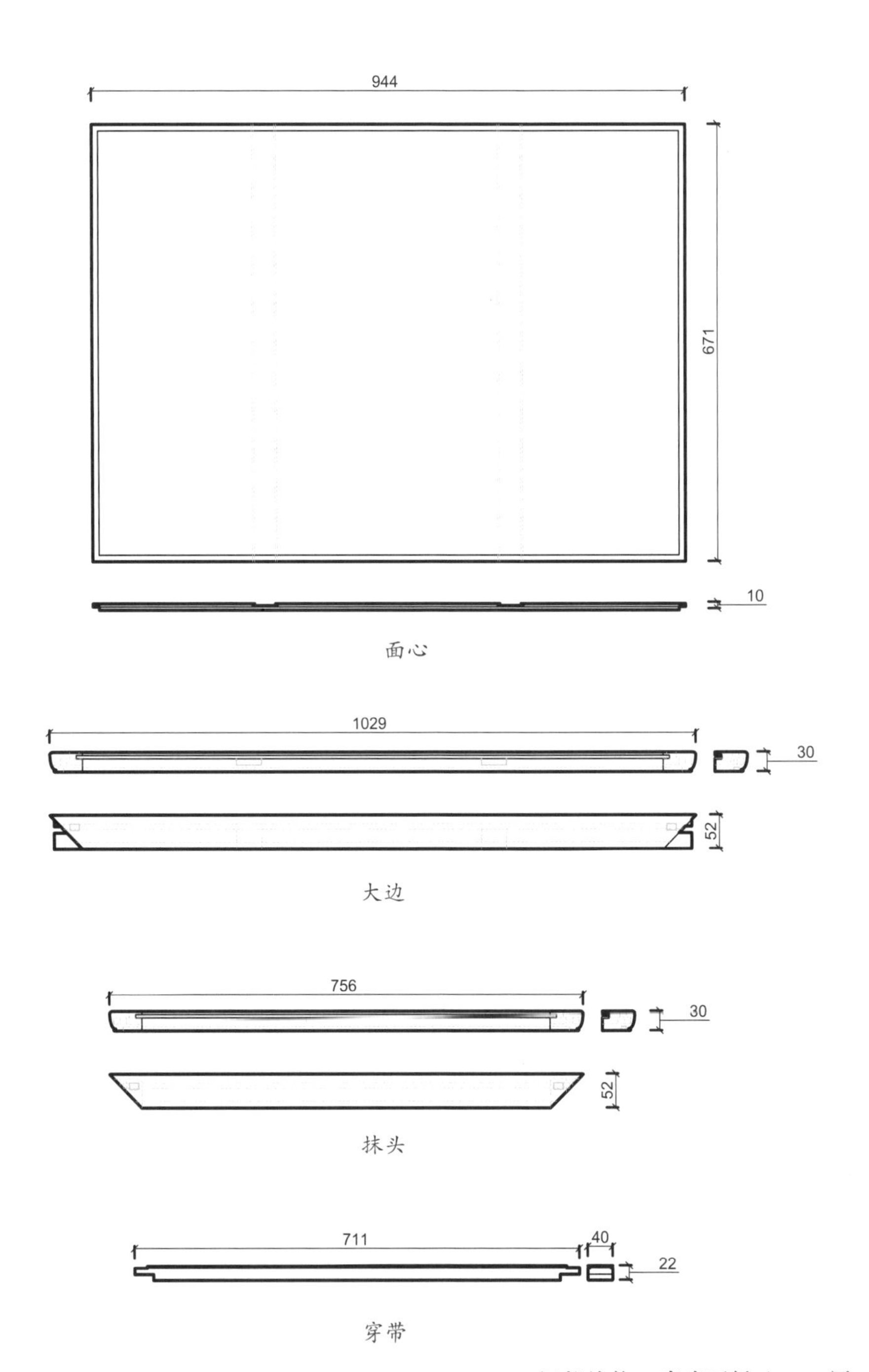

944
671
10
面心
1029
30
52
大边
756
30
52
抹头
711
40
22
穿带

细部结构—底座面板（CAD 图 29 ~ 图 32）

细部效果—底座束腰（效果图 24）

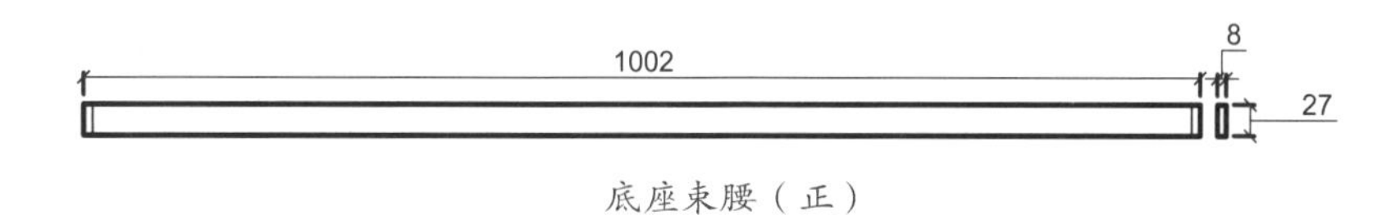
1002
8
27

底座束腰（正）

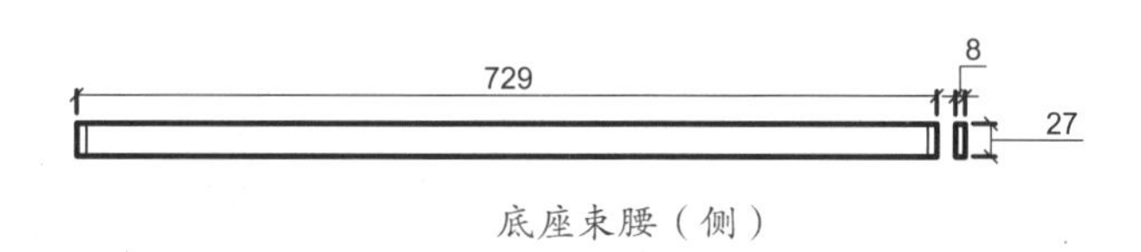
729
8
27

底座束腰（侧）

细部结构—底座束腰（CAD 图 33 ~ 图 34）

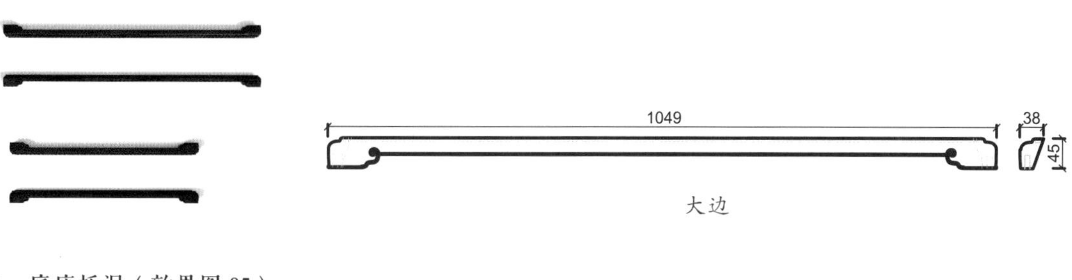
1049
38
45

大边

细部效果—底座托泥（效果图 25）

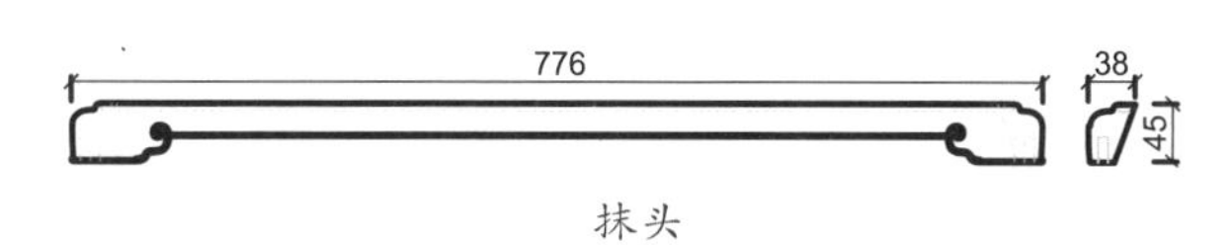
776
38
45

抹头

细部结构—底座托泥（CAD 图 35 ~ 图 36）

山水楼阁图七屏式宝座

材质：黄花梨

年款：清

整体外观（效果图1）

1. 器形点评

此宝座为七屏式，靠背三扇，左右扶手各两扇，高度自搭脑向两侧依次递减。每扇围子嵌板上均在里外浮雕山水楼阁图。座面光滑平直，下安束腰。四条腿为方材，粗壮有力，足端装托泥。此宝座整体用材厚硕，体量宽大，颇显富丽堂皇。

2. CAD 图示

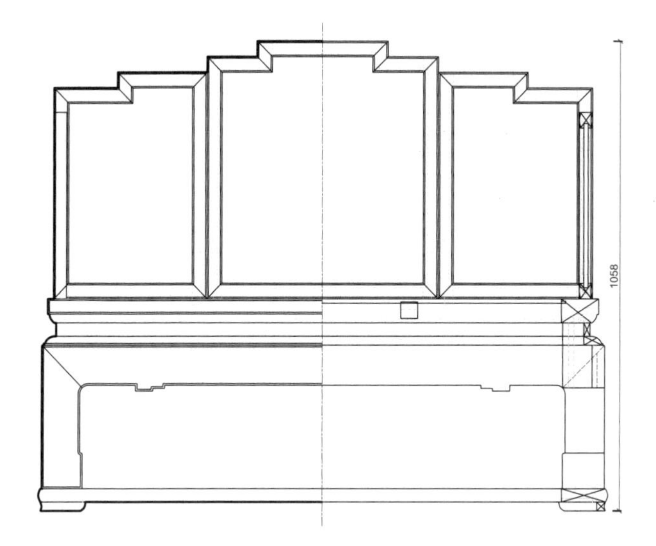
1058

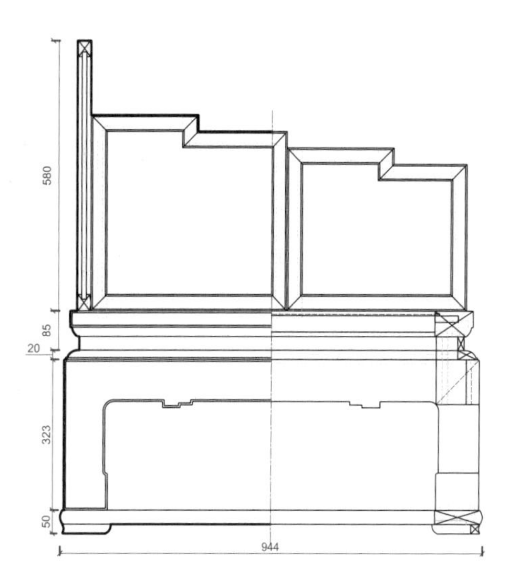
580
85
20
323
50
944

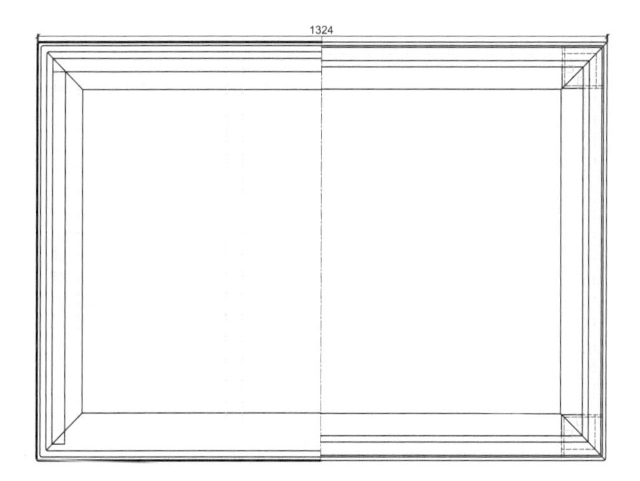
1324

主视图
左视图
俯视图

三视结构（CAD 图 1）

注：视图中部分纹饰略去。

3. 用材效果

用材效果（材质：紫檀；效果图 2）

用材效果（材质：黄花梨；效果图 3）

用材效果（材质：红酸枝；效果图 4）

4. 结构爆炸

结构爆炸（效果图5）

5. 部件示意

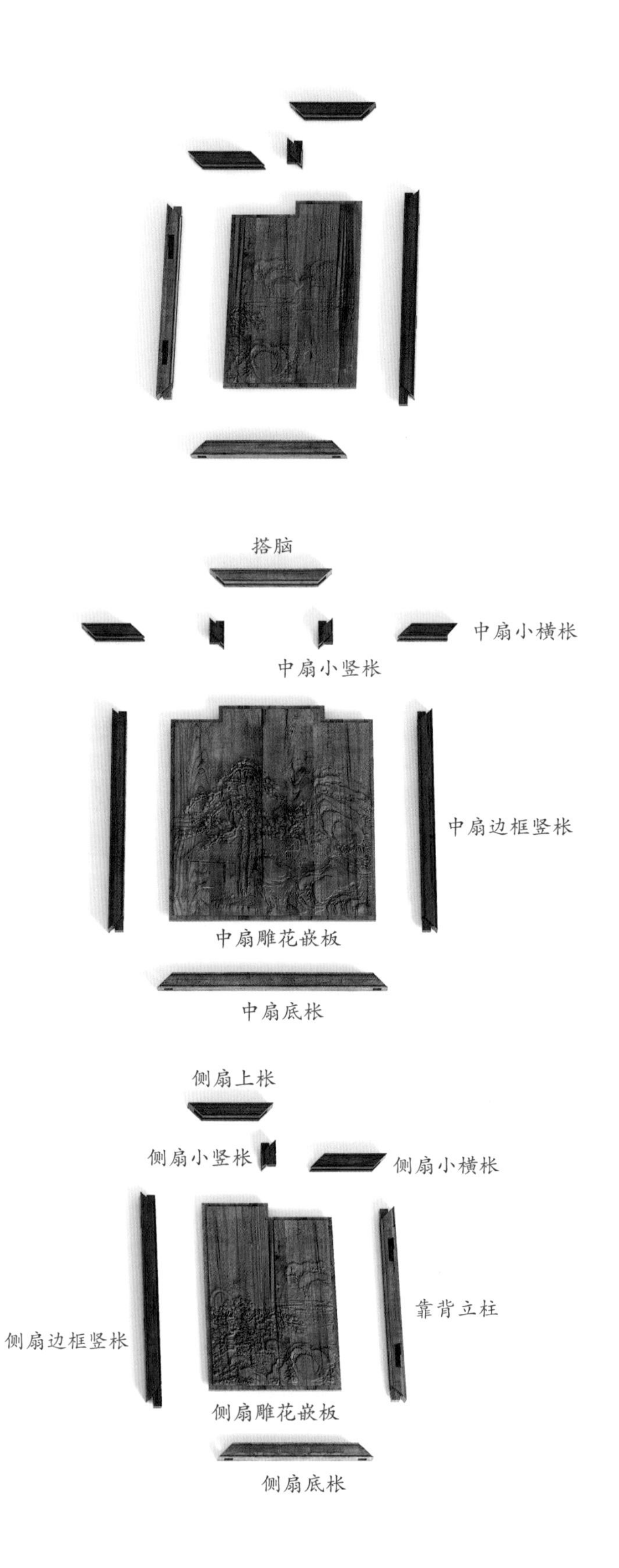
搭脑
中扇小横枨
中扇小竖枨
中扇边框竖枨
中扇雕花嵌板
中扇底枨
侧扇上枨
侧扇小竖枨
侧扇小横枨
靠背立柱
侧扇边框竖枨
侧扇雕花嵌板
侧扇底枨

部件示意—靠背围子（效果图 6）

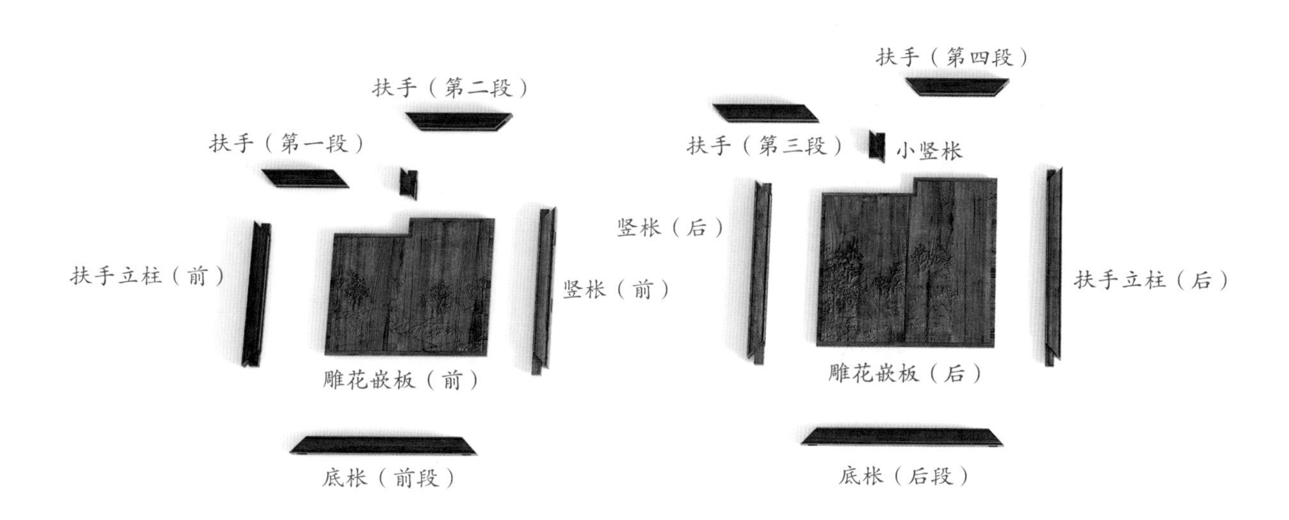
扶手（第二段）
扶手（第一段）
扶手立柱（前）
竖枨（前）
雕花嵌板（前）
底枨（前段）
扶手（第四段）
扶手（第三段）
小竖枨
竖枨（后）
扶手立柱（后）
雕花嵌板（后）
底枨（后段）

部件示意—扶手围子（效果图7）

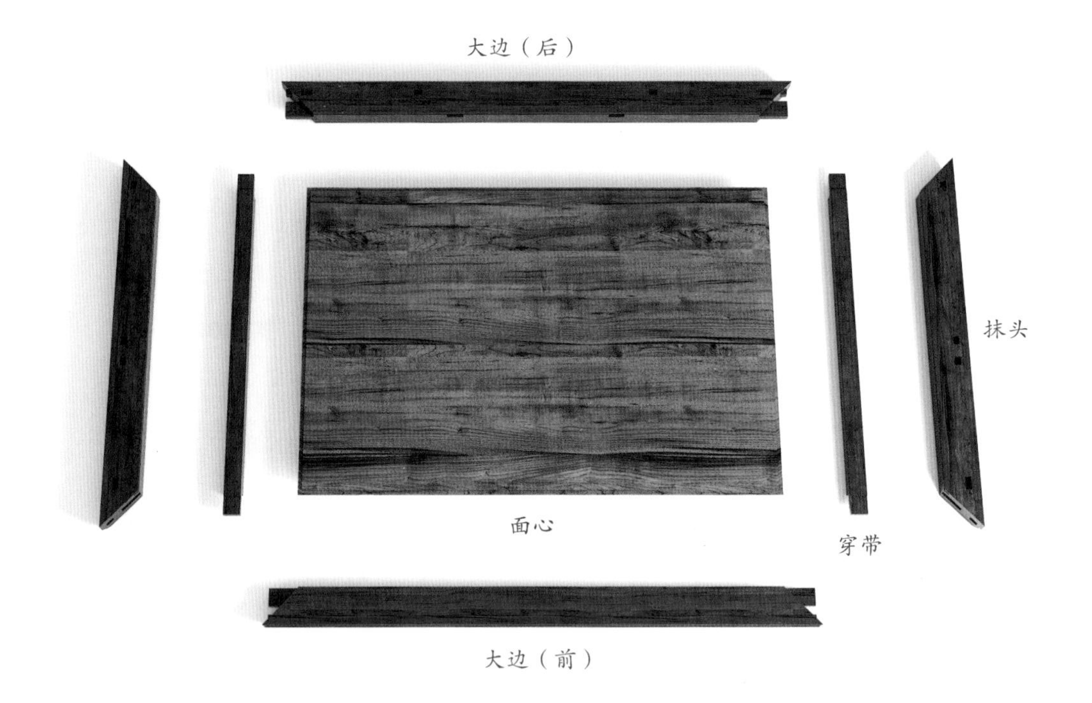
大边（后）
抹头
面心
穿带
大边（前）

部件示意—座面（效果图 8）

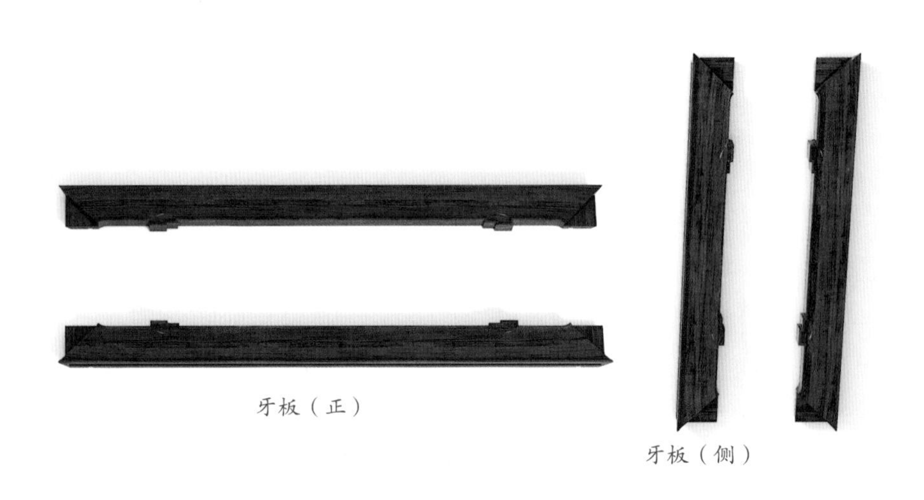
牙板（正）
牙板（侧）

部件示意—牙板（效果图 9）

部件示意—腿子（效果图 10）

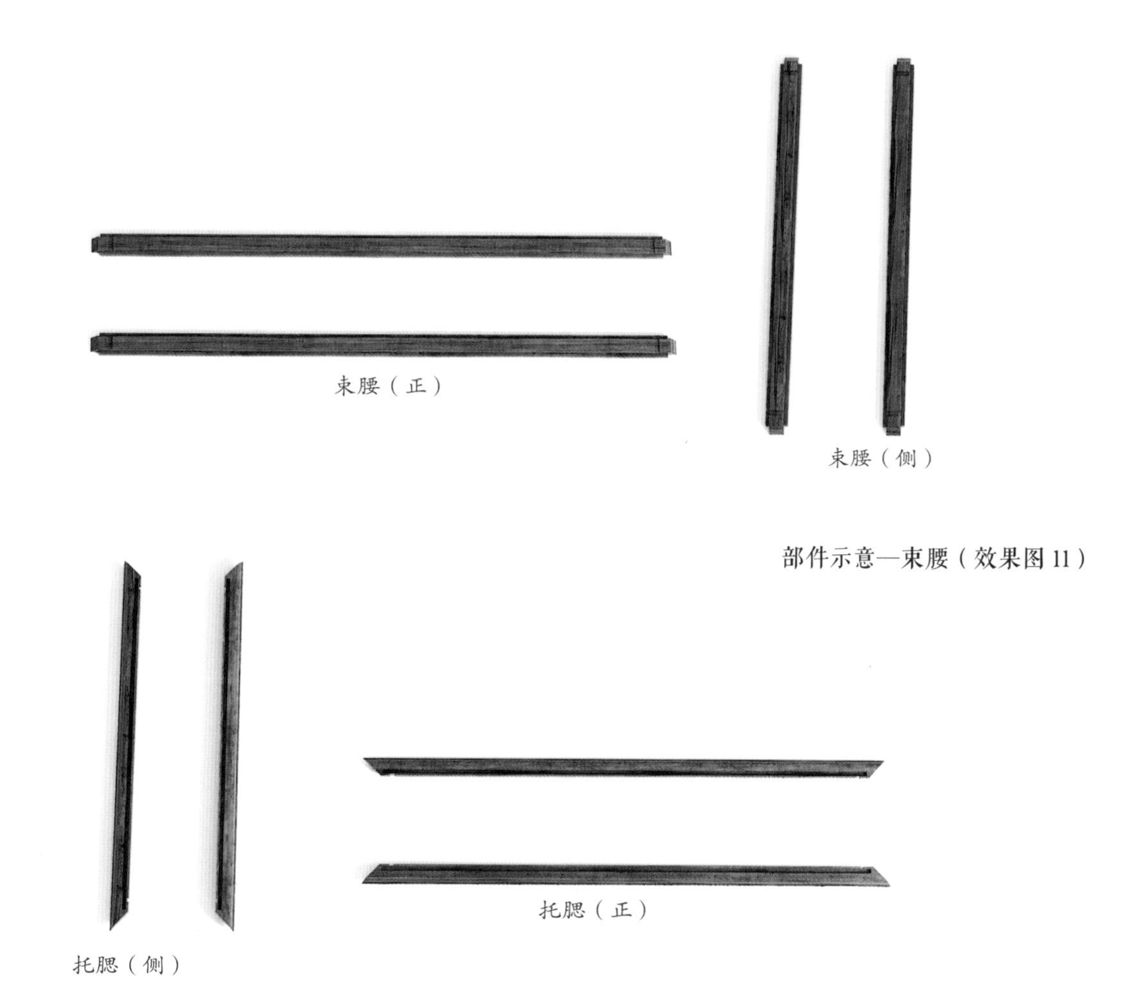
束腰（正）
束腰（侧）
托腮（侧）
托腮（正）

部件示意—束腰（效果图 11）

部件示意—托腮（效果图 12）

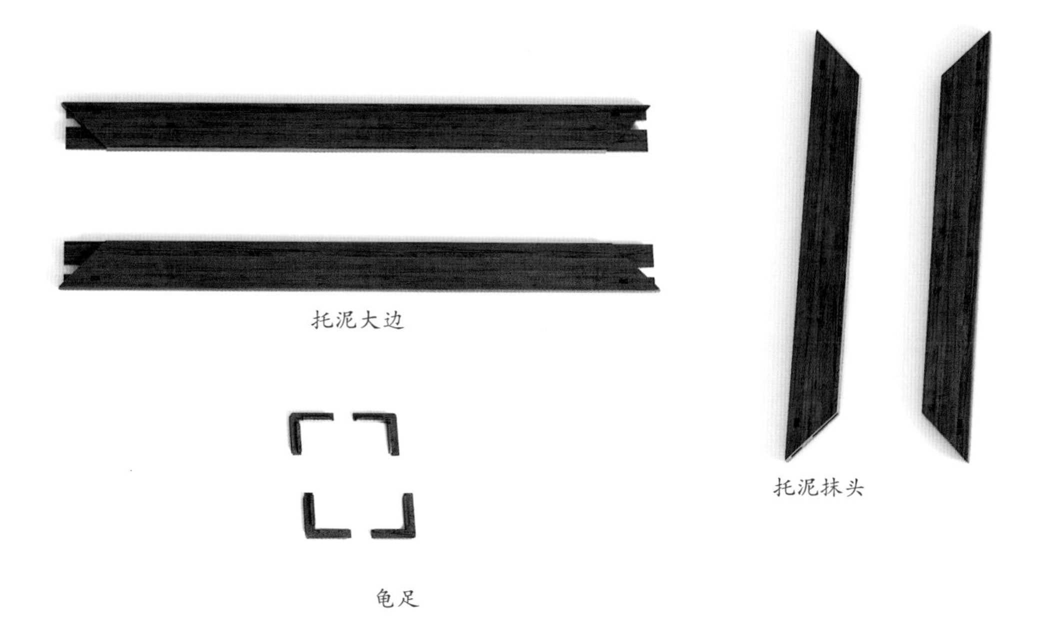
托泥大边
托泥抹头
龟足

部件示意—托泥和龟足（效果图 13）

6. 细部详解

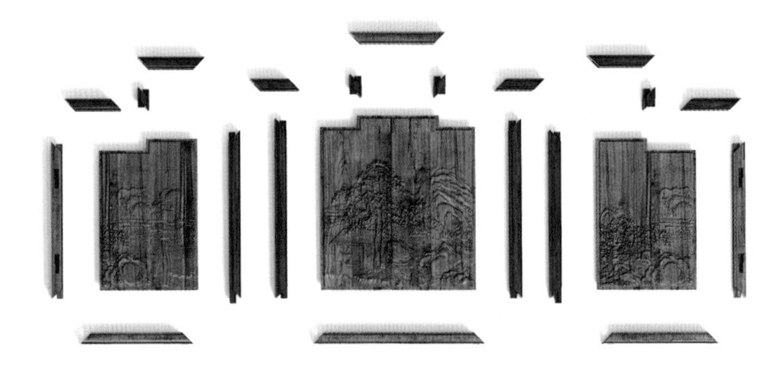

细部效果—靠背围子（效果图 14）

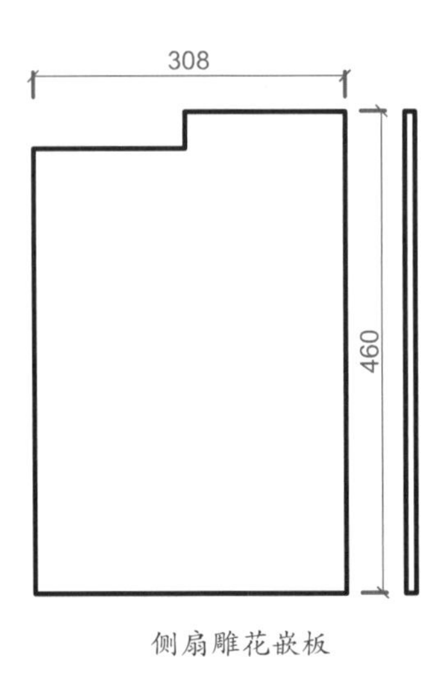

308
460

侧扇雕花嵌板

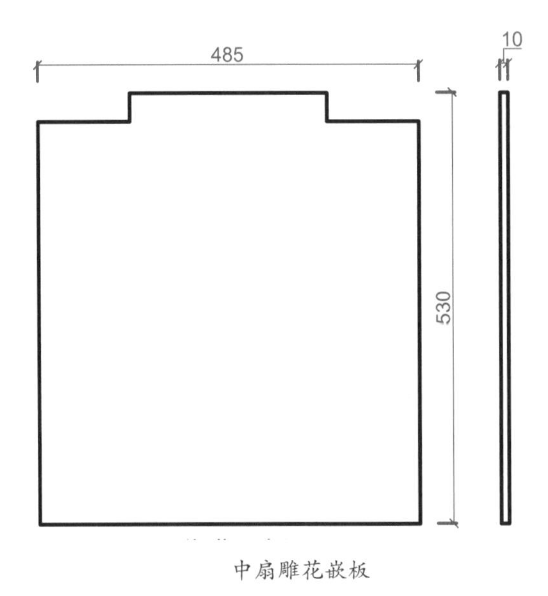

485
10
530

中扇雕花嵌板

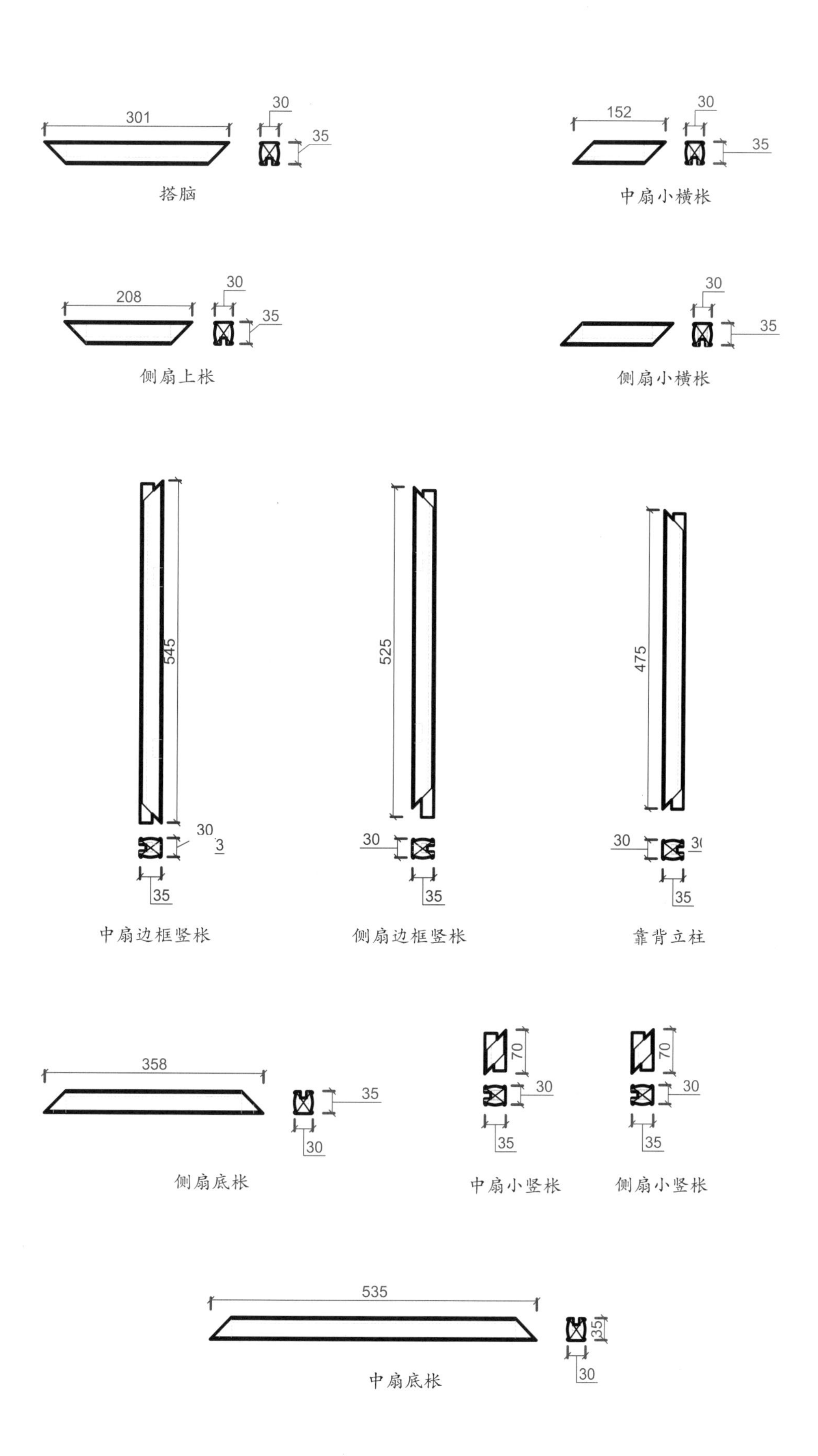
301
30
35
搭脑
152
30
35
中扇小横枨
208
30
35
侧扇上枨
30
35
侧扇小横枨
545
30
35
中扇边框竖枨
525
30
35
侧扇边框竖枨
475
30
35
靠背立柱
358
35
30
侧扇底枨
70
30
35
中扇小竖枨
70
30
35
侧扇小竖枨
535
35
30
中扇底枨

细部结构—靠背围子（CAD 图 2 ~ 图 14）

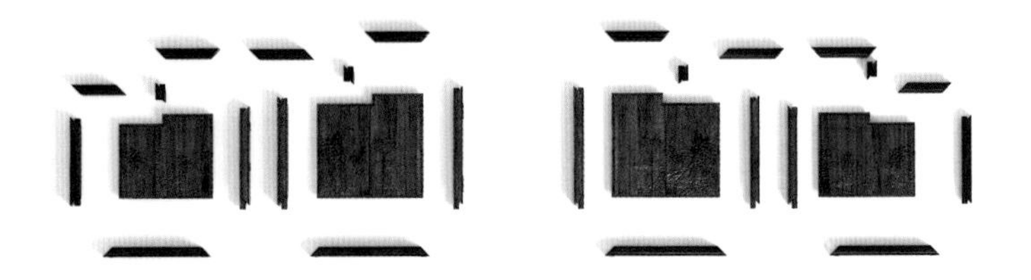

细部效果—扶手围子（效果图 15）

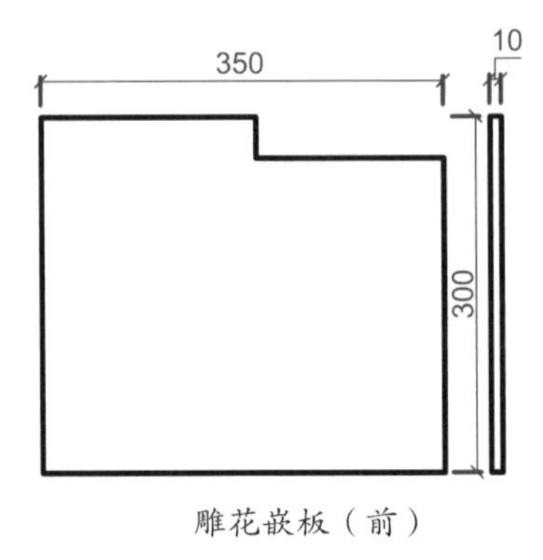
350
10
300

雕花嵌板（前）

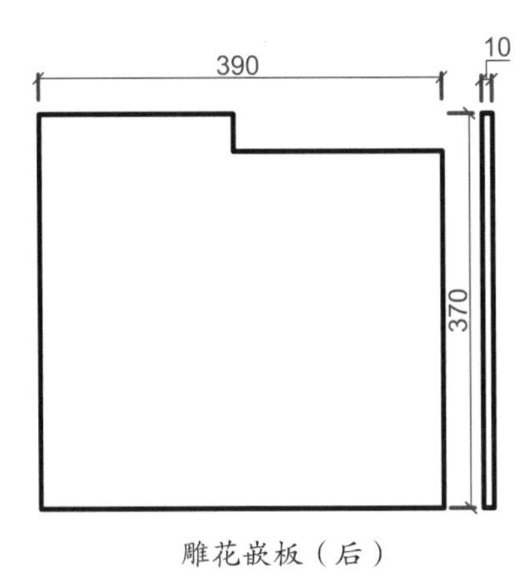
390
10
370

雕花嵌板（后）

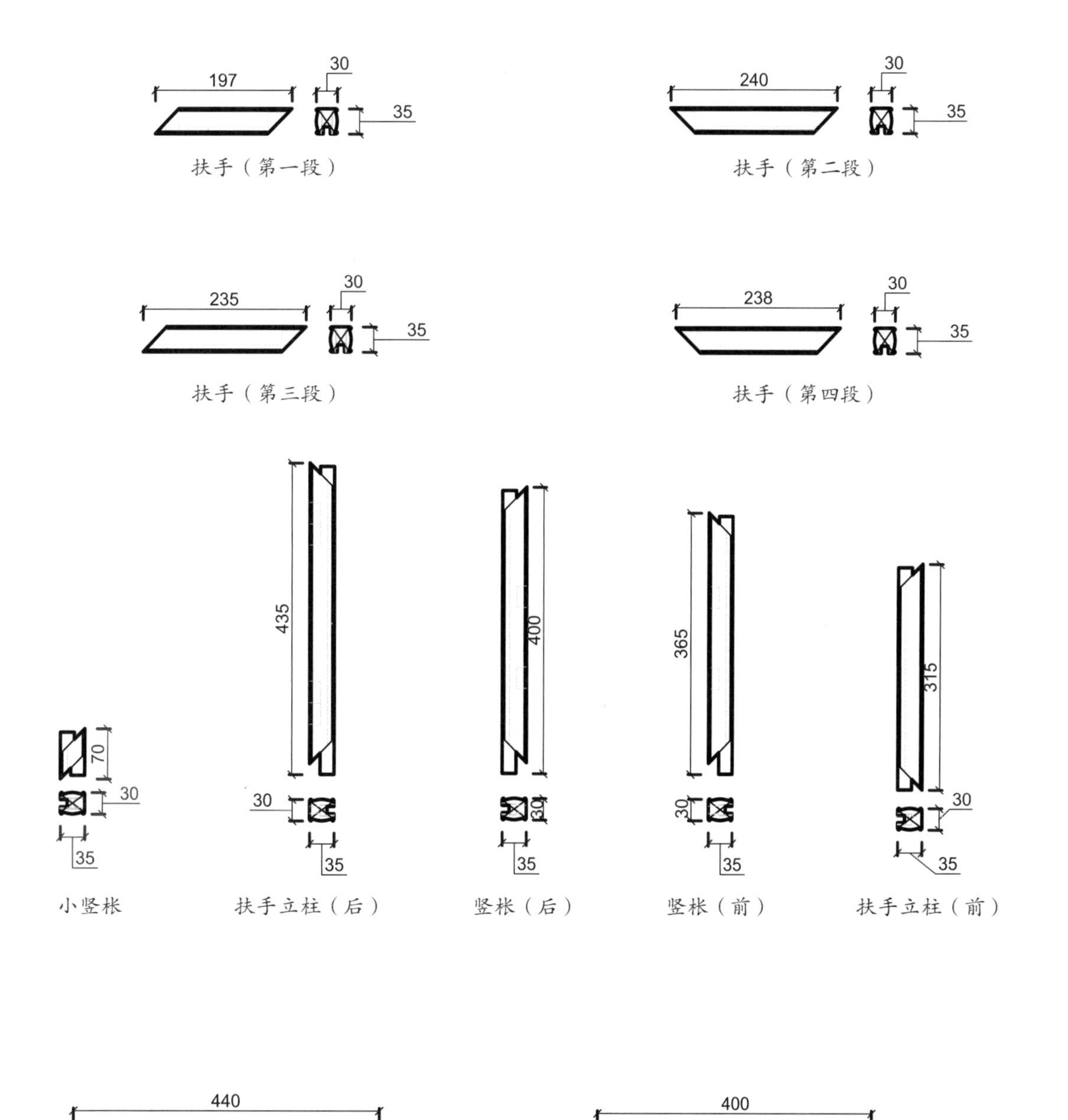
197
30
35
扶手（第一段）
240
30
35
扶手（第二段）
235
30
35
扶手（第三段）
238
30
35
扶手（第四段）
70
30
35
小竖枨
435
30
35
扶手立柱（后）
400
30
35
竖枨（后）
365
30
35
竖枨（前）
315
30
35
扶手立柱（前）
440
35
30
底枨（后段）
400
35
30
底枨（前段）

细部结构—扶手围子（CAD 图 15 ~图 27）

细部效果—座面（效果图 16）

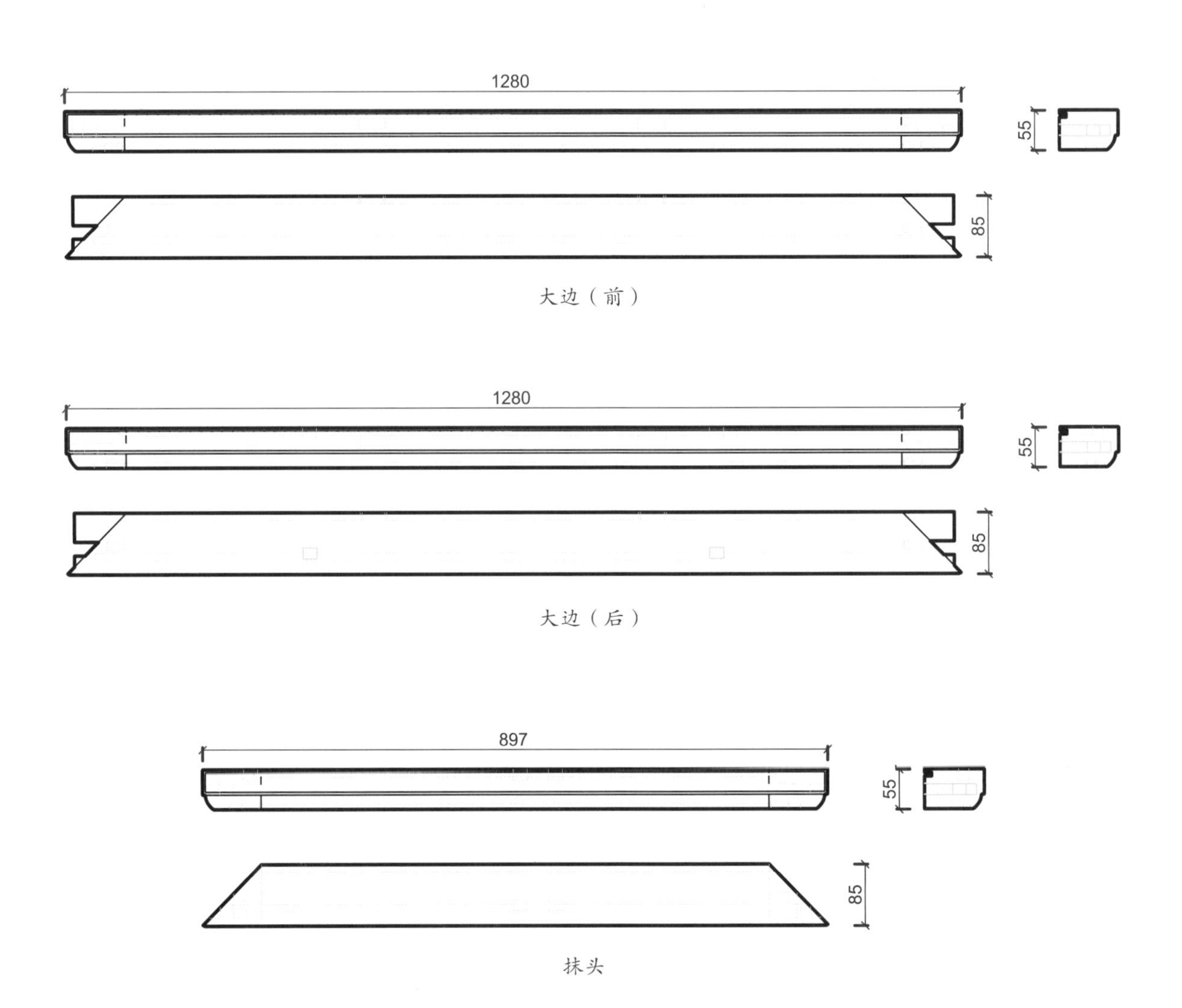
1280
55
85
1280
55
85
897
55
85

大边（前）

大边（后）

抹头

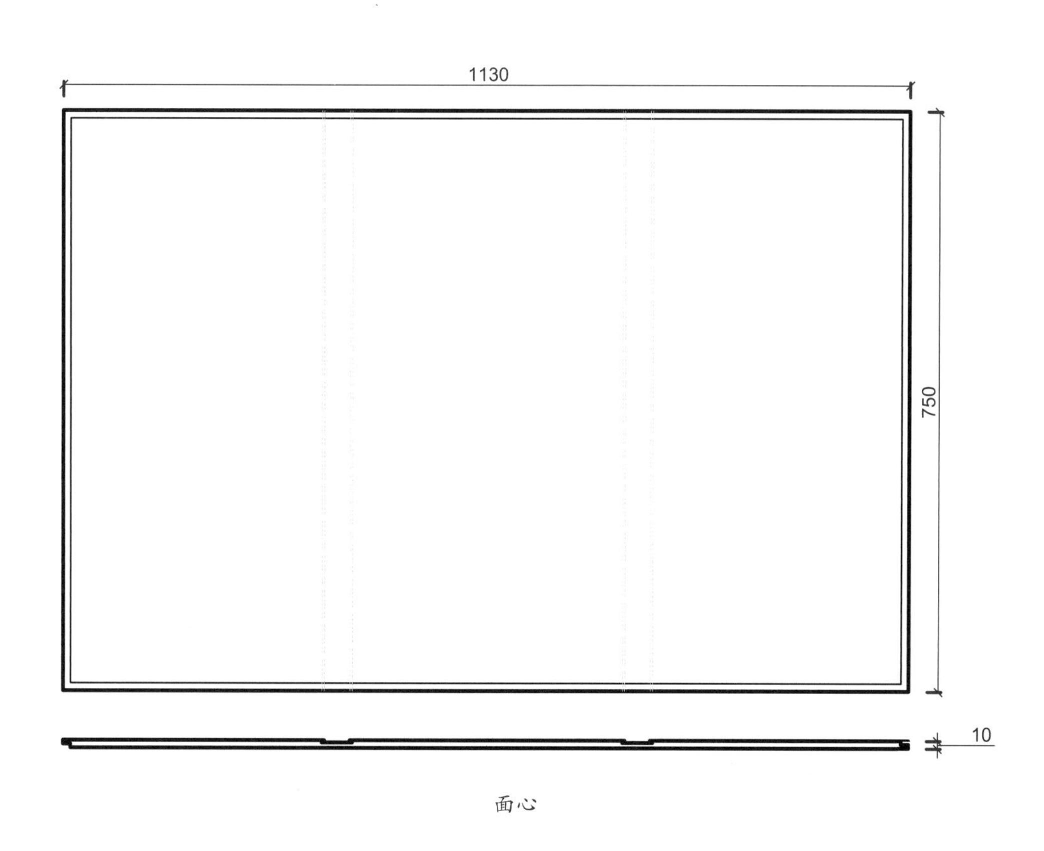
1130
750
10

面心

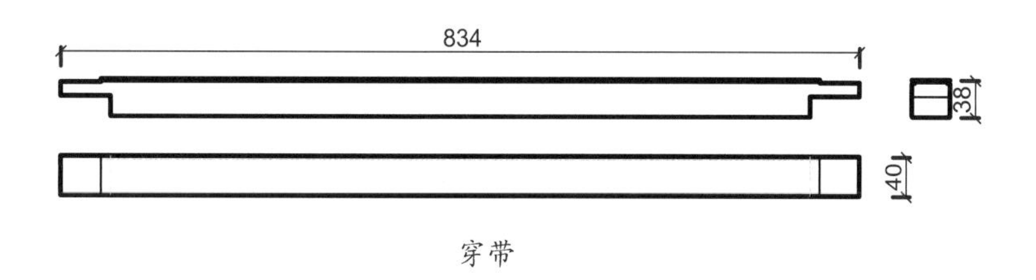
834
38
40

穿带

细部结构—座面（CAD 图 28 ~ 图 32）

细部效果—牙板（效果图 17）

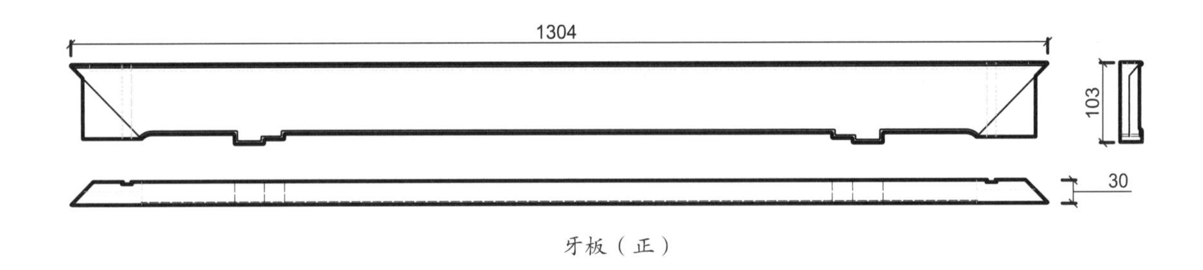
1304
103
30

牙板（正）

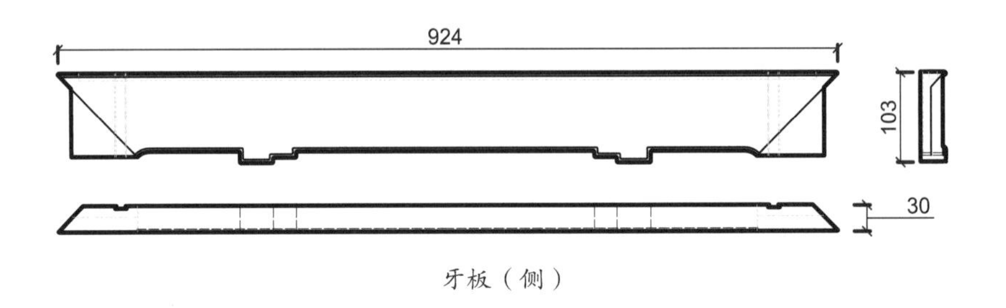
924
103
30

牙板（侧）

细部结构—牙板（CAD 图 33 ~图 34）

细部效果—托腮（效果图 18）

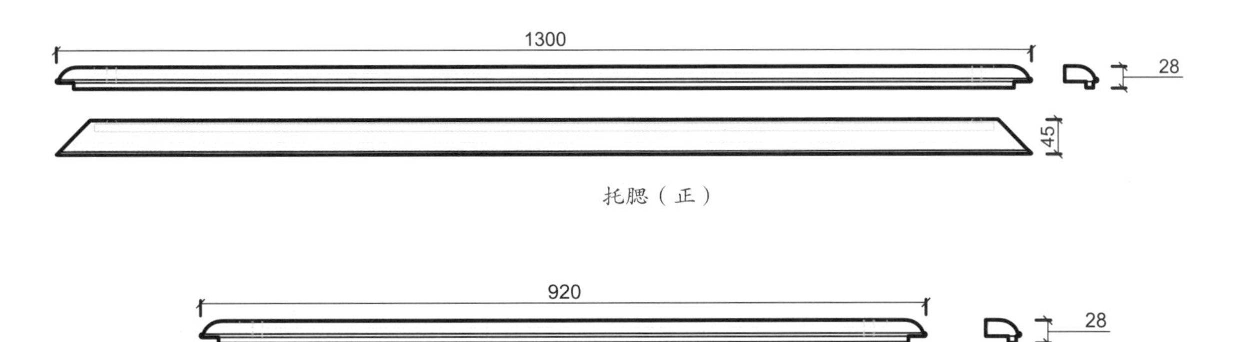
1300
28
45

托腮（正）

920
28
45

托腮（侧）

细部结构—托腮（CAD 图 35 ~ 图 36）

细部效果—束腰（效果图 19）

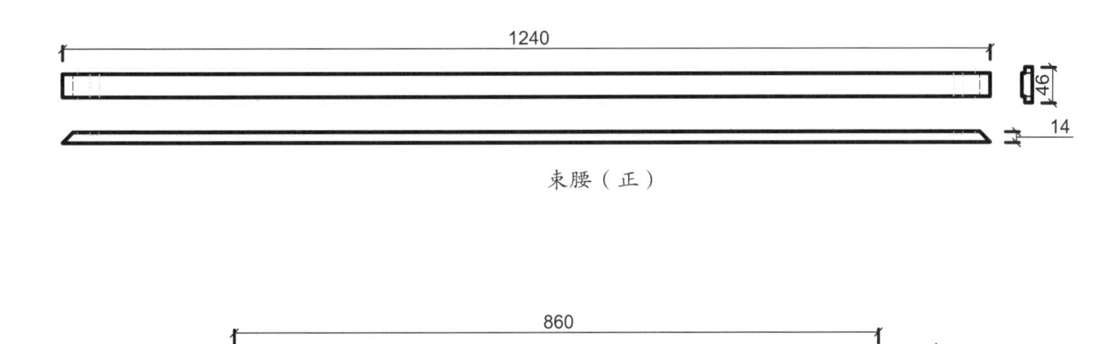
1240
46
14

束腰（正）

860
46
14

束腰（侧）

细部结构—束腰（CAD 图 37 ~ 图 38）

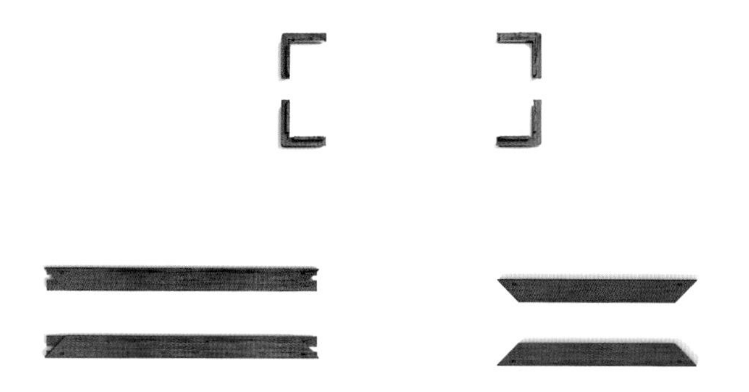

细部效果—托泥和龟足（效果图 20）

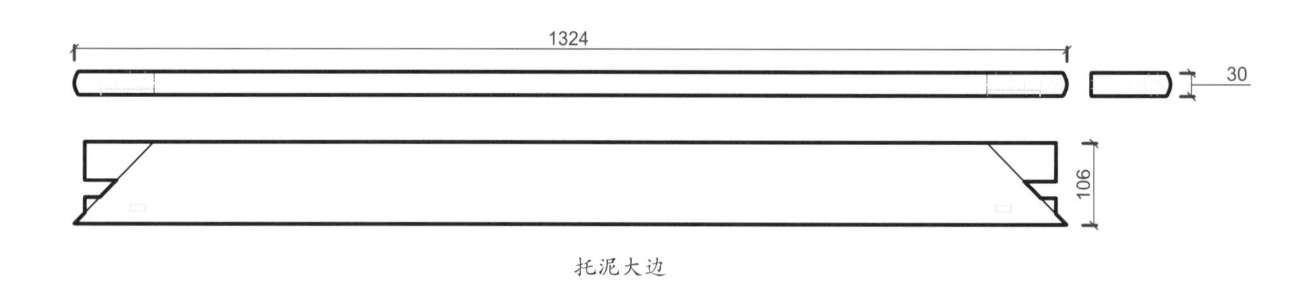
1324
30
106
托泥大边

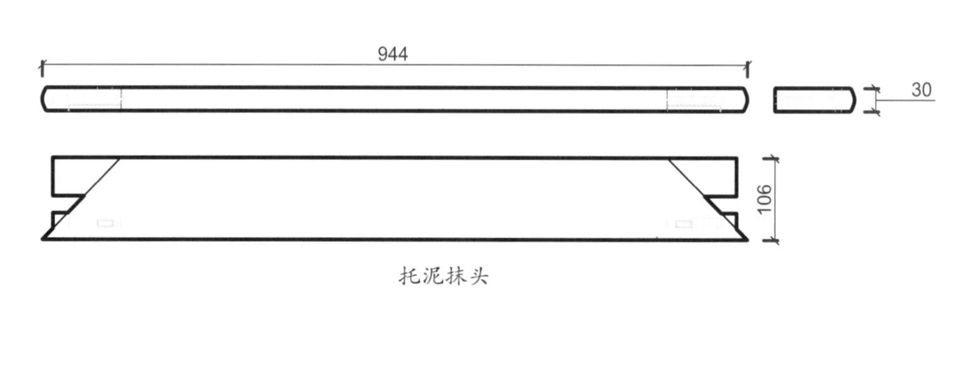
944
30
106
托泥抹头

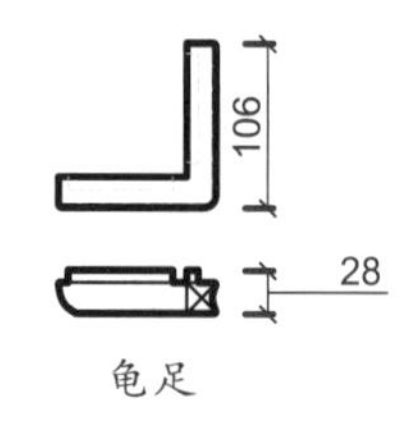
106
28
龟足

细部结构—托泥和龟足（CAD 图 39 ~图 41）

细部效果—腿子（效果图 21）

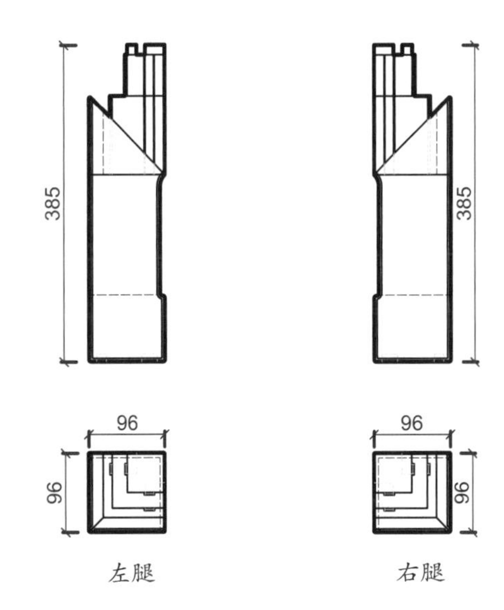
385
385
96
96
96
96
左腿
右腿

细部结构—腿子（CAD 图 42 ~图 43）

图版索引

卷云纹搭脑扶手椅

嵌瓷花鸟纹卷书式搭脑扶手椅

卷书式搭脑三屏式扶手椅

嵌松花石夔龙纹三屏式宝座

花开富贵卷云纹宝座

百宝嵌荷花纹宝座

暗八仙纹五屏式宝座

卷书式搭脑雕花宝座

山水楼阁图七屏式宝座